"十四五"时期国家重点出版物出版专项规划项目

中国城乡可持续建设文库

丛书主编　孟建民　李保峰

Low Carbon · Smart · Architecture

A New Path for the Dual-Line Integration of Green and Intelligence

低碳 · 智慧 · 建筑
绿色智能双线融合新路径

蒋博雅　著

华中科技大学出版社

http://press.hust.edu.cn

中国 · 武汉

图书在版编目（CIP）数据

低碳·智慧·建筑：绿色智能双线融合新路径 / 蒋博雅著. -- 武汉：华中科技大学出版社，

2025. 5. --（中国城乡可持续建设文库）. -- ISBN 978-7-5680-9115-2

Ⅰ. TU18；TU243

中国国家版本馆CIP数据核字第20257YT549号

低碳·智慧·建筑：绿色智能双线融合新路径　　　　　蒋博雅　著

Ditan · Zhihui · Jianzhu: Lüse Zhineng Shuangxian Ronghe Xin Lujing

出版发行：华中科技大学出版社（中国·武汉）	电话：（027）81321913	
地　　址：武汉市东湖新技术开发区华工科技园	邮编：430223	

策划编辑：贺　晴	封面设计：王　娜
责任编辑：贺　晴	责任监印：朱　玢

印　　刷：武汉科源印刷设计有限公司

开　　本：710 mm×1000 mm　1/16

印　　张：18.5

字　　数：305千字

版　　次：2025年5月第1版　第1次印刷

定　　价：98.00元

投稿邮箱：heq@hustp.com

本书若有印装质量问题，请向出版社营销中心调换

全国免费服务热线：400-6679-118 竭诚为您服务

内容简介

　　人工智能作为驱动新一轮产业变革的新引擎，在带来机遇的同时也伴随着对设计思维的冲击，建筑师正在面临人工智能带来的设计转型。作为世界大国，我国在面对高碳排放导致的气候变化之际，数字化转型及"30 碳达峰，60 碳中和"目标为建筑行业高质量发展提出了危中寻机的新议题。本书旨在探讨建筑设计领域中设计人员、智能化技术、环境三者与设计模式的递进关联关系，阐述建筑设计过程中信息面与物理面的交互作用。本书可为政府减碳方案与相关政策的制定提供借鉴，也可在满足国家"双碳"目标的同时，推动整体区域与微观建筑的科学、平衡、智能化发展，从而实现绿色智能双线融合。

项目名称

国家自然科学基金青年基金：基于LCA的轻型结构工业化建筑碳排放协同仿真方法研究；

中国高等教育学会高等教育科学研究规划课题：虚拟仿真双碳实训资源建设与应用成效研究；

江苏高校"青蓝工程"资助项目；

江苏高校哲学社会科学研究一般项目：南京市建筑业碳排放影响因素与减碳路径研究。

前　言

随着信息技术的迅猛发展和城市化进程的加速，在全球气候变化日益加剧的形势下，建筑行业作为能源消耗和温室气体排放的主要领域，正面临着前所未有的挑战和机遇，经历着前所未有的变革。在这一背景下，智慧建筑作为建筑业创新与升级的典范，凭借其高度集成的信息技术、自动化和智能化系统，不仅提升了建筑的安全性、能效和居住舒适度，还为实现低碳环保、可持续发展的城市建设目标提供了有力支撑。

本书对当代人居环境与技术革新进行深入研究，不仅是对现有的低碳和智慧建筑相关理念的深入解读，还是对这一领域最新研究成果和实践经验的全面总结。通过跨学科的视角，分析了低碳建筑和智慧建筑的发展历程、核心理念、技术应用及其在现代城市化进程中的重要作用。笔者深信，通过跨学科的合作和创新思维，能够形成既环保又高效的建筑解决方案，为建设更加宜居的未来城市贡献力量。

本书分为三个篇章，共八个章节，它们共同构成了对绿色智能建筑领域的全面探索。

第一篇主题为"低碳·智慧·建筑概述"。

第1章"智慧建筑"，深入剖析了建筑工业化与数字化的发展历程，从国际到国内，探讨了技术创新与管理变革的各个阶段，分析了智慧建筑面临的挑战与发展优势，展望了其未来的发展趋势与前景，为建筑行业的智能化转型与可持续发展提供了理论支撑与实践指导。

第2章"智慧建筑信息化"，详细探讨了智慧建筑信息化中的六大关键技术：参数化设计、物联网、云计算、地理信息系统、大数据和人工智能。这些技术的概念、发展历程、趋势及其在智慧建筑中的具体应用，共同揭示了建筑行业的智能化进程。

第 3 章"低碳·智慧·建筑的价值分析"，深入探讨了低碳建筑的价值，剖析了全球气候变化对人类社会的影响，通过解析低碳智慧建筑的实现路径、技术创新及政策机制，展现了我国建筑业在"双碳"目标引领下的转型成效与挑战，并具体阐述了低碳智慧建筑的概念、价值分析、综合效益与评价体系等关键议题，为推动我国建筑业绿色低碳转型提供了思路。

第二篇主题为"低碳智慧技术"。

第 4 章"低碳建筑材料"，从低碳建材的定义与内涵、低碳建材的分类、低碳建材的性能与应用，以及低碳建材的智慧设计等方面分别论述，整理了一系列近几年新研发且有较好保温隔热性能的低碳建筑材料，这些材料不仅在制造过程中减少了碳排放，而且在使用过程中大幅度降低了建筑的运行能耗，减少了全生命周期碳足迹，推动了建筑行业的绿色转型。

第 5 章"智慧能源与再生能源"，探讨了智能化能源管理系统的应用和再生能源技术。智慧能源管理系统利用物联网、大数据、人工智能等技术手段，实现能源的高效调度和利用，对太阳能、风能、地热能等再生能源的技术开发，将进一步提升能源利用效率，从而减少对传统能源的依赖。

第三篇主题为"智慧建筑碳排放核算与新路径"。

第 6 章"智慧建筑碳排放核算"，探讨低碳智慧建筑碳排放核算原则与步骤，全面分析全生命周期碳排放，确立核算边界，精准确定排放源与因子，还提出物化、运行、拆除及固碳的碳排放核算模型，分析预测建筑业碳排放，并引入控碳技术与智慧管理模式。

第 7 章"低碳智慧建筑数据关联方法"，分析低碳智慧建筑的碳排放核算与管理，通过技术融合、数据关联、数据平台管理和人工智能应用，构建多层次核算体系。BIM、CIM、GIS、物联网、电力行业数据集成等技术协同，实现全生命周期碳排放精确测量，而人工智能技术优化核算流程。

第 8 章"低碳智慧建筑：绿色智能双线融合新路径"，全面探讨绿色智能双线融合新路径，结合物联网、大数据、人工智能等技术，进行能耗数字化仿真和精准管理，以控制碳排放。同时，深入分析了未来智慧发展过程中设计人员所面临的伦理挑战。

本书适合建筑师、城市规划师、政策制定者，以及所有对建筑可持续发展、技术创新和环境政策感兴趣的读者，旨在提供前沿的低碳智慧建筑技术知识和实践案例，提供有价值的参考，助力实现人、建筑、环境和谐共生的美好愿景，推动低碳智慧技术的广泛应用和普及。

我们希望本书能够激发更多的思考和讨论，也期待参阅本书的专家、学者和工程技术人员不吝赐教，提出宝贵意见和建议，以便对本书进行修改、充实与完善。在此也感谢参与本书图片制作和整理的硕士生蔡璐佳、徐晟、徐栋、戈淼。

目　录

第一篇

低碳・智慧・建筑概述

1

智慧建筑

随着信息技术的迅猛发展和城市化进程的加速，建筑行业正经历着前所未有的变革。从传统的劳动密集型产业向数字化、智能化转型，已成为建筑领域不可逆转的趋势。

本章首先回顾了建筑工业化与数字化的发展历程，从国际到国内，深入剖析了各阶段的技术创新与管理变革。随后，聚焦智慧建筑的核心概念，详细阐述了其在智能照明、温控、能源管理等方面的技术应用，以及如何从数据驱动、低碳可持续、提升用户体验等方面，推动建筑行业的全面升级。同时，分析智慧建筑当前面临的挑战与发展优势，展望其未来的发展趋势与前景。本章的探讨，旨在为推动建筑行业的智能化转型与可持续发展贡献智慧与力量。本章逻辑构架见图1.1。

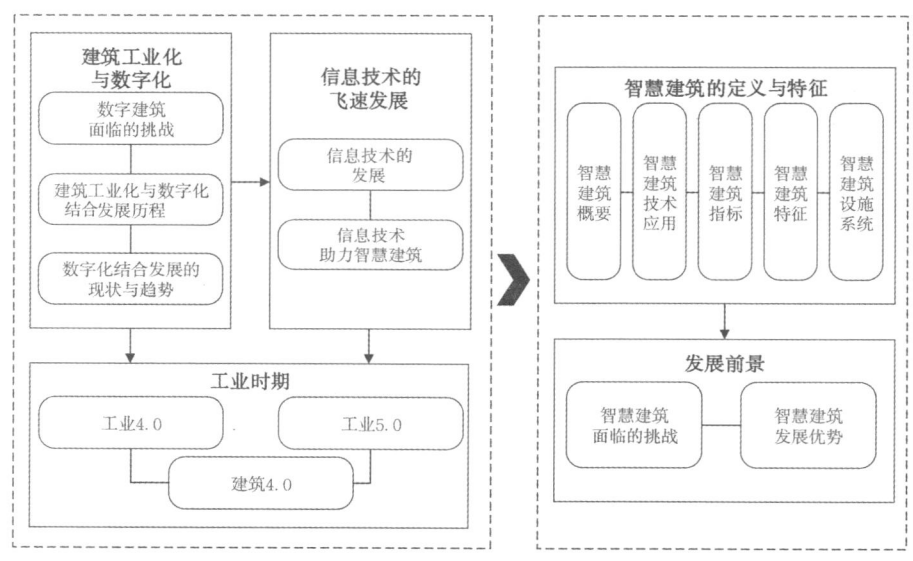

图 1.1　本章逻辑构架

1.1　建筑工业化与数字化

工业化为智慧建筑的发展铺设了坚实的基石，通过高精尖制造技术与材料创新，为智慧建筑的高效建造与运维提供了可能。智慧建筑不仅继承了工业化的精髓，更通过集成信息技术、自动化与智能化系统，极大提升了建筑的能效与居住体验，成为工业化进程中环境友好、资源节约与人本关怀理念的集中展现。

建筑工业化源自西方，作为第二次世界大战后欧洲重建的创新策略，针对住房短缺与劳动力匮乏，西方国家采用标准化设计、工厂预制构件及现场装配式施工，极大提升了建设效率，迅速满足了住房需求。20 世纪初，格罗皮乌斯提出建筑工业化构想，引领国际潮流。随后，预制装配式建造方式因其高效优势而风靡全球，多国竞相研究应用，推动建筑业转型升级，加速了技术革新，为全球住房建设与城市发展注入新动力。

1956 年，建设部（2008 年改为中华人民共和国住房和城乡建设部，以下简称"住房城乡建设部"）构想建筑业技术革新路径，推动建筑工业化转型，历经近四十年酝酿，至 1995 年正式启航，标志着集成化的发展趋势，实现了模块标准化与流程一体化。21 世纪，随着"新型工业化"战略的提出，智能化成为新方向，深度融合信息技术，构建智能系统，提升整体效能。

长期以来，学术界围绕建筑工业化的全面发展路径展开了深入探讨，积累了宝贵的经验。至 2011 年，学术界进一步提出了"新型建筑工业化"的概念，该概念强调在项目全生命周期内，通过设计标准化、构件预制化及施工机械化的综合手段，实现建筑可持续发展，并着重整合与优化产业链的各个环节，以达成更高效、更环保、更经济的建筑生产模式。2020 年《关于加快新型建筑工业化发展的若干意见》解读中提出："新型建筑工业化是以工业化发展成就为基础、融合现代信息技术，通过精益化、智能化生产施工，全面提升工程质量性能和品质，达到高效益、高质量、低消耗、低排放的发展目标"。特别是 2020 年《关于推动智能建造与建筑工业化协同发展的指导意见》提出目标："到 2025 年，我国智能建造与建筑工业化协同发展的政策体系和产业体系基本建立，建筑工业化、数字化、智能化水平显著提高，建筑产业互联网平台初步建立，产业基础、技术装备、科技创新能力以及建筑安全质量水平全面提升，劳动生产率明显提高，能源资源消耗及污染排放大幅下降，环境保护效应显著。推动形成一批智能建造龙头企业，引领并带动广大中小企业向智能建造转型升级，打造'中国建造'升级版。到 2035 年，我国智能建造与建筑工业化协同发展取得显著进展，企业创新能力大幅提升，产业整体优势明显增强，'中国建造'核心竞争力世界领先，建筑工业化全面实现，迈入智能建造世界强国行列。"[1]。

在 2022 年初，住房城乡建设部颁布了《"十四五"建筑业发展规划》，该规划为"十四五"期间建筑行业的发展指明了战略方向。规划中强调了推进智能建造与新型建筑工业化的深度融合，并将其作为核心任务，确立了显著提高建筑工业化、数字化和智能化水平的目标。当前，我国正致力于促进建筑业的数字化转型和升级，这不仅是实现智慧城市和新型城镇化建设的关键支撑，也是推动建筑产业向更加环保、可持续方向发展的必由之路。建筑数字化是指利用数字技术对建筑行业的设计、施工、管理、运维等各个环节进行数字化转型和升级的过程。这一过程涉及信息技术与建筑业的深度融合，旨在提高建筑项目的效率、质量、安全性和可持续性，同时降低成本和资源消耗。

1.1.1 数字建筑面临的挑战

1. 高精尖数字化建筑行业人力资源短缺

2010 年起，我国作为全球建筑大国之首，虽然面临人力资源紧张的挑战，但是通过建筑信息模型（BIM）、物联网（IoT）及大数据（BD）等技术推动建筑智能化发展，有效缓解了劳动力短缺，提升了效率与质量，引领建筑行业向安全、高效、绿色转型。然而，高精尖数字化建筑人才仍供不应求，且知识结构单一，跨领域融合不足，应用能力有待提升。资深管理者面临传统思维转型难题，难以迅速接纳新技术。行业急需数字技术、专业知识与管理能力兼备的复合型人才，其短缺成为发展瓶颈。同时，老龄化加剧了建筑劳动力短缺，既推动数字化技术发展，也对其普及构成挑战。

2. 智能化建筑施工不成熟

智能化建筑施工普及于智慧城市、绿色建筑等项目，但技术不成熟仍是其推广瓶颈，问题包括设备性能波动、兼容性差、缺乏统一标准，影响施工效率、安全与质量控制。同时，前沿技术如深度学习、机器学习、大数据分析在建筑中应用尚浅，需要更多研究与实践，以提升施工自动化与智能化水平，实现精准控制与高效协同。

3. 数字建筑标准不全面

相关法规与标准的不完善也是数字化技术不成熟的重要体现。随着数字建筑技术的飞速发展，现行法规与标准往往滞后于技术创新的步伐，导致技术应用过程中缺乏明确的指导与规范。这种滞后性不仅增加了技术应用的不确定性，还可能引发一系列问题，如 AI 技术的滥用导致的隐私泄露、数据安全风险，以及缺乏统一标准造成的责任划分不清、隐私与监控、机器决策的透明度和责任归属、人工智能（AI）的道德标准等伦理问题。

4.绿色建筑的平衡挑战

绿色建筑主导建筑趋势，获全球认可，是城市可持续发展的重要指标。其普及迅速，得益于政策支持、认证增长及公众环保意识的提升。然而，成本控制是其核心挑战，须权衡绿色技术与预算。同时，长期运维机制缺失致使资源浪费，必须完善机制以保证效益。此外，与业主沟通亦十分关键，须根据不同认知度调整策略，以达成绿色建筑共识，促进绿色建筑的实施。

1.1.2 建筑工业化与数字化结合发展历程

1.国际发展历程

在国际建筑领域，建筑工业化的发展历程是一段充满创新与变革的历程，其四个阶段不仅标志着技术与管理的飞跃，也深刻影响了建筑行业的整体面貌。随着建筑工业化的全球化进程不断推进，其发展趋势和先进经验正深刻影响着我国建筑工业化的发展路径与转型升级进程（图 1.2）。

第一阶段：国际上建筑工业化的概念最早可追溯至 19 世纪末、20 世纪初的工业化革命浪潮。这一时期，随着制造业生产方式的转变，标准化、模块化的生产理念开始渗透到建筑领域。尽管尚未形成系统的工业化建筑体系，但预制构件的初步应用标志着建筑工业化的初步探索。第二阶段：第二次世界大战后，全球范围内的大规模重建需求极大地推动了建筑工业化的快速发展。特别是在欧洲和北美，为了解决住房

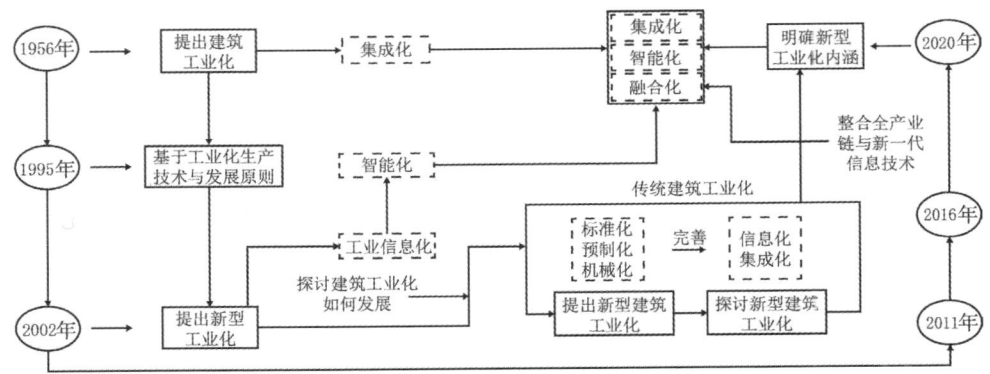

图 1.2　我国建筑工业化发展历程（作者自绘）

短缺问题，预制构件和模块化建筑技术得到了广泛应用。这一时期的代表建筑如英国的"预制板房"，通过快速建造解决了大量人口的居住问题，展示了建筑工业化在效率上的巨大优势。第三阶段：进入 20 世纪六七十年代，建筑工业化进入了一个技术革新的阶段。随着材料科学、信息技术和自动化技术的进步，建筑工业化的生产模式逐渐从简单的预制构件组装向系统化、集成化方向发展。例如，瑞典木质模块化公寓 ÖSB（图 1.3）项目，展示了高度集成化设计在提升居住体验方面的潜力。第四阶段：20 世纪 80 年代至今，建筑工业化进入了一个多元化发展的新阶段。随着环保意识的增强和科技的飞速发展，可持续性和智能化成为建筑工业化的重要方向。预制构件的材质更加多样，如绿色建材的广泛应用。同时，智能建筑系统、建筑信息模型等技术

图 1.3　瑞典木质模块化公寓 ÖSB

的引入，使得建筑在设计、生产、施工和运维等各个环节都能实现更高效、更精准的管理。这一时期的代表建筑包括采用预制混凝土结构的绿色建筑，以及集成了先进智能系统的智能楼宇 [2]。

2. 国内发展历程

1949 年以来，我国建造业经历了显著的发展，成为推动国家经济社会进步的重要力量。建筑业总产值持续攀升，至 2021 年已突破 29 万亿元人民币，占国内生产总值比例达 7.01%，稳固了其作为国民经济支柱产业的地位。我国建筑工业化可分为三

个阶段[3]。

（1）发展建造阶段（1949 年 10 月至 1978 年 11 月）

该阶段以工业建筑建设为主，建造活动多由政府主导，遵循"适用、经济，在可能的条件下注意美观"的原则。通过借鉴苏联经验，我国制定了砖混结构规范，推广标准设计、装配式建筑及预应力混凝土结构，有效节约了资源。同时，地基处理、配筋砖砌体等技术取得进展，工程管理采用流水作业模式，为后续发展奠定了基础。

南极洲长城站建成于 1985 年，是一座早期装配式钢结构建筑，采用聚氨酯复合板、快凝混凝土等新材料、新技术完成建筑、结构和施工组织设计，并装配预制装配件。长城站建成后，经过多次扩建，现有建筑 25 栋，包括办公楼、宿舍楼、科研楼等 7 栋主体建筑，总面积 4000 多平方米，是我国最早的装配式建筑（图 1.4）。

图 1.4　南极洲长城站

（2）快速建造阶段（1978 年 12 月至 2012 年 10 月）

改革开放后，我国建造业进入快速发展期。高层、超高层项目激增，新材料、新技术、新设备被广泛引入，推动了建筑技术的革新。信息化技术的应用，特别是从手工绘图到计算机辅助绘图，再到 BIM 三维设计的转变，显著提升了设计效率与精度。在此阶段，我国建造业不仅在国内市场取得显著成就，还逐步走向世界，参与国际竞争。

在国家体育场"鸟巢"的建设中，广泛运用预制钢结构和模块化构件，极大加速了施工进程，成为我国建筑工业化的典范之作，彰显了我国在工业化建筑领域的卓越能力（图 1.5）。

图 1.5　国家体育场"鸟巢"
（图片来源：http://tg.dili360.com/scenic/place/id/260.htm）

设计团队通过数字化三维设计方法，引入 CATIA 等软件，在虚拟环境中 细打磨设计钢结构编织体系，确保每个环节精确无误。此外，针对大跨度钢结构的特点，创新研发了弯扭构件空间坐标表示法、高强度钢板等，以及温度场计算和施工模拟分析技术，有效解决了建造中的复杂难题 [2]。

（3）中国建造新阶段（2012 年 11 月至今）

近年来，我国建造业持续繁荣，涌现出一批具有国际影响力的标志性建筑。在绿色建造、智慧城市建设等领域，我国取得了显著成就。绿色建造技术的广泛应用，促进了资源的高效利用与环境保护。

2020 年 7 月 3 日，由住房城乡建设部等十三部门携手发布的《关于推动智能建造与建筑工业化协同发展的指导意见》，不仅标志着我国建筑业向工业化、数字化、智能化转型的坚定步伐，而且深刻揭示了智慧建筑与建筑工业化之间不可分割的纽带关系。

在智慧城市的建设方面，2020 年住房城乡建设部印发了《城市信息模型（CIM）基础平台技术导则》，城市信息模型基础平台建设正式启动，CIM 技术成为智慧城市领域的应用热点与研究前沿，为城市规划与管理提供了有力支持。此外，城乡规划体系的全面改革，进一步提升了城乡居住环境质量，推动了城乡经济社会的协调发展 [4]。

1.1.3　数字化结合发展的现状与趋势

发达国家在建筑工业化方面取得了先行经验，为其他国家提供了宝贵的示范。这些国家通过引入先进技术和方法，如自动化、数字化（BIM、机器人、AI），以及标准化施工，有效提升了施工效率与质量，同时减少了资源消耗与环境污染，契合可持续发展理念，获得广泛支持。

近些年来，我国城市化发展迅猛，住房与基础设施需求激增，驱动建筑业快速发展。然而，人力资源成本上升使传统施工模式面临挑战，促使我国建筑业向工业化转型。为此，我国出台了多项政策（表 1.1），涵盖技术创新激励、节能减排推广等，为建筑工业化营造了有利的政策与市场环境 [3]。

表 1.1 国内建筑工业化政策

时间	文件或报告	政策内容
2020.07	《关于推动智能建造与建筑工业化协同发展的指导意见》（建市〔2020〕60号）	从加快建筑工业化升级、加强技术创新、提升信息化水平、培育产业体系、积极推行绿色建造、开放拓展应用场景、创新行业监管与服务模式7个方面，提出了推动智能建造与建筑工业化协同发展的工作任务
2021.10	《2030年前碳达峰行动方案》	推广绿色低碳建材和绿色建造方式，加快推进新型建筑工业化
2022.10	《党的二十大报告》	推进新型工业化，加快建设制造强国
2024.03	《加快推动建筑领域节能降碳工作方案》	①推进绿色低碳建造：加快发展装配式建筑，提高预制构件和部品部件的通用性，推广标准化、少规格、多组合设计。严格建筑施工安全管理，确保建筑工程质量安全。积极推广装配化装修，加快建设绿色低碳住宅。②加快建筑工业化技术研发与推广：支持超低能耗、近零能耗、低碳、零碳等建筑新一代技术研发，推动可靠技术工艺及产品设备的集成应用，加快建筑节能降碳成熟技术产品的规模化生产。③完善装配式建筑标准体系：加快完善覆盖设计、生产、施工和使用维护全过程的装配式建筑标准体系。④推动智能建造技术的应用，加快建筑光伏一体化建设，支持钙钛矿、碲化镉等薄膜电池技术装备在建筑领域的应用②加快建筑工业化技术研发与推广：支持超低能耗、近零能耗、低碳、零碳等建筑新一代技术研发，推动可靠技术工艺及产品设备的集成应用，加快建筑节能降碳成熟技术产品的规模化生产。③完善装配式建筑标准体系：加快完善覆盖设计、生产、施工和使用维护全过程的装配式建筑标准体系。④推动智能建造技术的应用，加快建筑光伏一体化建设，支持钙钛矿、碲化镉等薄膜电池技术装备在建筑领域的应用

　　随着科学技术的进步和经济发展的推动，建筑工业化在20世纪中叶迎来了显著的发展。在美国，工业化建筑在住宅和商业建筑领域得到了广泛应用。20世纪50年代，美国建筑师乔治·尼尔森（George Nelson）将工业化建筑理念引入了酒店建筑设计中，大量使用预制钢结构和标准化模块，实现了高效率的建造。在20世纪60年代，北欧的工业化建筑逐渐兴起，如芬兰的阿尔瓦·阿尔托等建筑师，开始将预制件应用于公共建筑和住宅领域（图1.6）。美国纽约世贸中心一号楼自2006年开始规划建设，直至2016年建成，作为纽约市的新地标，在建设过程中大量应用了BIM技术，以实现设计、施工和运维的无缝对接，该项目还展示了预制构件和模块化施工的优势（图1.7）。荷兰建筑事务所Universe Architecture于2013年采用3D打印技术设计并建造了名为"景观房"（Landscape House）的独特建筑，该建筑以莫比乌斯环为灵感，

以其连续无始无终的形态特征而著称（图 1.8）。卢塞尔体育场是 2022 年卡塔尔世界杯的主场馆，由中国铁建国际集团有限公司联合卡塔尔当地企业承建，项目在全生命周期深入应用 BIM、智慧建造和新型建筑工业化技术，实现了设计、施工、运维等阶段的数字化管理，显著提高了工程质量和效率（图 1.9）。

我国建筑业的工业化起步于 20 世纪 80 年代，当时"厂房建房"的风潮推动了预制构件和模块化建筑方式的应用。然而，由于技术水平的相对滞后，这一阶段的工业化发展主要局限于厂房、仓库和农村集中居住区等特定领域。随着时间的推移，建筑工业化逐渐积累了经验，为后续的全面发展奠定了基础。

国内外建筑工业化步入新阶段，智能化建造成为核心趋势。政府政策支持推动标准体系建立与技术创新，如物联网、AI 等新技术加速建筑业智能化升级，提升管理

图 1.6 维堡图书馆

（图片来源：https://www.archdaily.cn/cn/767603/
adjing-dian-wei-bao-tu-shu-guan-alvar-aalto）

图 1.7 美国纽约世贸中心一号楼

（图片来源：https://upload.wikimedia.
org/wikipedia/commons/d/d4/One_World_
Trade_Center_%28cropped_9_to_16%29.
jpg）

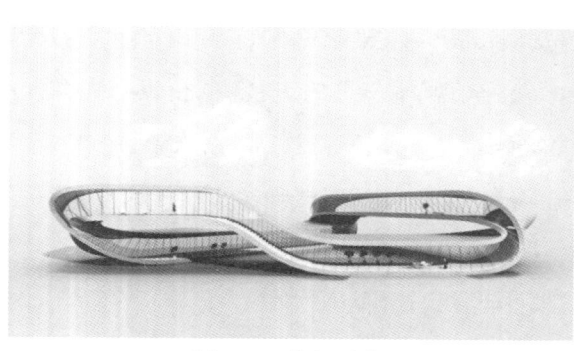

图 1.8 "景观房"

（图片来源：http://www.chuangwuzhi.com/article/show/2138）

图 1.9　卢塞尔体育场

（图片来源：http://www.news.cn/sports/c/2022-08/12/1128910527_16602927232751n.jpg）

效率与安全性。国内外企业通过数字化设计、BIM、机器人等技术实现全流程自动化控制，智能化建造工厂引领行业前沿。尽管我国建筑业面临增长空间绽减的挑战，但在城镇化与城市更新背景下，建筑工业化仍将在政策引导、技术创新中稳步前行，展现广阔前景。

数字化与工业化结合在各阶段、各方面均有发展潜力，主要体现在以下几个方面：①随着人工智能、大数据和物联网技术的发展，建筑工业化将更加智能化和数字化，实现生产过程的自动化和智能化管理，提升生产效率和质量；②建筑工业化可以实现定制化和个性化的设计和生产，满足不同用户的需求和偏好，提供更多样化的建筑解决方案；③未来的建筑工业化将更加注重生态环境保护和可持续发展，采用更环保、更节能的材料和技术，减少对自然资源的消耗和污染；④建筑工业化将加强国际合作与交流，实现全球资源的共享和优势互补，推动建筑工业化的国际化发展；⑤建筑工业化将与其他行业如信息技术、生物技术等融合发展，实现跨行业的创新和发展，为建筑行业带来更多的发展机遇和潜力。

1.2 信息技术的飞速发展

1.2.1 信息技术的发展

远古人类以智慧创造出原始信息传递法，如印第安人用木橛计时、中国人用结绳记事及图画记录。在文明演进中，烽火台、驿传及"飞鸽传书"构建了古代信息网。造纸术与印刷术的发明，大幅度提升信息记录、存储与传递效率，奠定了信息技术基础。近代工业革命推动信息通信技术飞跃发展，电话、电报、无线电等新技术颠覆传统，实现了信息即时远程传输，加速了全球经济、政治、文化交流。随后，广播、雷达、电视等技术涌现，引领人类步入多元化、便捷化的全新信息时代。

进入 20 世纪中叶以后，随着计算机技术、卫星技术、光纤技术等高新技术的飞速发展，信息和通信技术步入了高速化、网络化、数字化和综合化的新时代。1975 年，在建筑界，计算机技术突破手绘界限，自动绘图机械（ADAM）作为 CAD 的前身问世，尽管初期受限，却为 CAD 技术奠定基石。同期，建筑描述系统（BDS）初现 BIM 雏形，催生 BIM 理论萌芽。20 世纪 80 年代，个人计算机的普及加速 CAD 飞跃，Autodesk 等崛起，CAD 技术广泛应用。20 世纪 90 年代，互联网普及与微型计算机成本降低，推动 CAD 及 BIM 发展，三维建模软件涌现，设计方式革新。市场经济繁荣推动建筑技术智能化，绿色建筑理念兴起。当前，信息通信技术与建筑深度融合，智慧建筑呈新趋势，人工智能、大数据等技术提升了建筑的安全性、舒适性与节能性。未来，随着 5G/6G 等新兴技术的发展，智慧建筑将更加智能、互联，助力绿色发展目标，我国智慧建筑产业正走向世界前列。

1.2.2 信息技术助力智慧建筑

当前，随着数字化、网络化、智能化的浪潮席卷全球，信息通信技术与建筑行业的深度融合正引领着智慧建筑的新纪元。人工智能、大数据、云计算及物联网等前沿技术的不断融合与创新，不仅深刻改变了传统建筑的设计、建造、运营与管理方式，也推动了智慧建筑向更高层次、更广领域的发展。这些技术的应用，使得建筑成为一个集感知、分析、决策、控制于一体的智能系统，极大地提升了建筑的安全性、舒适性、节能性和可持续性。

此外，智慧建筑通过技术集成、实时监测与调控、人工智能应用、大数据支持及跨界融合，实现了能效提升、运营优化、服务创新及生活品质升级（表 1.2）。

表 1.2　智慧建筑的多维影响

类别	描述	细节
技术集成	智慧建筑集成了多种技术以实现环境监测与调控	传感器（温湿度、光照、空气质量等）、智能设备（智能照明、温控系统）、软件系统
实时监控与调控	通过集成技术实现建筑物内外环境的实时监测与精准调控	实时数据收集、智能算法分析、自动调节（如温控、照明系统）
智能运行	人工智能算法优化建筑运行	根据环境变化、人员活动、能源使用情况自动优化调节（智能照明、温控系统、安防监控）
高效运营	在保证舒适度的同时降低能耗与运营成本	提高能效、降低能耗、减少运营费用
数据化	大数据收集与分析支持决策	为建筑管理者提供决策支持，实现精细化管理
跨界融合	智慧建筑促进多行业融合	建筑业与服务业、制造业融合，催生新型商业模式和运维模式
新型服务模式	基于云计算的远程运维服务	高效便捷的远程维护与管理
生活品质提升	智慧社区、智能家居概念兴起	提升居民生活品质，推动智慧城市发展

展望未来，随着 5G 乃至 6G 等新一代信息技术的研发与应用推广，智慧建筑将步入一个更加智能、更加互联、更加个性化的新时代。高速率、低延迟的网络连接，将为智慧建筑提供更加强大的数据传输和处理能力，支持更多元化的应用场景和创新服务。同时，随着绿色建筑、低碳发展理念的深入人心，智慧建筑也将更加注重能效管理和环保技术的应用，为实现碳达峰、碳中和目标贡献力量。

我国作为建筑大国，正积极把握这一历史机遇，加强智慧建筑领域的政策引导、技术创新和国际合作。我国通过完善信息基础设施建设、推动技术创新与产业升级、构建智慧建筑标准体系等措施，加速推进智慧建筑的发展，努力将我国智慧建筑推向世界前列，为全球建筑行业的可持续发展贡献我国智慧和中国方案。

1.3 工业 4.0、工业 5.0 和建筑 4.0

1.3.1 定义与特征

工业 4.0 最早由德国政府提出，是指以物联网、大数据、人工智能等现代信息技术为核心，将生产、管理和服务全面数字化、网络化、智能化的新工业革命。

工业 4.0 的特征包括以下两项。①自动化：工业 4.0 的本质是通过数据流动自动化技术，实现规模经济向范围经济转化，以实现对制造产业结构的改革和优化，形成定制化的工业生产模式。②互联性：互联性是工业 4.0 的核心特征，即通过互联网打通生产、销售等环节的信息壁垒，通过智能生产的方式构建全新的商业模式。

2021 年 1 月发布的工业 5.0 白皮书《工业 5.0：迈向持续、以人为本且富有韧性的欧洲工业》正式定义了工业 5.0，指出工业 5.0 是通过使生产尊重地球的边界，将工业劳动者与他们的利益提升到生产过程的优先地位，以实现劳动者就业和经济增长以外更广泛的社会目标，构建稳健繁荣的新型工业系统和生态。工业 5.0 的特征表现在①以人为中心，即关注社会问题，回归以人为中心的价值定位；②可持续性，即关注环境和能源问题，注重工业发展可持续；③韧性，即关注工业系统的抗风险能力，以应对全球性突发事件。

作为"工业 4.0"的一部分，建筑 4.0 是在建筑行业细分下的具体应用，概念包含了传统建筑行业人工的操作方式向建筑自动化转变，由集中式控制向分散式增强型控制的基本模式转变，目标是建立一个高度灵活的个性化和数字化的建筑产品与服务的生产模式。建筑 4.0 的特征有：①全生命周期协同管理；②个性化与定制化；③绿色建筑理念；④智能建造。

1.3.2 工业 4.0 与工业 5.0

工业 4.0 通过物联网、人工智能和大数据实现生产的高度自动化和智能化，而工业 5.0 在此基础上进一步强调人机协作和个性化生产，致力于将人类工业与智能技术深度融合。两者相似之处在于都利用前沿技术提升生产效率和灵活性，推动制造业的数字化转型。它们的共同目标是优化生产流程、减少资源浪费和提高产品质量。两者差异在于工业 4.0 专注于自动化和减少人工干预，而工业 5.0 则更加注重人机协作和个性化生产，致力于在技术进步的同时满足人本需求。

工业 5.0 是对工业 4.0 的深化和拓展，强调技术与人类的深度融合，追求更高的社会价值和可持续发展。工业 5.0 不仅仅是一个技术升级的过程，更是一个系统性、全面性的变革，旨在实现工业生产全过程的智能化、互联化和高度自适应（图 1.10）。

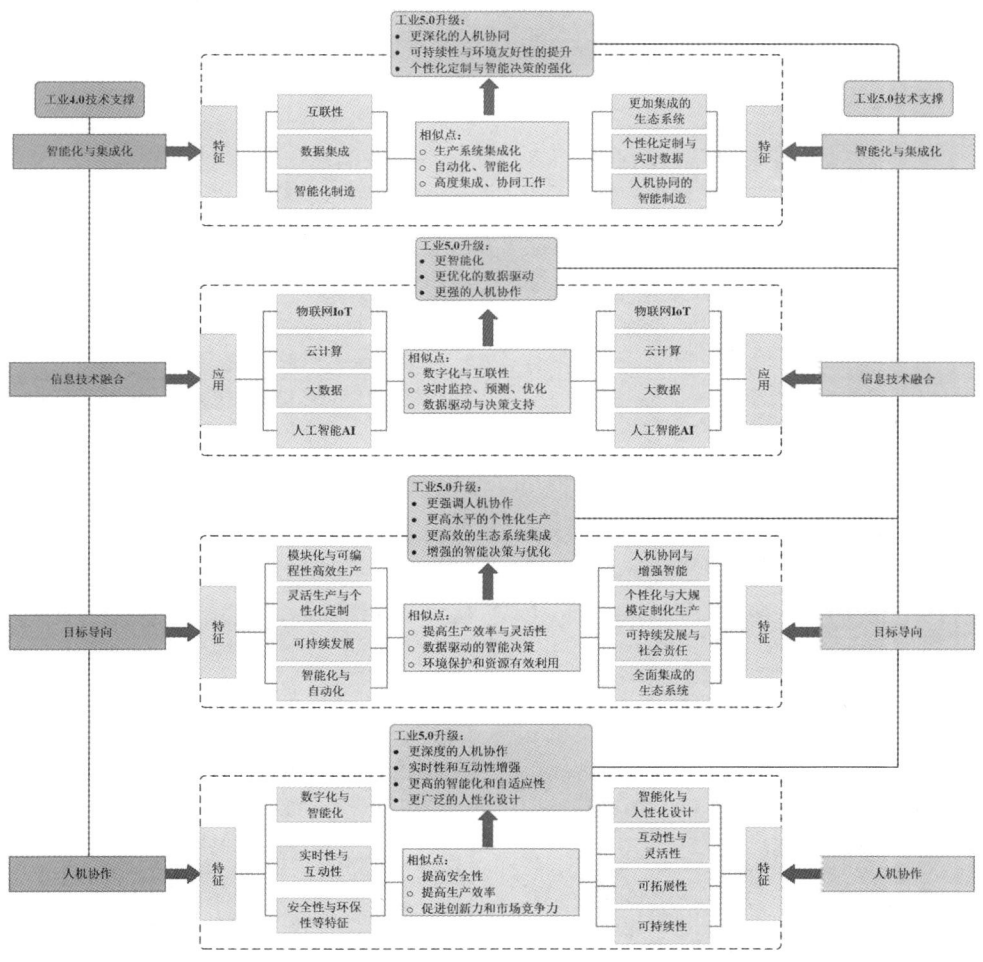

图 1.10　工业 4.0 与工业 5.0
（图片来源：作者自绘）

1.3.3　工业 4.0、5.0 与建筑 4.0

工业 4.0 和 5.0 聚焦于制造业的自动化和人机协作，建筑 4.0 则将这些理念引入建筑行业，实现建筑的智能化和数字化。三者相似之处在于都利用先进技术提升效率和质量；差异在于建筑 4.0 涵盖建筑全生命周期管理，而工业 4.0 和 5.0 主要集中在制造流程的优化（表 1.3）。

表 1.3　工业 4.0、5.0 与建筑 4.0

特征	工业 4.0	工业 5.0	建筑 4.0	关系与相互影响
核心技术	人工智能 AI 物联网 IoT 大数据 云计算 自动化 VR/AR	人机协作 个性化定制 可持续发展 社会价值与伦理	物联网、大数据、人工智能、云计算、BIM、自动化、VR/AR	工业 4.0 和工业 5.0 的核心技术广泛应用于建筑 4.0，推动建筑行业的智能化和数字化转型
人机协作	主要通过自动化和智能化替代人工	强调人机协作，结合机器效率和人类创造力	开始引入人机协作理念，通过智能工具辅助设计和施工	工业 5.0 的人机协作理念影响建筑 4.0，提高设计和施工效率与质量
个性化与定制化	实现生产流程的柔性和灵活调整	实现大规模个性化定制	推动个性化设计和施工，利用 BIM 和 3D 打印等技术	工业 5.0 的个性化和定制化理念推动建筑 4.0 实现高度定制化建造
可持续发展	注重节能环保和资源优化	强调绿色技术和循环经济，实现可持续发展	探索节能环保和绿色建筑，优化能耗和资源利用	工业 5.0 的可持续发展理念影响建筑 4.0，推动绿色建筑和可持续发展
社会价值与伦理	关注生产效率和成本降低	注重社会责任和伦理问题，提升社会价值	开始关注社会功能和用户体验，确保设计和施工符合伦理规范	工业 5.0 的社会价值和伦理理念渗透到建筑 4.0，提升建筑的社会功能和用户体验
全生命周期管理	全生命周期管理，从设计到运营的全流程优化	强调全生命周期的可持续发展	全生命周期管理，通过 BIM 实现从设计到运营的全流程优化	工业 4.0 和工业 5.0 的全生命周期管理理念影响建筑 4.0，推动建筑在全生命周期内的优化和可持续发展
技术融合与创新	引入先进技术，推动生产流程的数字化和智能化	深化技术与人文结合，提升生产效率和社会价值	应用工业 4.0 和 5.0 的技术，提升设计、施工和管理的效率和质量	工业 4.0 和工业 5.0 的技术创新在建筑 4.0 中得到应用和扩展，推动建筑行业的全面发展

1.3.4　建筑 4.0 与建筑 5.0

当前处于建筑 4.0 阶段，指在建筑业中应用工业 4.0 的核心理念和技术，通过数字化、智能化手段提升建筑全生命周期的效率和质量，技术支撑核心在于整合和利用先进技术来推动建筑行业的建筑工程数字化转型。从图 1.11 可见，以建筑 4.0 为基础，未来建筑 5.0 可能积极融入增强现实（AR）和虚拟现实（VR）技术，为用户提供沉浸式的设计和施工体验。运用自然语言处理技术（NLP）使人机交互更加自然和便捷。

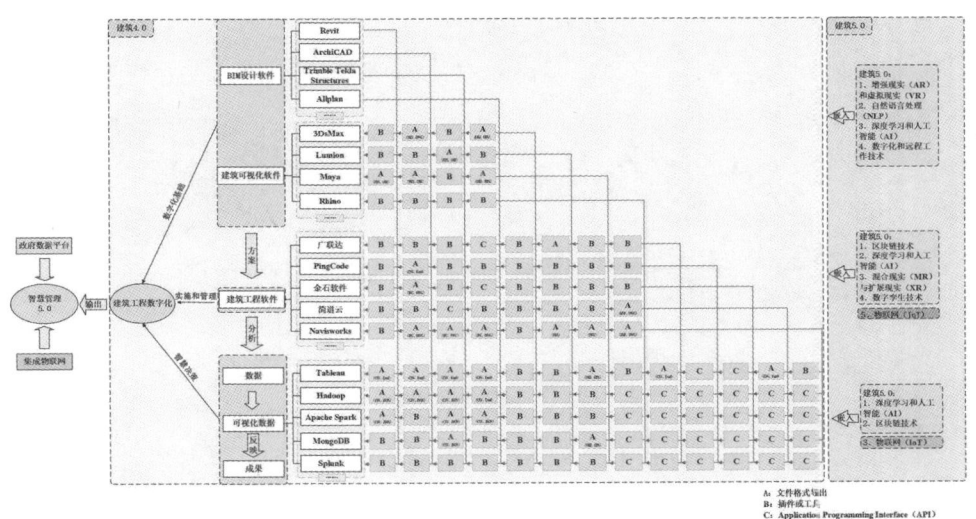

图 1.11　建筑 4.0 与建筑 5.0

（图片来源：作者自绘）

建筑师与人工智能协同的建筑创作模式将是必然趋势，其相关的设计理论、方法研究及其设计工具开发将成为未来建筑设计研究领域的重要课题。引入深度学习和人工智能技术，可为工程智能化决策提供强大支撑。在软件研发和应用阶段，建筑 5.0 可能将区块链技术、深度学习和人工智能技术紧密结合，确保数据的安全性和处理的高效性。将混合现实（MR）与扩展现实（XR）技术融合，拓宽建筑设计和施工的视觉边界。应用数字孪生技术，为实时监控和预测分析提供有力支持。引入物联网技术，实现建筑工程中的各个环节数据实时收集与交换。

在建筑 4.0 与建筑 5.0 交互中，数据交换主要依赖于 API、文件格式导出、插件或工具。API（应用程序编程接口）允许不同软件系统之间的直接数据交换和功能调用，提高了集成的灵活性和效率。文件格式导出则提供了标准化的数据格式，如 IFC、DWG、CSV 等，以确保数据在不同平台和软件之间的兼容性。插件或工具进一步扩展了软件的功能，使得用户能够在特定环境中进行数据转换、处理和分析，增强了数据处理的能力和灵活性。这些技术手段共同作用，优化了建筑项目的管理和协作过程（图 1.11）。

1.4 智慧建筑的定义和特征

1.4.1 智慧建筑概要

1. 智能建筑与智慧建筑

智慧建筑广义上是指将通信技术、计算机技术和自控技术融合应用的建筑。早期的智慧建筑又称智能建筑，国家标准《智能建筑设计标准》（GB 50314—2015）中指出智能建筑是以建筑物为平台，基于对各类智能化信息的综合应用，集架构、系统、应用、管理及优化组合于一体，具有感知、传输、记忆、推理、判断和决策的综合智慧能力，形成以人、建筑、环境互为协调的整合体，为人们提供安全、高效、便利及可持续发展功能环境的建筑[5]。智慧建筑是在智能建筑的基础上，基于新一代信息技术的综合应用[6]。

智慧建筑最终要实现建筑智慧化（图1.12）。①让建筑模拟人的思维，具有自我感知、自我判断、自我学习、自我分析和自我决策的能力，给建筑本身足够的自由空间，减少人为干预。②智慧建筑的实质是一个生态系统，无论是建筑外形还是建筑构

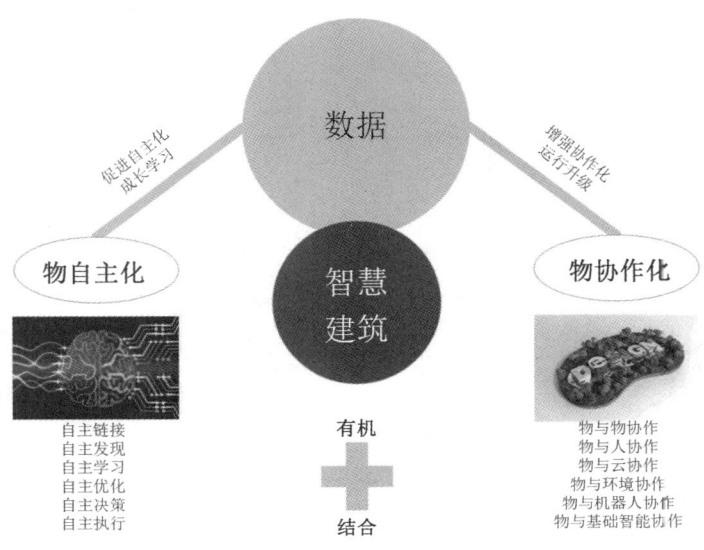

图 1.12 智慧建筑特征之自主学习与协作
（图片来源：作者自绘）

造，都要符合生态化的标准。智慧建筑要实现适应环境和保护生态的目标，让建筑、人与环境三者融合发展，和谐共处。③智慧建筑将实现对建筑及环境中所有事物的深度感知、广泛连接、智能分析与控制，从而使建筑结构更安全、建筑环境更舒适、建筑能耗更低。首先，智慧建筑是安全的，它能实现对建筑及环境的深度感知，能实时对建筑结构安全性进行健康监测，对运行过程中的异常情况进行预警，确保建筑使用安全；其次，智慧建筑是健康舒适的，它能采集和存储运行维护中的大量数据，通过现代科学技术对数据进行分析与挖掘，实现智能分析与控制，提供功能齐全、健康舒适、服务更加智慧化的建筑环境；最后，智慧建筑是节能和环保的，智慧设计、智慧建造和智慧运维贯穿建筑的全生命周期，实现节约能源、降低能耗、减少污染和绿色环保[7]。

　　"智慧建筑"是由"智能建筑"逐渐演化而来的。早在20世纪80年代初期，美国就将"智能化"的理念注入建筑中，建造了智能建筑"城市广场大楼"（City Place Building）（图1.13），快速发展的信息技术为智能建筑提供了发展空间和条件。通过学习美国经验，日本也开展了智能建筑的建设，1985年，在东京建成"本田青山大厦"（图1.14）。随后，英国、法国、德国、新加坡、泰国和印度等国家在20世纪90年代相继展开智能建筑的建设（图1.15）。2008年11月，信息技术公司国

图 1.13　城市广场大楼
（图片来源：https://www.skyscrapercenter.com/building/city-place-i/3170）

图 1.14　本田青山大厦
（图片来源：https://www.ishimoto.co.jp/e/products/public_offices/2474/）

图 1.15　新加坡资本大厦
（图片来源：https://www.skyscrapercenter.com/company/2269）

际商业机器公司 IBM（International Business Machines Corporation）提出"智慧地球"概念："将新一代的 IT、互联网技术充分运用到各行各业，特别是通过将感应器嵌入和装备到电网、铁路、桥梁、隧道、公路、建筑、供水系统、大坝、油气管道等各种物体中，并普遍连接这些物体，形成所谓的'物联网'。随后，将这个'物联网'与现有的互联网整合起来，实现人类社会与物理系统的深度融合与协同工作。"由此拉开了智慧城市、智慧国家的发展序幕。新加坡、美国和日本等国家纷纷制定了相关发展战略，并投入建设。作为智慧城市的重要组成单元，智能建筑的概念逐渐向智慧建筑转变，在 2015 年正式进入智慧建筑时代。目前，国际智慧建筑发展处于理论实践阶段，拥有广阔的发展前景。在全球智慧建筑市场的广阔蓝图中，根据国际权威研究机构 Coherent Market Insights 的数据，2022 年全球智能建筑市场规模为 791.2 亿美元，预计 2023 年至 2030 年间的复合年增长率为 24.89%。Mordor Intelligence 报告的数据也显示，智能建筑市场在 2023 年的规模为 828.5 亿美元，预计在 2024 年至 2029 年间的复合年增长率为 13.96%。这一非凡增长背后，物联网技术对建筑管理系统的深度融入、空间利用效率意识的觉醒、行业标准与法规的日益完善，以及对高效节能解决方案的迫切需求，共同构成了推动智慧建筑发展的强大引擎。

我国智慧建筑的发展晚于美国和日本，1985 年香港建成了智能建筑"汇丰银行总部大楼"（图 1.16）。1986—1991 年，中国科学院计算技术研究所针对"智能化办公大楼可行性研究"课题进行了研究。1989 年，我国由中日合资的智能建筑建成，即北京发展大厦（图 1.17）。20 世纪 90 年代之前，我国建筑智能化的发展处于萌芽阶段，主要由以中国科学院计算技术研究所为主的研究专家进行探索，为后期我国智慧建筑的发展奠定了基础。随着改革开放和房地产开发的浪潮，20 世纪 90 年

图 1.16　汇丰银行总部大楼　　图 1.17　北京发展大厦
（图片来源：https://　　　（图片来源：http://bfb.com.
images.app.goo.gl/　　　cn/bfb-intro.html）
opgbcgDKaBE3eTK26）

代后期，智能建筑在我国沿海一带城市迅速推广和普及，受到了社会的广泛关注。随后，我国智能建筑由沿海地区向中部地区推广，由一线城市向二、三线城市扩展。2008 年后，在"智慧地球"概念的影响下，我国逐渐形成了智慧城市和智慧社区的概念。随着人工智能技术在建筑领域的应用逐渐普及，我国建筑智能化在 2015 年进入智慧建筑时代。2019 年，国家市场监督管理总局联合国家标准化管理委员会发布了国家标准《智慧城市 建筑及居住区综合服务平台通用技术要求》（GB/T 38237—2019）。2021 年，中国城市科学研究会发布了《智慧办公建筑评价标准》（T/CSUS 16—2021）。2022 年，中国工程建设标准化协会批准发布了《智慧建筑评价标准》（T/CECS 1082—2022）。为了完善对智慧建筑管理人员的培养，中国建筑业协会绿色建造与智能建筑分会牵头编制了行业标准《智能楼宇管理员职业技能标准》（JGJ/T 493—2022）并已发布实施。目前，我国智慧建筑正处于理论体系、标准体系逐渐完善和工程实践不断涌现的阶段。

2. 我国智慧建筑发展现状与趋势

《中华人民共和国国民经济和社会发展第十四个五年规划和 2035 年远景目标纲要》强调"十四五"期间要加速智慧城市、智慧社区建设，推动新型城市发展。近年来，多部委与行业机构密集出台智慧建筑相关政策，如《5G 应用"扬帆"行动计划（2021—2023 年）》等，均旨在加速数字化进程，促进智慧建筑发展，营造良好政策生态。

郭振伟等（2024）[8] 研究我国智慧建筑相关文献，发现研究主题较广泛，囊括智慧城市、BIM、物联网、人工智能及云计算等，文献涉及建筑科学与工程、自动化技术、工业经济、计算机软件及计算机应用等众多学科。从整体看，我国智慧建筑的研究集中在三个方面。①智慧建筑基础理论：智慧建筑、智慧城市和智慧社区等相关理念的概述，智慧建筑方法、模式的探究，相关标准及研究进展的综述。②智慧建筑技术：物联网技术、人工智能技术及基于人工智能的相关技术。③智慧建筑设计：具体类型建筑的智慧化设计；智慧建筑工程实践案例研究。

中金企信国际咨询的数据进一步印证了这一趋势，即我国建筑智能化市场自 2012 年以来持续扩张，市场规模从 4537.51 亿元稳步增长至 2019 年的 9215.98 亿元。展望未来，智慧建筑在新建建筑中的占比将持续攀升，加之既有建筑的智能化改造需求，预计至 2026 年，我国建筑智能化工程市场规模将突破 15 450.13 亿元大关。智慧建筑不仅成为推动建筑业转型升级的重要力量，更将在我国城市建设的宏伟蓝图中占据举足轻重的地位，引领未来城市发展的新风尚。

1.4.2 智慧建筑技术应用

当前，智慧建筑技术已经实现了多技术的深度融合与应用。物联网技术使得建筑内的各种设备能够互联互通，实现数据的实时采集与传输；云计算技术提供了强大的数据存储和计算能力，使得智慧建筑系统能够高效运行；地理信息系统技术使得智慧建筑通过将建筑内外的空间信息与属性信息相结合，并将数据转换为直观图像，为建筑管理者提供了强大的数据分析和决策支持能力；大数据技术则对这些海量数据进行处理和分析，为建筑的智能化管理提供决策支持；人工智能技术则通过模拟人类智能行为，实现建筑的自主决策与优化控制。

自智能化技术蓬勃发展以来，智慧建筑领域已孕育出多项成熟的技术产品，这些产品标志着智慧建筑技术的日益成熟与广泛应用（表1.4）。

尽管智慧建筑技术应用取得了显著进展，但仍存在一些不足之处，也面临一些挑战（表1.5）。

智慧建筑技术应用正处于快速发展阶段，已经有一批成熟的技术得到广泛应用，但仍有一些技术处于不断发展和完善之中。同时，应正视智慧建筑技术应用中存在的不足和挑战，通过技术创新和合作共赢的方式推动其持续健康发展。

表 1.4　智慧建筑关键技术及其应用现状概览

技术/系统	描述	应用场景	现状
智能安防系统	包括智能监控、入侵检测、人脸识别等	各类建筑	已广泛应用，提升建筑的安全性
智能照明系统	根据环境光线和人员活动自动调节亮度	各类建筑	实现节能降耗
智能温控系统	通过物联网和AI技术自动调节室内温度	居住与工作环境	提供舒适体验
能源管理系统	集成智能传感器与大数据分析，监测能源消耗	建筑能耗管理	实时监测，优化能源使用
AR/VR技术	应用于建筑设计、施工、维护	建筑设计行业	应用增加，但普及受阻
无人机巡检	应用于高层建筑外部巡检	高层/复杂结构建筑	展现巨大潜力
智能停车系统	通过传感器和移动应用实现智能分配与导航	停车场管理	提高停车效率

表 1.5　智慧建筑技术应用的不足之处和面临的挑战

不足之处	具体挑战
网络安全问题	随着建筑内设备互联互通的程度加深，网络安全风险增加，须加强信息安全保障
技术兼容性问题	不同厂商、品牌设备间存在兼容性问题，影响系统整体性能和稳定性
技术维护成本高	智慧建筑系统复杂且技术含量高，导致维护成本较高，增加运营商压力
伦理问题	包括隐私泄露风险、技术鸿沟、系统安全挑战、就业冲击及人文关怀缺失，须平衡技术创新与隐私保护、公平性、安全性及人文关怀

1.4.3　智慧建筑指标

通过对智慧建筑特性的深入分析研究，提炼形成可以代表智慧建筑的各种指标，并对其相关技术开展研究，从而进一步围绕经济、环境、用户体验、人文与技术创新等进行深入探索，以更好地评估智慧建筑的综合品质与效益。

目前，世界范围内已经形成一些智慧建筑指标体系，如表 1.6 所示。其中，中国台湾智慧建筑评估充分考虑健康舒适性能方面的指标；欧盟建筑智慧化指标（SRI）将智慧建筑的目标集中在建筑节能水平的提高上；霍尼韦尔智慧建筑评价考虑了建筑设计、建筑使用者等因素在其中所带来的影响；建筑智商评价（BIQ）侧重于建筑基础设施方面的完善情况；基于可拓理论的智慧建筑综合评价体系考虑了建筑全生命周期的指标设置；智慧医院评价标准结合医院需求，强调医院信息化水平。

表 1.6　智慧建筑指标体系 [9]

序号	指标体系	一级指标
1	中国台湾智慧建筑评估	综合布线、信息通信、系统整合、设施管理安全防灾、节能管理、健康舒适、智慧创新
2	欧盟建筑智慧化指标（SRI）	供暖、制冷、生活热水、通风控制、照明、动态建筑维护结构、可再生能源发电、需求管理、电动汽车充电、监控系统、其他
3	霍尼韦尔智慧建筑评价	安全与安防、绿色与节能、高效与便捷
4	建筑智商评价（BIQ）	系统概况、电源分布、声音和数据系统、连接选项、智慧建筑系统、建筑/设施管理应用、简化模式子系统、建筑自动化环境子系统
5	基于可拓理论的智慧建筑综合评价体系	能源利用效率、水资源利用效率、保障体系完善程度、室内环境管理水平、施工管理水平、运营管理水平、用户感知幸福度
6	智慧医院评价标准	建筑物信息系统、运营管理系统信息化、诊疗系统医疗信息化、医疗建筑室内环境质量信息化、智慧能源

总体而言，6 个指标体系各有重点但不够完善，无法对前述智慧建筑的关键特性

作出较完整的概括。基于此，中国房地产业协会等已发布的《智慧建筑评价标准》结合上述内容，提出包括信息基础设施、数据资源、安全与防灾、资源节约与利用、健康与舒适、服务与便利、智能建造在内的七大技术指标用以评估建筑的智慧性能。该评价标准既包含实施各类智慧技术的软硬件基础，又兼顾建筑在绿色、健康方面的性能，同时充分考虑了数据在实现人、建筑、机械、环境等方面融合的重要性，并实现了建筑全生命周期的指标设置。徐昆等（2021）[9]针对各体系进行了统计研究，总结了智慧建筑的关键词及其出现次数（表1.7），研究表明智能建筑的核心聚焦点广泛而深远，涵盖了建筑可持续性发展策略、安全防护体系的强化、先进技术的深度融合、自动化控制的优化、信息通信技术的革新应用，以及用户体验的极致追求与服务质量的不断提升。这一领域的影响进一步辐射至建筑运营的多个维度，包括提升运营效率、高效管理信息数据流、优化能源使用效率、推动技术创新与应用、强化综合管理体系，以及构建全方位的安全防护网。

表 1.7 智慧建筑关键词 [9]

关键词	出现次数	关键词	出现次数	关键词	出现次数	关键词	出现次数
个性化	9	数据与采集	7	用户体验	6	量化评估	5
激励机制	9	新能源	7	智慧建造	6	实时监测	5
降本优效	9	在线与连接	7	智慧能源	6	舒适度	5
数据标准	9	智能管理	7	智慧社会	6	数据中心	5
数字化	9	B-PHM	6	智慧物流	6	未来主义	5
思维模式	9	RFID	6	智慧电网	6	智能停车场	5
一体化设计	9	ZigBee 技术	6	硬件	6	室内环境	5
智能机电	9	边缘计算	6	APP	5	物业运营管理	5
综合品质	9	多源数据融合	6	BIM+GIS	5	创新	4
集成控制	9	反应能力	6	安全性能	5	共享经济	4
建筑策划	8	分布式布线	6	半实物仿真	5	紧密耦合	4
3D 打印	7	管理者与使用者	6	城市发展	5	绿色智慧	4
便捷与活力	7	海量连接	6	大健康	5	绿色社区	4
高效与节约	7	无线网络	6	建筑设计创新	5	自进化	4
绿色与健康	7	新信息技术	6	健康建筑	5		
强化学习	7	虚拟管家	6	精益设计	5		

《智慧建筑评价标准》（T/CREA 002—2023）自 2024 年 2 月 1 日起正式实施，是我国智慧建筑领域的重要里程碑。该标准基于建筑全生命周期理论，构建了七大评

价指标体系，包括信息基础设施、数据资源、安全与防灾、资源节约与利用、健康与舒适、服务与便利，以及智能建造。这些指标全面覆盖了智慧建筑的设计、运行及性能评价，为各类民用建筑提供了智慧化水平的综合评估依据。

2023 版修订沿用了《智慧建筑评价标准》2020 版的等级划分框架，但进行了更为细致的调整，将智慧建筑细分为一星级、二星级、三星级以及特别增设的三星先锋级，见表 1.8。此次修订不仅巩固了原有的等级体系，还针对高星级别提出了更为严苛的标准。

表 1.8　《智慧建筑评价标准》等级划分与要求

等级	分值	技术要求	
		除智能建造指标外的 6 类评价指标最低得分率	智慧建筑数字化平台
一星级	50 分	30%	
二星级	65 分	30%	
三星级	80 分	45%	设置智慧建筑数字化平台
三星先锋级	90 分	60%	设置智慧建筑数字化平台，并实现与建筑专业业务系统的数据交互

1.4.4　智慧建筑特征

智慧建筑具有多方面的特征，这些特征使得建筑物不仅仅是传统意义上的空间，更是能够与居住者互动、智能化运行的实体。智慧建筑关键特征一方面在于各类智慧技术与建筑的融合应用，另一方面在于建筑在各类性能方面的提升，如绿色环保、资源节约、健康舒适、高效便捷、安全可靠等。总的来说主要有智能化、网络化、自适应性、节能环保、用户体验提升五个方面的显著特征（表 1.9）。

表 1.9　智慧建筑特征

特征类型	特点	描述	举例
智能化	实时感知和智能控制	通过集成先进的传感器、控制系统和人工智能技术，实现对建筑内外环境的实时感知和智能控制	①智能照明系统可以根据环境光线和用户习惯自动调节亮度②智能温控系统可以根据室内温度和人员活动情况智能调节空调设备
网络化	智能化的网络系统	通过物联网技术实现各种设备的互联互通，使得建筑内部各个系统能够实现数据共享、信息交流，并能够远程监控和管理	安全监控系统、能源管理系统可以通过互联网远程监控和控制

特征类型	特点	描述	举例
自适应性	根据环境变化和用户需求进行自动调整和优化	通过大数据分析和人工智能技术，根据历史数据和实时环境信息，预测未来的需求和趋势	智慧建筑能源管理系统集成了多种能源监测设备，如电表、水表、热表等，并实时收集各项能源消耗数据。通过大数据分析，系统能够识别出高能耗时段和区域，从而自动调整各区域的空调、照明等设备的运行策略
节能环保	节能环保理念	通过优化能源利用、减少能源浪费，降低建筑的能源消耗	智能照明系统、智能窗户、太阳能发电等
用户体验提升	舒适性和便利性	通过智能化的服务和设施，提升用户的使用体验	①智能家居系统可以根据用户的习惯和偏好自动调节室内环境 ②智能安防系统可以提供全天候的安全监控和保护

1.4.5 智慧建筑设施系统

智慧建筑中的智能化设施和系统涵盖了多个方面，每个方面都有相应的智能化解决方案。

1. 数据驱动的运营和决策

智慧建筑集成传感器等设备，实时监测环境数据，利用物联网传输至中央系统分析处理，实现数据驱动运营与决策。运营上，智慧建筑分析能耗数据优化能源管理；决策上，则依托大数据和 AI 监测评估运营，提供优化管理、服务质量的决策支持，如调整设备运行、人员调度，提升整体效率和运营水平。

2. 低碳可持续发展

智慧建筑借助智能化设施与系统促进"碳中和""碳达峰"及可持续发展。以能源管理系统为核心，依托传感器实时监测能耗，智能算法优化利用。如智能照明、温控系统根据环境自动调节，节能降耗。同时，融合可再生能源与储能技术，如太阳能、风能发电，减少对传统能源的依赖，降低碳排放，推动绿色可持续发展。

3. 提升用户体验的舒适性

智慧建筑借助智能化设施与系统增强用户体验的舒适性，营造便利、安全、舒适的环境。以智能家居系统为核心，自动调节室内环境、照明与安防，个性化服务用户，如温控、照明系统按需调节，安防系统实时监控。智慧建筑还可以通过智能服务设施提升便利性，如智能停车导航、快递智能识别投递，优化生活体验。

4.安全保障措施

智慧建筑中的智能化设施和系统在安全保障方面发挥着关键作用，通过整合先进的技术和智能化系统，提高了建筑物的安全性、监控性和应急响应能力（表1.10）。

表1.10　智慧建筑安全保障智能化设施

系统	描述	举例
智能监控系统	高清晰度摄像头、红外线传感器等设备，实时监测建筑物周围的环境，用于监控建筑内外的活动和异常情况	如入侵者、火灾、泄漏等，并将信息传输到中央控制系统进行处理和应对
智能门禁系统	控制人员出入建筑物的权限，有效防止未经授权的人员进入	刷卡、指纹识别、人脸识别等技术
智能消防系统	及早发现火灾风险，并自动触发报警和灭火装置，减少火灾造成的损失	包括烟雾探测器、火灾报警器、自动喷水灭火系统等
智能安防巡逻机器人	机器人配备了摄像头、传感器等设备，能够自动巡视建筑内外，发现异常情况并及时报警	在商业中心、工厂仓库、交通枢纽及医疗机构等场所巡逻，监测人流、设备、货物及乘客安全
智能应急响应系统	迅速响应突发事件，自动触发报警、疏散指示并发送紧急通知，确保人员安全	应用于火灾或其他紧急情况
智能安全管理平台	用于监控和管理各种安全设备和系统	管理人员可以实时查看建筑的安全状态，进行远程控制和应急处理

1.5 智慧建筑的发展前景

1.5.1 智慧建筑面临的挑战

1. 技术整合与应用挑战

智慧建筑的核心在于技术的深度整合与高效应用。然而，当前不同技术系统之间往往存在兼容性问题，导致数据孤岛现象严重，难以实现真正的信息共享与协同工作。此外，新技术的快速迭代也对智慧建筑的稳定性与可持续性提出了更高要求。

2. 数据安全与隐私保护问题

智慧建筑依赖大量的数据收集与分析，以实现对建筑环境的精准调控与优化。然而，数据的安全性与隐私保护问题也随之而来。

3. 成本与效益平衡难题

智慧建筑的建设与运维成本较高，而其在提高建筑能效、改善居住体验等方面的效益往往需要较长时间才能显现。如何在保证智慧建筑功能完善的同时，有效控制成本，实现成本与效益的平衡，是智慧建筑推广过程中的一大难题。

4. 标准化与规范化缺失

智慧建筑的发展离不开标准化与规范化的支撑。然而，当前智慧建筑领域尚未形成统一的标准体系与规范标准，导致不同项目之间的技术方案与实施效果存在较大差异。这不仅增加了智慧建筑的建设难度与成本，也影响了其推广与应用效果。

综上所述，未来智慧建筑在发展过程中面临着技术整合与应用、数据安全与隐私保护、成本与效益平衡，以及标准化与规范化缺失等挑战。因此，需要政府、企业、科研机构等多方共同努力，加强技术创新与标准制定工作，推动智慧建筑向更加智能化、高效化、可持续化的方向发展[10]。

1.5.2 智慧建筑发展优势

智慧建筑发展优势显著，不仅体现在对资源的高效利用与环境保护上，还深刻改变了建筑的管理与运行模式，提升了居住与工作的舒适度与便捷性。

首先，智慧建筑的精细化运营通过物联网技术的深度应用，实现了对能源使用、环境控制等关键环节的精准管理与优化。这种运营模式极大地减少了能源浪费，提高了能源利用效率。在能源分配、空调系统和照明系统等方面，智慧建筑能够依据实时数据分析和预测，自动调整运行状态，以达到节能减排的目的。这种智能化的管理方式，相比传统建筑，更加灵活高效，有助于降低运营成本，提升居住体验。

其次，智慧建筑在合理利用清洁能源方面展现出巨大潜力。通过集成太阳能光伏屋顶、光伏玻璃等创新技术，智慧建筑能够直接将太阳能转化为电能和热能，满足建筑自身的能源需求。同时，结合风力发电和风能加热设备，智慧建筑进一步拓宽了可再生能源的利用渠道，显著降低了对化石能源的依赖。这种对清洁能源的充分利用，不仅有助于缓解能源危机，还减少了温室气体排放，对保护自然环境和促进可持续发展具有重要意义。

再者，智慧建筑在建筑材料的选择与利用上也体现了环保与可持续的理念。绿色建筑材料的使用，不仅减少了建筑对环境的污染，还提高了建筑的整体质量，延长了使用寿命。当建筑面临拆迁或改造时，这些可回收利用的建筑材料能够经过加工处理，再次用于新的建筑项目中，实现资源的循环利用。这种做法既减少了建筑垃圾的产生，又降低了新建筑项目的材料成本，对推动建筑工业化的绿色转型具有重要意义。

此外，智慧建筑具有感知性、自动化、信息化、云端化和交互式等特征，形成了其强大的智能化管理体系。这些特征表明智慧建筑能够自主感知环境变化、自动运行设备、快速传输信息、集中处理数据，并与用户实现有效互动。这种智能化的管理模式不仅提高了建筑的管理效率和服务水平，还为用户提供了更加便捷、舒适和个性化的居住体验。在应对建筑工业化挑战的过程中，智慧建筑的这些优势有助于推动建筑行业的转型升级，提升整体竞争力和可持续发展能力。

智慧建筑信息化

在当今快速发展的智慧城市背景下，建筑行业正经历着前所未有的变革。智慧建筑信息化作为其核心组成部分，不仅深刻改变了建筑的设计、施工和运维方式，还极大地推动了整个建筑行业的数字化转型。参数化设计以其灵活性和高效性，成为建筑设计创新的重要工具；物联网实现了建筑内部各系统的互联互通；云计算提供了强大的数据处理和存储能力；地理信息系统（GIS）为建筑规划与设计提供了精准的空间数据支持；大数据则通过挖掘建筑全生命周期的数据价值，优化建筑运营与管理；而人工智能的引入，更是为建筑行业的未来发展注入了无限可能。本章逻辑构架见图 2.1。

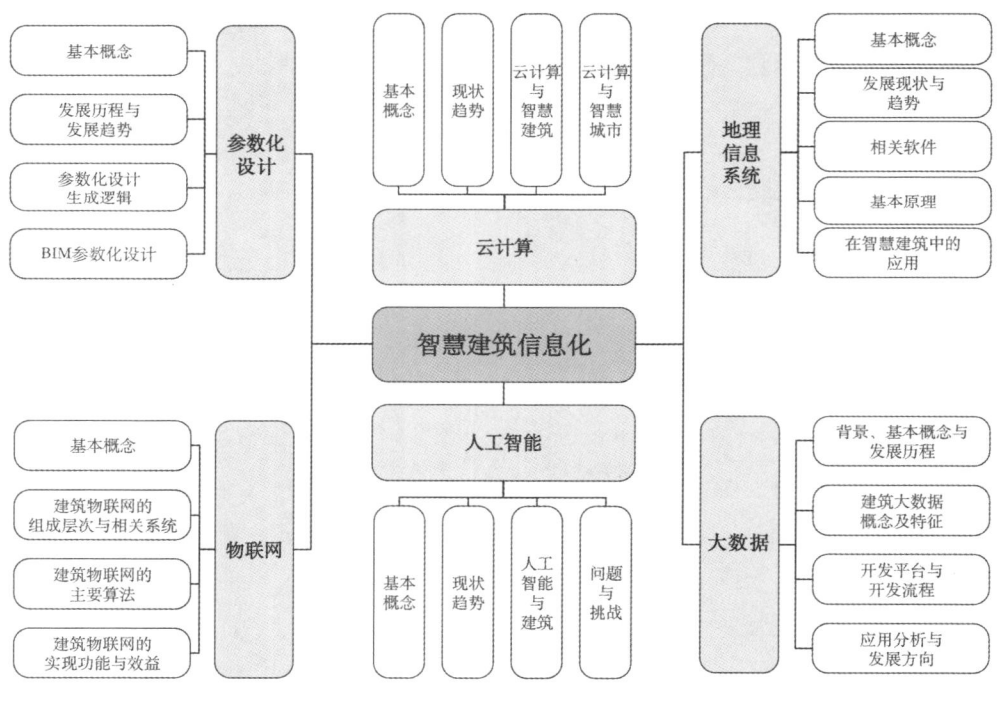

图 2.1　本章逻辑构架

2.1 参数化设计

2.1.1 参数化设计的基本概念

建筑参数化设计是一种建筑设计方法，其核心思想是将建筑设计的全要素（如几何形体、空间、表皮、结构等）都变成某个函数的变量，通过改变函数或算法来获得不同的建筑设计方案。这种方法使得设计过程更加灵活、高效，并能够实现设计结果的精确控制和优化。建筑参数化设计广泛应用于各种建筑项目中，包括北京大兴国际机场（图2.2）、Dynamic Tower（图2.3）、杭州奥体中心体育游泳馆（图2.4）等重大项目，以及异形小艺术馆、售楼处等小型建筑。它不仅能够满足复杂建筑形体的设计要求，还能够实现建筑设计与结构设计的深度融合和优化。

图2.2　北京大兴国际机场

（图片来源：https://baijiahao.baidu.com/s?id=1825393619
562842965&wfr=spider&for=pc&source=ucbrowser）

图2.4　杭州奥体中心体育游泳馆

（图片来源：https://www.hangzhou2022.cn/xwzx/
jdxw/ttxw/202205/t20220518_48890.shtml）

图2.3　Dynamic Tower

（图片来源：https://www.google.com.hk/
search?newwindow=1&sca_esv=7c2ca09b3e0
9a761&rlz=1CDGOYI_enCN992CN993&hl=zh-
CN&sxsrf=AHTn8zr8WA_xYU2ntVUlBFfIwSivib0eg:174
6522140813&q=Dynamic+Tower&udm=2&fbs=ABzOT_
AGBMogrnfXHu6GxeqSvos9XSASlLdONmBvs6Xj8x0Rx70LI
8Qw2o0eaitm-NI0CS9ZWm_6Mus4sW0aTXoq4qnc-ItQd7
4QggGTK298WYDzp1DIK7PFdoivnVorrrNbuMi4aygzvUht_
mwbh3hRst.jxSEa8MQaEhV6x3spo6qr5xdjAK3ENi4&sa=X&
ved=2ahUKEwi1qK7-vY6NAxVQ1zgGHQ0yAuUQtKgLegQI
EhAB&biw=428&bih=751&dpr=3#vhid=bgjkCxpQYczw
nM&vssid=mosaic）

建筑参数化设计有变量化设计、算法驱动、自动化生成、协同设计的特点。变量化设计是指将设计中的各个元素（如尺寸、形状、材料等）定义为可变的参数，通过调整这些参数来改变设计结果。算法驱动是利用算法规则对参数进行运算和处理，生成满足设计要求的设计方案。自动化生成旨在通过计算机自动完成设计方案的生成和优化过程，提高设计效率和准确性。建筑师、结构工程师等各专业人员可以在同一平台上进行协同工作，实现设计信息的共享和同步更新，以实现协同设计，提高工程效率。

在智慧建筑设计中，机器学习与参数化设计引领前沿。参数化设计为机器学习模型提供可调参数，优化参数以提升模型性能，是训练与优化的关键。传统设计偏重功能与形态，为"自上而下"的设计范式。智慧建筑则将功能、空间及期望信息化为参数，通过非形态数理模型构建，自然生成最终形态，呈现"自下而上"的设计范式。

机器学习作为跨学科领域，模拟人类学习行为，分监督、无监督与半监督三类。监督学习预测或分类数据，无监督学习探索数据内在结构，半监督则结合两者。主要算法涵盖回归分析、支持向量机（SVM）、神经网络（NN）、判别分析、聚类分析、决策树、随机森林等。在建筑领域，机器学习旨在构建高效模型，但传统单一模型难以应对复杂建筑数据，如建立支持向量机、神经网络和决策树等模型。因此，跨领域研究中提升数据挖掘效率与知识利用率成为必然。

对建筑进行参数化设计的主要原理如下。通过参数化建筑的主观机能和客观机能，确立设计要素间的关联与影响规则，构建非形态参数模型。随后，运用算法优化此模型，实现从数理到形态的转化。鉴于建筑性能目标的多维并行性，算法优化设计成为解决复杂非线性问题的热点。关键在于选择适合的优化算法（如遗传算法、粒子群算法、蚁群算法），以应对设计变量的不确定性、多样性和目标间的冲突，确保优化效果符合实际需求。

参数化设计大大提升建筑效率，精确模拟环境参数，提高建筑适应性。但面对复杂社会参数，其局限性显现，难以即时响应动态变化。这类设计流程往往呈现为封闭、自上而下且线性的模式，尽管可以高效生成传递数据、缩短周期，但是难以应对非量化因素。

2.1.2 参数化设计发展历程与发展趋势

从 20 世纪 80 年代参数化建模软件的出现，到 20 世纪 90 年代计算机人工智能技术的引入，再到如今参数化设计软件的广泛应用，参数化设计在建筑领域逐渐成熟，成为推动设计创新与发展的重要力量（表 2.1）。

表 2.1　参数化设计发展历程

阶段	时期	发展内容
初期阶段：参数化建模软件的出现	20 世纪 80 年代	随着计算机技术的快速发展，一些参数化建模软件如 AutoCAD、Rhino 等开始在建筑设计中得到应用。在这一阶段，参数化设计思想初步形成，建筑师开始尝试将设计元素转化为可控制的参数，通过调整这些参数来生成不同的设计方案
发展阶段：计算机人工智能技术引入	20 世纪 80 年代中期至 90 年代初	这一阶段在参数化设计中引入了计算机人工智能技术，这使得参数化设计变得更加专业化和精细化。研究人员和建筑师开始探索如何将计算机人工智能技术应用于参数化设计中，以实现更复杂的设计逻辑和更精确的设计控制
成熟阶段：参数化设计软件的广泛应用	20 世纪 90 年代中期至今	研究人员开发了更多的参数化设计软件，如 CATIA、Grasshopper 等，并在建筑设计领域广泛应用这些软件。直至 20 世纪 90 年代初，国际上技术领先、观念前卫的建筑学府及杰出建筑师群体，逐渐将研究焦点投向了参数化设计领域。这一趋势的引领者包括英国的知名建筑学府以及荷兰的 FOA 事务所等业界精英。他们对建筑参数化设计的初步探索与实践，始于对无纸化设计模式的深入研讨。在这一过程中，研究者们秉持着实用主义与高效便捷的原则，重点围绕设计算法的优化、应用能力的拓展以及数控建造技术的革新等核心领域展开了一系列探索与尝试。此后，参数化设计已经成为建筑设计的重要工具。同时，参数化设计还与其他设计工具和技术相结合，如 BIM、性能化分析等，共同推动建筑设计的创新和发展

我国建筑参数化设计应用广泛，贯穿设计、施工、运维各阶段，尤其在复杂建筑、地标性建筑的设计中不可或缺。在城市化加速发展的态势下，市场对设计创新高效性的要求提升，参数化设计可以满足多元个性化需求。同时，政府推动数字化转型，出台政策保障其应用。然而，技术门槛高、紧密衔接施工运维是现阶段的一大挑战。

我国设计实践分两大路径：一是应对市场复杂性，探索复杂理论，通过预设与定制化参数提升设计效率与精确度，满足独特性需求；二是面向市场普及性，针对明确目标项目，简化流程，确保设计精确高效，如杭州奥体中心体育馆案例，展现了参数化设计在建筑实践中的优越性。

2.1.3 参数化设计生成逻辑

在工业设计的语境下，参数化方法的引入主要是为了精确解决产品制造过程中出现的难题；而在建筑学领域，其应用则超越了单纯的技术精确性，更多的是通过计算机算法激发前所未有的设计灵感与创造力，从而推动设计思维的深度拓展与革新[11]。

（1）功能生成逻辑

建筑参数化设计是时代进步的产物，旨在通过数字化优化建筑功能空间，满足多元需求。传统功能分区虽有序但并不灵活，参数化设计则综合考虑外部因素，探索新布局形态，可适应现代信息社会对空间的高要求。其复杂算法能精确优化空间要素，打破传统局限，实现空间异质化和功能多样化。设计上强调灵活可变，适应多变需求，转变设计思维。此外，参数化设计通过复杂的算法和模型，能够精确计算并优化空间分隔、视线交流、交通流线等要素，打破传统方盒子模式的局限，实现空间异质化和功能多样化。实践中，参数化设计运用数学工具建立分析系统，提高设计效率，使功能布局更科学合理，满足使用者需求。

（2）交通生成逻辑

建筑参数化可通过设计交通逻辑，整合功能需求、空间优化与人性化体验。优化交通流线，确保顺畅连接与高效利用，减少不必要的路径转折交叉，避免混乱与浪费。数学模型助力解决复杂交通问题，以建筑中的空间抽象为点，交通流线抽象为线，构建科学网状结构。同时，兼顾人性化，充分考虑使用者的行为习惯和心理需求，模拟使用者行为，设计复杂度适中、易识记的交通流线，提升舒适度与效率。

《鱼缸》（图2.5）作为马岩松的获奖作品，其设计理念对建筑交通流线的参数化设计具有启示意义。设计者通过电子设备的记录和分析，发现了鱼儿在水箱中的行为模式和需求，进而对水箱进行了重新设计。这种以使用者为中心的设计理念同样适用于建筑交通流线的设计。通过深入了解使用者的需求和习惯，可以设计出更加符合人性化要求的交通流线。同时，《鱼缸》中的多维管道设计也启示我们，在建筑交通流线的设计中可以尝试引入更多的创意元素和灵活的空间布局方式，以提高使用者的

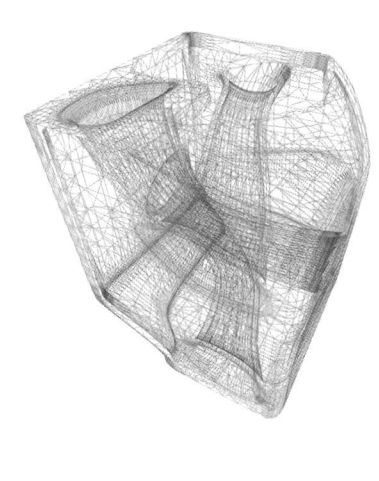

图 2.5　鱼缸
（图片来源：http://www.i-mad.com/zh-hans/post-art/fish-tank/）

舒适度和满意度。

（3）行为与心理生成逻辑

建筑参数化设计还可以行为与心理为核心，深度探索人、心理与建筑空间的互相作用。通过量化解析行为与心理数据，建立行为与空间关联，优化空间布局与界面设计。数字技术模拟人的行为和心理模式与空间布局、界面设计、建筑形态、材质等要素的相互作用关系，增强空间互动体验，融合功能与形式，从而使建筑成为心理行为的信息载体与互动平台。建筑师们通过设计具有引导性和情感性的空间形态和界面特征，使人们能够在其中产生愉悦感、沉浸感等积极情绪体验，并促进人与建筑之间的深层次互动和交流。

（4）结构与材料生成逻辑

建筑参数化设计在结构与材料上的生成逻辑，是集成化、精确化、动态调整的过程。参数化设计允许设计师在虚拟环境中对结构体系进行模拟和优化。通过设定材料的力学性能、构造节点以及荷载条件，计算机可以实时生成形变后的结构形式，并提取受力情况参数。此外，在精确控制材料应用方面，参数化设计允许建筑师根据材料的性质（如自重、承重能力、加工性能等）和建筑的整体需求，精确控制材料的分布和使用方式。另外，处理复杂曲面时，参数化方法降低了加工难度，可通过细分算法优化曲面。同时，优化设计方案，促进批量加工高效化，最终输出构件信息进行生产。

（5）物理环境生成逻辑

建筑参数化设计基于物理环境（光、热、风、声）的逻辑，通过精准数据分析与计算，优化建筑形态与结构，实现高效环境调控，创造舒适且生态的空间。物理环境各要素与建筑形式多维度紧密关联，如光环境直接影响表皮设计，而风、声、热则与整体规划、形体、空间布局等紧密相连。

参数化设计赋予建筑师高度灵活性与创新力，例如在表皮设计上，超越传统单元化限制，通过精细调控开窗形状、角度或采用概率开窗法，减少窗洞并优化视觉体验。此灵活性与创新性促使参数化设计紧跟设计需求与技术发展，持续推动建筑设计的革新。

2.1.4　BIM 参数化设计

BIM 是一种数字化的表示方式，将建筑物和基础设施的物理和功能特性集成到一个统一的系统中，是与参数化设计相辅相成的重要工具。BIM 技术的引入，使得参数化设计所生成的建筑模型能够在一个统一的信息平台上共享、管理和优化。

随着参数化设计的不断成熟，BIM 技术也衍生出一体化联动、全面综合性、高度仿真性、强大模拟性四个特点（表 2.2）。

表 2.2　BIM 参数化设计特点

特点	描述
一体化联动	BIM 技术集成建筑项目各阶段数据于数据库，以直观几何形式展现工程信息；设计参数与基础信息紧密关联，确保对动态调整实时反映，强化设计动态性与精确性
全面综合性	BIM 全面支持建筑设计需求，集成多种设计功能，提升设计效率与质量，展现其在建筑设计中的综合辅助作用
高度仿真性	BIM 构建的三维模型精准再现建筑三维形态，细致呈现构件标准与非构件几何信息，突破二维局限，全方位掌握建筑状态，精准把握设计细节与质量
强大模拟性	BIM 支持从设计到施工的全方位模拟，通过模拟分析提前发现并解决问题，优化设计方案，提高设计的可行性与科学性，减少后期变更与成本

通过应用 BIM 技术，建筑专业人员可以在建筑项目的各个阶段共享和更新数据，从而实现全生命周期的信息管理（表 2.3）。

表 2.3　建筑全生命周期中 BIM 的应用与影响

阶段	描述	应用与影响
建筑前期勘测阶段	①聘请专业勘察团队进行地质勘察 ②勘察流程：测绘、勘探、物探、资料整编 ③勘查结果用于规划工程设计	①利用雷达等先进技术实现深层地质精准探测 ②自动采集并存储地质、水文等多维度信息 ③遥感大数据与智能分析技术快速提炼设计关键数据，自动分类处理 ④ BIM 与 GIS 技术结合，为复杂空间关系工程提供场景模拟与数字分析平台，优化设计方案
建筑设计阶段	① BIM 技术提升设计效率与质量 ② BIM 软件构建详细三维模型，促进可视化 ③便于发现与解决问题，加深设计师与业主对设计意图的理解 ④空间分析、碰撞检测及可视化模拟等手段优化建筑设计	BIM 促进设计的可视化、实用性及可持续性
建筑施工阶段	① BIM 技术提升施工协调能力与方案优化能力 ②高效生成精准施工图纸与计划 ③强化材料管理、设备配置与进度追踪 ④施工模拟功能降低施工风险，提升作业安全性	① BIM 模型助力场地布局优化 ②物联网 RFID 技术赋能材料管理，实现精准高效流转 ③全流程施工管控智能化升级
建筑运营维护阶段	①业主负责设备维护、卫生安全及基础设施维修 ② BIM 技术助力持续管理，构建设施管理模型 ③实时监控设备状态，规划并预测维护需求 ④远程监控基础设施与设备，监测人流，预警潜在风险 ⑤智能分析运维数据，辅助优化决策 ⑥应用于能源、空间管理及设备定位，提升运营效率与舒适度	① BIM 促进模型与现实数据交换，深入理解项目 ②优化运营，延长建筑寿命 ③信息共享与更新提升运营效率

2.2 物联网

2.2.1 基本概念

物联网是一种创新性的网络架构，它巧妙地将射频识别（RFID）、红外传感器、全球定位系统（GPS）、激光扫描装置、气体探测器等多种信息感知技术融入其中。依据预设的通信协议，物联网能够无缝地将各类物体与互联网相连，构建起一个庞大的信息交互与通信体系。这一体系的核心价值在于实现物品的智能化识别、精准定位、动态跟踪、实时监控以及高效管理，从而推动社会各个领域向更加智能、自动化的方向发展。

随着 IoT 与云计算技术的迅猛进步，智能建筑领域正积极吸纳物联网理念，催生了智能建筑管理系统(IBMS)这一创新解决方案。该系统深度整合了楼宇自动化、消防、安全监控等子系统，通过物联网技术实现数据的全面汇聚，为管理者构建了一个直观高效的综合管理界面。这一平台不仅能让管理者实时洞察建筑内各类设备的运行状况、报警信息及故障预警，还通过定期的数据分析，为设备的维护保养与能耗优化提供科学依据。

建筑物 IoT 依托于互联网技术，巧妙部署物联网设备与云端管理平台，实现了对建筑内外环境的全方位覆盖，极大地提升了设备监控、能源调配及安全评估的效率与精度。然而，面对建筑 IoT 中海量智能设备的密集部署及其对高并发、低延迟数据处理能力的严苛要求，如何有效管理并保障数据安全成为亟待解决的问题。

2.2.2 建筑 IoT 组成层次与相关系统

信息技术、集成电路、AI 及大数据等技术的快速发展与交叉融合，催生了传感器、网络通信设备及大数据分析平台（图 2.6），促进了智慧管理服务的兴起。建筑物联网应运而生，其架构被精简为四大核心：感知控制层、网络通信层、管理中心层及智能应用层。感知控制层负责监测建筑本体、环境、能耗、设备运行等关键数据；网络通信层则通过物联网终端接入设备，实现将前端感知与控制指令高效传输至综合管理平台；管理中心层是集数据处理与分析于一体的软件平台，生成决策支持信息；智能应用层则将管理数据通过多样化终端（如大屏、电脑、手机等）直观展示，实现智慧管理服务的便捷应用。这四部分紧密协作，构成了从前端感知到用户智能应用的一体化建筑物联网的智慧管理体系，其结构示意图直观展示了这一高效协同的架构[12]。

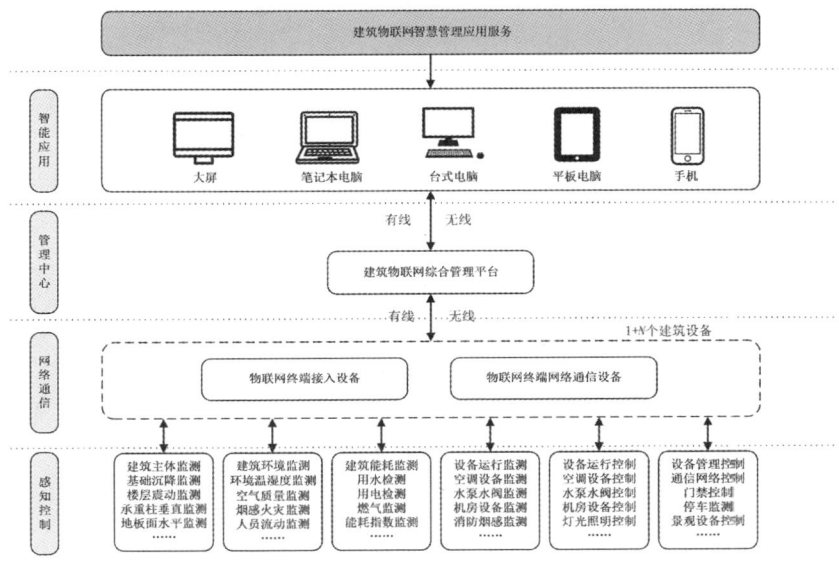

图 2.6　建筑物联网智慧管理系统
（图片来源：作者自绘）

1. 感知与控制

在建筑 IoT 智慧管理中，传感器与控制器是核心，分别负责数据输入与输出，构建物联网基础。传感器广泛分布于建筑，监测建筑主体、环境、能耗及设备运行等多维数据。智能控制器则连接管理设备，执行监测调控任务，涵盖设备运行与整体管理，确保高效运行与安全。该体系保障了物联网智慧管理系统顺畅运作。

2. 网络通信及设备接入

建筑物内传感器与控制器通过有线（光纤、双绞线等，基于以太网、总线协议）或无线（3G/4G、Wi-Fi、LoRa、NB-IoT 等）物联网技术接入，利用运营商网络广泛覆盖，实现数据高效灵活传输，确保建筑 IoT 管理平台实时准确互联传感器与控制器。

3. 管理中心及数据分析

建筑 IoT 管理平台融合图形、大数据、AI 技术，构建"采-析-控"闭环系统，监控建筑运行并转化数据为智能指令。平台作为数字城市基石，通过网络直联前端数据，覆盖全城建筑，提供数据集成、智能决策、预警展示等服务，赋能智能建筑管理。

4. 智能应用及综合服务

建筑 IoT 智慧管理服务依托平台，分类展示智能数据，构建综合应用，应用于监管、管理及服务领域，支持多终端应用。它涵盖监控、监测、评估，AI 辅助决策，精准管理。它为城市管理者提供分析工具，为用户带来便捷与安全。促进建筑、城市、用户数字融合，是数字城市建设的核心体现。

2.2.3 建筑 IoT 主要算法

在智能建筑物联网技术中，数据的处理应用是建筑智能化的重要体现，它通过各种智能化的算法实现环境监测、设备状态预测和故障诊断。在智能化的物联网技术算法中，应用较为广泛的数学算法主要有连续小波变换处理算法和回归型支持向量机算法。

1. 智能建筑物联网数据连续小波变换处理算法

基于连续小波变换方法对采集的建筑温度、湿度和位移等参数进行信号处理，假设采集信号为 $f(t)$，其小波变换函数计算如公式（2.1）所示。

$$\psi(t)=\int_{-\infty}^{+\infty}\mid f(t)\mid^{2}dt=\frac{1}{C_{t}}\int_{-\infty}^{+\infty}\frac{1}{a^{2}}da\mid W_{\psi}f(a,b)\mid^{2}db \tag{2.1}$$

式中：$\psi(t)$ 为动态信号 $f(t)$ 的小波函数；$|W_{\psi}f(a,b)|^{2}$ 为小波尺度谱；a 为伸缩因子；b 为平移因子；C_{t} 为小波函数傅里叶变换函数 $\psi(w)$ 的模，其计算方法如公式（2.2）所示。

$$C_{\psi}=\int_{R}\frac{\psi(W)}{\mid W\mid}dw<\infty \tag{2.2}$$

对动态位移小波包 d 的分解和重构，其计算方法分别如公式（2.3）和公式（2.4）所示。

$$\begin{cases} d_{l}^{i,2n}=\sum_{k}a_{k-2}d_{k}^{j+1,n} \\ d^{j,2n+1}=\sum_{k}b_{k-2}d_{k}^{j+1,n} \end{cases} \tag{2.3}$$

$$d_{k}^{j+1,n}=\sum_{k}b_{k-2}d_{k}^{j+1,n} \tag{2.4}$$

2. 智能建筑物联网数据回归型支持向量机算法

假设物联网传感器采集的数据样本为 $\{(x_i, y_i), i=1, 2, 3, \cdots, n\}$，则数据的回归型支持向量机回归函数如公式（2.5）所示。

$$f(x)=\varepsilon \cdot \varphi(x)+k \tag{2.5}$$

式中：$f(x)$ 为 支持向量机回归函数；ε 为权重向量；$\varphi(x)$ 为非线性映射函数；k 为函数的阈值。

基于拉格朗输入算法并引入高斯径向基函数，得到权重向量的表达式，如公式（2.6）所示。

$$\varepsilon=\sum_{i=1}^{n}(\alpha_i+\alpha_i{}^*)\,\varphi(x_i)b$$
$$=\frac{1}{N}\left\{\sum_{0<\alpha_i<c}\left[y_i-\sum_{i=1}^{n}(\alpha_i-\alpha_i{}^*)\,K(x_i,x_j)-\xi\,\right]\right\} \tag{2.6}$$

式中：α_i、$\alpha_i{}^*$ 为拉格朗日函数对偶形式的最优解；N 为支持向量的数目；K 为高斯径向基函数。

结合公式（2.5）和公式（2.6）得到回归型支持向量机算法的回归函数。

2.2.4 建筑 IoT 实现功能与效益

建筑物联网的建设，可实现建筑物的感知传感与智能控制，以及对建筑物内人、财、物的智能管理与综合分析。通过智能传感监测与智慧控制手段，实现精细管理、低碳节能，以此提高人们的生活质量，保障城市建筑物的数据化、智能化的高质量安全效益（表2.4）。

表 2.4　建筑 IoT 实现功能与效益

功能	效益描述	达成效果
检测与控制	建筑物联网通过传感设备，可以实时监测建筑设备运行状态（如空调机、水泵、电梯等机电设备）、能源消耗状况（如水、电、热、气等能源）等，通过设定条件及智能分析等方式实现智能控制	降低能源消耗和维护成本
安全保障	建筑物联网通过防火监测、入侵监测等方式，可以实现对建筑物内的安全监测，例如在配电房、仓库等处安装火灾报警系统、在出入口及围墙等处安装入侵检测系统等	提高城市建筑安全防范水平
精细化管理	建筑物联网可以通过图像分析、人脸识别及 RFID 技术等，对建筑内各种信息进行数据分析和挖掘	优化建筑管理流程，提高管理效率和服务质量
提供个性化服务	建筑物联网可以通过用户服务应用，融合建筑物联网综合管理平台的大数据分析，精准识别用户需求、关注及热点，提供个性化服务。例如智能家居应用、水电管理应用、定制化推荐等	提高城乡居民生活品质
数据共享和交互	建筑物联网技术应用，实现建筑的数字化应用。数据通过建筑物联网综合管理平台的大数据技术、智能分析等方式，可以实现多个系统之间的数据共享和交互，促进城市资源的整合和优化	推动建筑的数字化转型，为数字城市的建设和数字经济的发展提供基础数据，为智慧城市管理、指挥、应急、调度等提供重要保障
提高城市资源利用效率	建筑物联网对建筑的水、电、热、气等能源消耗状况的监测，可以通过对建筑物的能耗情况进行分析并调试用电资源，帮助城市实现能源、水资源等方面的有效管理	提高城市资源利用效率，降低资源浪费
提高城市服务质量	建筑物联网技术提供个性化服务功能，可以为城市居民提供更加便捷和个性化的服务，例如智能家居应用等	提高城市服务质量
促进城市经济发展	建筑物联网技术使建筑本体实现数字化，建筑物之间也可实现数据的互动共享。城市管理者可对单体及群体建筑的数据进行有效智能分析	提高城市管理和运营效率，降低城市成本，促进城市经济发展
加强城市安全防范	建筑物联网通过图像分析、人脸识别及 RFID 技术，对进出建筑的人和物进行记录并分析，可以与"平安城市"安防系统有机融合，加强城市安全防范。例如人员安全检查、火灾报警系统和入侵监测系统等	提高城市安全保障水平
推动城市可持续发展	建筑物联网对建筑物内的设施设备进行数字化管理。例如传感器、自动控制、智能分析及大数据的应用	加快了数字城市建设进程，同时帮助城市实现能源节约和环境保护，推动城市可持续发展

2.3 云计算

2.3.1 基本概念

云计算（CC）作为一种基于网络的计算范式，其核心在于将存储、处理能力及软件应用等计算资源以服务形式提供给用户，使用户无须自建和维护物理基础设施即可按需获取所需资源。云计算分为三大服务模式：IaaS（基础设施即服务）、PaaS（平台即服务）和 SaaS（软件即服务）。IaaS 层提供虚拟化的计算资源与存储网络，用户可自主配置与管理；PaaS 层则在 IaaS 基础上增设开发工具与平台，简化应用开发流程；SaaS 层则直接提供应用软件服务，用户无须关注技术细节即可使用。

建筑云计算是云计算技术在建筑领域的深度应用，旨在提升项目效率、降低成本，并强化信息共享与团队协作。在建筑项目中，云计算可通过多种途径发挥效能：一是 BIM 与云计算的深度融合，实现数据云端存储与实时共享，优化项目协调与管理；二是资源的高效配置与共享，通过云平台集中管理建筑项目数据，提升资源利用率；三是支持远程与移动办公，确保数据与应用随时随地可访问，增强工作灵活性；四是确保数据安全可靠，云服务商提供的安全机制有效保护项目数据免受威胁；五是成本效益显著，按需付费模式帮助建筑企业灵活控制成本。

建筑云计算不仅为建筑行业注入了新的活力，还通过其高效、安全、灵活的计算服务，推动了建筑项目的数字化与智能化转型，开启了建筑行业发展的新篇章。

2.3.2 云计算现状和发展趋势

云游戏作为实时云计算技术的先驱应用，率先在游戏界崭露头角，其核心在于云端 GPU 集群渲染高保真三维游戏环境，借助 GPU 虚拟化技术实现高效并发，共享算力资源。用户端通过 Web RTC 技术实现与云端游戏的即时视频与指令同步（图 2.7 至图 2.9），该技术已趋成熟，并在全球范围内被广泛应用。随着 5G 及高速网络普及、数据中心扩展，云游戏成本结构持续优化，带宽费用、网络时延及服务器成本显著降低，性价比远超传统客户端模式。同时，工程界亦在探索，WebGL BIM 引擎正借鉴云游戏技术，向 Cloud BIM 转型，旨在实现 BIM 数据的云端实时处理与交互。

图 2.7 "无影"云电脑

（图片来源：https://ali-home.alibaba.com/
document-1525020929300627456）

图 2.8 鲲鹏云手机

（图片来源：https://www.icsmart.cn/39616/）

图 2.9 云游戏

（图片来源：https://www.cdstm.cn/gallery/media/mkjx/qcyjswx_6431/202105/
t20210521_1048150.html）

近年来，云计算技术迅猛发展，推动各行业向云端转型，"云原生"技术架构在工业互联网中广泛应用，建筑业亦积极探索其在建筑产业互联网平台的研究与应用，以促进产业升级。云计算的兴起是时代选择，其资源共享、集中管理特性对提升安全性、优化投资有积极意义。

当前，建筑领域云计算呈现多样化架构，微软、谷歌、亚马逊等平台提供丰富解决方案。Azure、谷歌云计算及 Amazon EC2 在建筑项目管理、BIM 数据分析等方面各有优势，尤其是 EC2 展现了远程协作与模拟分析的潜力。随着信任加深，建筑应用将更多迁移到云端，利用云计算提升效率、扩展性与成本效益，推动数字化转型与智能化升级。未来，云计算在建筑领域将聚焦虚拟化、边缘计算、云安全及智慧云。虚拟化将强化实时性，容器技术将成熟商用。边缘计算（一种分布式计算架构，将数据处理、存储和服务功能移近数据产生的边缘位置，即接近数据源和用户的位置，以减少数据传输的延迟和带宽需求，提供更短的响应时间和更高的带宽利用率）与云计算融合，将实现物联网设备与云环境高效协同。云安全成重点问题，须构建综合体系，融合 AI 以实现智能防护。智慧云集成高性能计算等技术，优化资源利用，引领技术创新。

总体而言，云计算在建筑领域的未来发展将促进技术交叉与应用融合，优化资源、保障安全，最大化数据价值，加速建筑行业智能化、数字化转型进程。

2.3.3 云计算在智慧建筑中的应用

由于 BIM 模型具备了对于建筑设施较为理想的数据表述能力（构件级数据），云计算主要依托 BIM 技术，基于 BIM 的云计算平台发展也很迅速，在技术和商业上的成熟度已达到足够可以探讨若干种商业模式的程度（表 2.5）。

表 2.5　云计算技术在国内外建筑及物业领域的应用与营利模式概览

类别	平台技术	特点描述	营利模式	应用现状
国际领先平台	欧特克 BIM 360	高昂的海外部署成本，与我国云环境差异大	—	国际市场广泛应用
海量三维模型平台	谷歌地球	拥有海量三维模型，但国内建筑模型数量有限	互联网广告、资源整合等	全球性服务，国内应用受限
国内硬件平台	天津 BIM 天河云服务器机房	标志国内硬件平台发展	—	基础设施支持
电商融合尝试	阿里天猫 +Autodesk 美家达人	短暂引入三维家居设计软件	互联网与电商营利模式融合	家居市场探索
BIM 资源网站	Revit 族库网站 Sek	转向 BIMobject，显现互联网广告效应	广告收入	BIM 资源分享与广告结合
轻量级云平台	谷歌地球 SketchUp	收集全球三维模型	互联网广告、资源整合等	低成本建模工具

类别	平台技术	特点描述	营利模式	应用现状
国内低成本建模	阿拉丁 eDushi 平台	"徒步测量＋定角度显示"策略	互联网广告、资源整合等	适用于特定场景
中国地图网站	各类地图网站	逐步细化建筑模型，多停留 GIS 大尺度	互联网广告、数据服务	微观 BIM 模型待发展
家庭装饰构件	美家达人等	结合互联网营利，家装普及性高	互联网营利模式	家庭装饰市场
新楼盘三维模型	新楼盘售楼模型	云数据丰富，结合 BIM 模型	销售、维护等市场效应	房地产市场应用
非住宅建筑	WeWork 模式等	基于办公建筑的互联网商业模式	租赁、服务费用等	办公空间共享
传统非住宅物业	金桥开发区 JFM、万达、万科等	BIM+FM 创新商业模式，后端收费模型	租赁、服务、能耗计算等	物业管理与技术创新

2.3.4 云计算与智慧城市

智慧城市在实际建设中，需要利用信息技术，使其与我国各个行业相互结合，共同促进城市协调发展，为人们提供高质量、智慧化的环境。在智慧城市建设规划的过程中，结合大数据技术和云计算技术，能够促进其全面建设发展。这就需要全面分析技术在各个领域中的运用，将其价值充分发挥出来。

建设 5G 智慧城市基础设施资源，主要以 5G 网络和边缘云为能力承载，通过专网与智慧城市应用场景建立专用的数据承载通道（图 2.10）。按照功能分区，网络分为互联网出口区、专线接入区、核心交换区、服务器资源池、管理资源池、存储资源池、安全资源池、安全管理区。

云计算平台的建设，能够实现数据信息的登记管理，通过云存储完成数据信息的备份处理，提高智慧城市所有信息数据的安全性和有效性[13]。

云计算中心作为智慧城市建设的基石，通过统一运维、建设与管理模式，实现了存储、计算及网络资源的全面共享，有效提升了能源效率和系统安全性。它打破了信息孤岛，促进了政府各部门间人口、法制、地理等信息的流通与协同，对推动信息化建设、产业升级及人才引进具有重要意义。云计算中心的构建还融入了多种容错机制，增强了政府管理效能与问题解决能力。

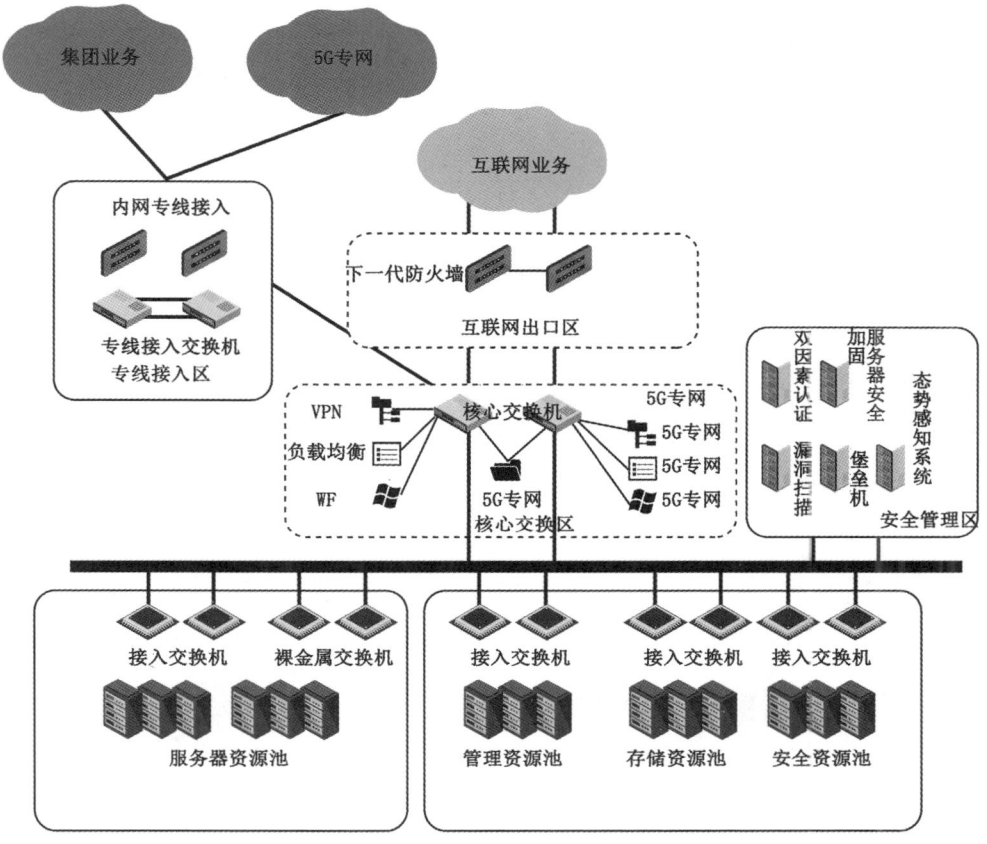

图 2.10 云计算平台拓扑图[13]

2.4 地理信息系统

2.4.1 基本概念

地理信息技术（GIT）是综合运用计算机科学、地理学、测绘学、遥感学、环境科学等多学科理论与技术，对地理信息进行采集、存储、处理、分析、显示和应用的一门综合性技术。它不局限于传统的地图制作与地理信息的可视化表达，更深入地理信息的获取、处理、分析及应用的各个环节。地理信息技术的内容广泛，主要包括地理信息系统（GIS）、遥感技术（RS）、GPS 以及与之相关的空间数据库技术、网络地理信息系统、三维地理信息系统等。

地理信息系统是地理信息技术的核心组成部分，是一种强大的技术系统，用于采集、存储、管理、分析、显示和描述地理空间数据。经过几十年的发展，GIS 已经成为融合测绘、地质、地理、环境、城市、军事等学科领域与信息技术的交叉高科技领域，在国土与环境、资源与采矿、灾害与应急、城市与社会、卫生与民生等领域得到广泛应用。目前，GIS 的研究仍主要集中在地球表层空间，关注的是与人类生产生活密切相关的地表自然和人文要素，一般采用地图抽象的表达方式，以点、线、面、体等矢量或栅格方式来描述和记录地理空间信息。地理信息系统作为管理和分析空间数据的复杂系统科学，其根本特点是每个数据项都按地理坐标来编码，具有定位（坐标）、定性（分类）、定量（属性）特征，与地理空间位置相关的数据和分析均离不开 GIS 的支撑[14]。

GIS 具有显著的空间性、集成性、动态性、交互性和决策支持性等特点。

①空间性：数据具有明确的空间位置特征，能精准表达地理实体在空间上的分布、形态、大小及其相互关系。

②集成性：能够无缝集成多种来源、多种类型的数据（空间数据和属性数据），实现数据的全面统一管理与深入分析。

③动态性：允许处理和分析随时间变化的地理数据，揭示地理实体演变的规律，为决策提供实时、准确的信息支持。

④交互性：提供丰富的图形界面和交互工具，使用户便捷地进行数据查询、编辑、分析及可视化体验，促进人机有效沟通与协作。

⑤决策支持性：通过空间分析和模型模拟功能，为决策者提供直观、准确且科学的决策支持，推动国家战略实施和社会发展。

地理信息技术是现代建筑关键技术，助力城市规划精准布局、优化交通与绿地配置，提升城市管理效能。在设计与施工中，GIS提供详尽的空间信息，优化设计与施工方案，促进智能化管理，提升效率与质量。在智慧城市建设中，GIS整合信息资源，为交通、安全、环保等领域提供数据基础，推动智能化转型。在绿色建筑领域，GIS分析环境因素，指导设计，实现节能减排与环保目标[15]。

2.4.2 GIS技术的发展历程与趋势

GIS技术自20世纪60年代以来，经历了从理论奠基到广泛应用，再到社会化与产业化的快速发展，并在进入21世纪后借助新技术实现了普及与创新。未来将继续朝着高维化、网络化、智能化和集成化的方向迈进，为全球各领域的可持续发展提供强大支持（表2.6）。

表2.6　GIS技术的国内外发展历程与趋势

范围	时间段	发展阶段	主要特点与事件
国际	20世纪60年代	奠基	① Roger Tomlinson 提出 GIS 概念并建成加拿大地理信息系统（Canada Geographic Information System, CGIS） ②计算机技术初步发展，开始尝试利用计算机处理地理空间数据
	20世纪70年代	初步应用	① GIS 开始应用于资源管理和环境监测等领域 ②计算机硬件和软件进一步成熟，GIS 技术进入快速发展期
	20世纪80年代	广泛应用	GIS 技术从专业领域走向更广泛的应用领域，包括资源管理、城市规划、环境保护等
	20世纪90年代	社会化应用	①互联网普及，GIS 技术实现社会化应月 ② GIS 服务于政府决策、企业和个人日常生活

范围	时间段	发展阶段	主要特点与事件
国内	1978 年起	起步与准备	改革开放深入，计算机技术被引进
	20 世纪 80 年代初	初步研究与试验	启动 GIS 技术的初步研究和应用试验，GIS 技术在我国正式起步
	20 世纪 80 年代至 90 年代中期	快速发展	GIS 技术在理论研究上取得显著成果，实际应用中取得广泛成功
	20 世纪 90 年代中期至 20 世纪末	产业化发展	①市场经济体制确立，计算机技术普及，GIS 技术实现产业化发展 ②涌现出具有国际竞争力的 GIS 企业和产品
	21 世纪后	快速发展与普及阶段	①云计算、大数据、IoT 等技术兴起，GIS 技术快速发展和普及 ②成为智慧城市、数字地球等领域的重要支撑技术 ③广泛应用于资源调查、环境监测、城市规划、灾害预警、农业管理等多个领域
	未来趋势	高维化、网络化、智能化、集成化	① GIS 技术将继续向高维化、网络化、智能化和集成化方向发展 ②为人类社会的可持续发展提供更加有力的支持

2.4.3　GIS 技术相关软件介绍

GIS 凭借其卓越的空间数据处理能力，不仅能够有效管理海量地理空间信息，提供强大的查询、分析和统计功能，而且具备实时更新和动态监测的能力，使得决策者能够基于准确、及时的数据进行科学决策。

以下是 GIS 几款主流软件。

（1）ArcGIS

首版现代 GIS 软件为 1982 年 Esri 推出的 ARC/INFO 1.0。ArcGIS 提供全系列 GIS 解决方案，覆盖桌面、服务器、移动设备与 Web，功能全面，涵盖数据处理、分析、可视化及制图，支持多格式数据导入导出。ArcGIS 可定制，满足从个人到企业家需求。GIS 基础数据通过符号化表达对象，包括点、线、面，并存储属性信息。ArcGIS 遵循信息技术标准，常与 Web 服务器、DBMS、NET、JAVA2 等平台整合，推动 GIS 与其他信息系统的融合。

ArcGIS Pro 是 Esri 的现代 GIS 桌面软件，界面现代，提升了用户体验。它作为

64 位应用，利用现代计算机性能，支持多线程和 GPU 加速，高效处理大数据。它融合二维和三维数据，丰富空间表达，提供扩展程序和组件，增强灵活性与定制性，支持多格式与标准，便于系统集成。它与 ArcGIS Online 无缝对接，促进云端资源共享与协作。ArcGIS Pro 在性能、功能、体验及云端集成上均有显著进步，是现代 GIS 工作的优选。

（2）QGIS

QGIS（原名 Quantum GIS）是跨平台开源桌面 GIS，基于 Qt 与 C++，2022 年启用，支持 Linux、Unix、Mac OSX 及 Windows。作为自由软件，它提供数据展示、编辑与分析功能，兼容多种矢量、栅格及数据库格式。QGIS 扩展性强，通过插件整合 GRASS、SAGA GIS 等功能，是一个强大的数据可视化工具，支持图层叠加与渲染，广泛用于建筑、景观、城市设计的分析图制作，如场地矢量图、热力图等。

（3）Global Mapper

Global Mapper 是 GIS 专业人员与爱好者的强大工具，支持超 300 种数据格式，含 ESRI Shapefile、KML、LiDAR 等，兼具广泛兼容性和灵活性。除基本编辑、转换、打印功能外，还具有地形分析、分水岭划定等高级功能，助力地质勘探、环保、城市规划等领域。整合 Google Earth/Maps 服务，直接下载整合数据。其直观界面、强大处理能力及广泛应用，使其成为 GIS 领域的一个重要工具。

（4）GeoServer

GeoServer 是开源地理空间服务器，支持 OGC 标准，如网络地图服务（WMS）、网络要素服务（WFS）和网络覆盖服务（WCS），基于 Java，便于 Web 浏览、编辑、共享地理空间数据。该软件支持多格式数据，含矢量与栅格，具有数据转换处理能力。其提供 Web 管理界面，便于配置、发布、预览。其高可扩展性通过插件实现，支持自定义功能。它广泛用于 Web 地图创建、空间数据共享、GIS 开发，是地理空间数据管理与发布的强大工具。

（5）Skyline

Skyline 是专业三维 GIS 软件，以卓越三维显示和数据处理能力闻名。支持多数据源接入，创建精准三维地球模型。产品线包括地形数据库创建、场景编辑与发布、数据网络传输。Skyline覆盖三维场景制作到网络发布、二次开发全流程，支持海量数据接入，打造城市至全球的三维场景。

2.4.4 GIS技术基本原理

GIS核心在于运用遥感及卫星技术捕获地面信息，融合地理数据与影像资料，构建详尽的三维空间模型，为规划与决策提供直观数据支持与可视化展示。该系统集成数据采集、存储、处理、空间分析、统计、导出及展示等功能。数据采集整合多渠道数据，确保信息全面准确；存储强调科学分类、高效存储与灵活转换；空间分析与统计是核心优势，深度剖析空间分布特征；数据导出灵活多样，满足不同需求。GIS为城市规划与管理提供强大支持。

地理信息系统作为该框架的核心引擎，其架构涵盖了前台处理设计、中台设计、多元异构数据集成和安全防控体系设计等多个关键组成部分[16]。

1. 前台处理设计

前台处理设计精髓在于高效集成硬件资源，捕捉城市地理信息，流畅处理数据流转。设计涵盖信息收集、统计分析、可视化展示，挖掘潜在价值。设计含业务数据收集、高效录入、自动化处理及综合管理模块，支持多样计算模式。内置可视化引擎与数据驱动模块，增强数据处理与展示直观性。工作流程从用户界面（UI）出发，经API对接应用，商业智能（BI）引擎分析，报表引擎生成报告，确保数据准确、时效性强，提升工作效率与决策质量。

2. 中台设计

中台设计专注测绘软件系统构建，由运算、搜索、数据处理、数据交换四大层组成，桥接前端GIS录入与后端处理系统，实现数据精准匹配、整合与分析。采用信息序列管理与中介层技术优化数据，提升稳定性、灵活性、准确性，避免错误冗余。中台设计保证GIS的兼容性强，融合多平台工具，确保数据完整与可扩展。技术集成上，为适应Hadoop生态（一种开发分布式程序），高效整合组件，可应用Spark引擎加速计算与存储，支持数据挖掘与机器学习应用。

3. 多元异构数据集成

在复杂建筑设计与规划测绘中，GIS面临数据多样、结构复杂及数据量大的挑战。

CAD 虽提供丰富地形数据，但与 GIS 在功能上存在异构性。为打破 GIS 在空间分析上的优势与 CAD 在图形编辑上的专长难以直接互补的壁垒，实现数据自由流通，采用数据集成策略，构建机制，使不同格式数据互识、转换、读写与存储。ESRI 软件 CAD 扩展端口促进跨平台数据互操作。此外，高级集成需要将软件嵌入 API 数据编译器。功能集成上，用对象链接（OLE）或松散集成技术如 MAPinfo 嵌入，也可以采用紧密集成如 GIS 中的组件对象模型（COM）技术，实现无缝对接与统一操作，提升空间数据库管理便捷性与效率。

4. 安全防控体系设计

安全防控体系设计聚焦于前端设备流量管理的强化，集成威胁识别与防护，精准监测、缓解东西向流量威胁。针对前端脆弱性，引入前沿技术扫描评估，实施即时干预。增设独立监控单元，实现全天候监控。此外，设计人员须构建集探测、评估、控制于一体的网络架构，强化接入层安全，确保突发事件远程应急处理，保障系统整体安全稳定。

2.4.5　GIS 技术在智慧建筑中的应用

在当今智慧城市建设的浪潮中，地理信息系统作为核心技术之一，正深刻改变着建筑行业的面貌，尤其在智慧建筑规划、设计与管理领域展现出前所未有的应用价值。以下将从这三个方面详细阐述 GIS 的应用及其带来的变革。

1. 智慧建筑规划

GIS 整合多源数据，助力规划者科学评估与决策，通过空间分析与三维可视化，提升规划民主性与科学性，奠定智慧城市建设基础。

2. 智慧建筑设计

GIS 在设计中提供精准环境信息，支持空间叠加分析，优化设计方案，与 BIM 集成实现数据共享，推动设计精细化与智能化。

3. 智慧建筑管理

GIS 构建管理平台，实时监控建筑状态，精准定位问题，大数据分析预测趋势，降低风险，并提供个性化服务，提升管理效率与用户体验。

GIS 技术通过集成多源空间数据，包括卫星遥感影像、社会经济统计数据、环境监测数据等，能够实现对城市碳排放的精确追踪和动态分析。例如，夜间灯光数据作为其中的一种关键数据源，其亮度值直接反映了城市区域的人类活动强度和能源消耗水平，为碳排放的估算提供了重要依据。通过将夜间灯光数据与碳排放模型相结合，GIS 能够揭示城市碳排放的空间分布格局、时间变化趋势以及潜在的影响因素。

在科学评估城市碳排放并实现低碳发展中，首先需要收集高质量的夜间灯光数据，如美国国防气象卫星计划（DMSP）线性扫描业务系统（OLS）数据或新一代可见光红外成像辐射仪套件（VIIRS）夜间灯光数据。同时，需要获取城市社会经济数据（如能源消耗、经济产出、人口分布等）辅助数据预处理，以确保准确。基于夜间灯光和能耗特点构建本地碳排放模型，考虑亮度、能源结构等多种因素，通过回归分析等方法建立定量关系。GIS 软件分析灯光与碳排放数据，绘制分布图来展示特征。它分析时间序列变化，探讨影响因素。GIS 工具通过分析规划、产业、交通等对碳排放的影响，识别减排点，助力智慧建筑与城市低碳发展[17]。

2.5 大数据

2.5.1 背景、基本概念与发展历程

随着物联网、云计算、人工智能等技术的深度融合，智慧建筑产生了海量、复杂且多维度的数据，这些数据涵盖了建筑设计、施工、运营及用户行为等多个方面。大数据技术的应用，使得这些数据得以高效收集、存储、处理和分析，为智慧建筑的决策优化、能效提升、用户体验改善等提供了强有力的支持。

大数据指无法在一定时间范围内用常规软件工具进行捕捉、管理和处理的数据集合，只有通过新处理模式才能发挥更强的决策力、洞察发现力和流程优化能力。在智慧建筑领域，大数据不仅包括建筑自身的物理信息，如结构健康监测、能耗数据等，还包括用户行为、环境参数、市场趋势等广泛的数据源。大数据可以实现对建筑运行状态的实时监测与预测，优化资源配置，提升建筑性能和用户满意度，同时推动建筑行业的数字化转型和可持续发展。

大数据可以为智慧建筑、智慧城市的构建发挥重要作用，主要表现为以下三个方面：一是规划选址优化，大数据可分析人流、收入、政策等，挖掘潜在价值，优化建筑位置与结构；二是资源高效整合，大数据可考量气候、人文条件，科学规划布局与选择建材，通过精准分析协调资源，保障经济效益最优；三是一体化控制实现，大数据可配合 IoT 整合调节系统、设备，确保稳定运行，实现管理、控制、经营一体化[7]。

未来智慧建筑为集群生态，数据量激增。在大数据环境下，须实时创建、处理数据并反馈给用户，关键在于深度分析挖掘潜在价值。传统技术难当重任，大数据技术将成为数据存储与处理技术的新核心。跨领域、跨平台的数据收集、存储、挖掘、处理与共享将成为趋势，促进建筑价值的提升。

2.5.2 建筑大数据特征

在建筑工程的完整生命周期内，建筑大数据汇聚了源头广泛的大规模数据。这一数据范畴涵盖了从初步设计到最终维护的各个阶段，包括但不限于详尽的建筑设计参数、施工过程中的关键数据、日常运营中的能耗记录，以及维护阶段所需的设备性能

与状态信息。具体而言，建筑大数据囊括了建筑结构的精细数据、各系统单元的能耗详情、设备的技术参数与运行效率图表、系统的实时运行状态反馈，以及影响建筑内外环境的多种特征数据。这些数据均以数字化的形态，无缝集成于建筑内部的各类智能系统与传感器网络中，为建筑的智能化管理与优化提供了坚实的数据基础。

建筑大数据具有以下特征。

1. 大规模

建筑大数据展现了宏大视角，覆盖了广泛项目及其详细信息，这得益于分布式控制系统（DCS）技术的飞跃与数字化普及。DCS 作为核心纽带，优化了建筑内系统数据的交互，奠定了大数据处理基础。现代数据采集技术升级，融合了传感器、物联网与智能管理，可全周期捕捉数据，提升效率与精准度，丰富数据维度。大数据涵盖设计、评估、监测等多个环节，强化安全评估、设计优化、运营策略及故障预防，可为建筑管理赋能。

2. 多模态

建筑大数据呈多元化，数据源涉及结构、能源、设备数据。其采集渠道多样，传感器、监测设备、管理系统及用户反馈可提供实时参数、运营数据。建筑大数据存储形式丰富，含文本、音视频、图像及传感器数据，后者尤其重视精度与实时性。此多元化数据可支撑建筑行业深入分析、优化决策与进行服务升级。

3. 多纬度

建筑大数据的复杂性源自多维度交织，涵盖了时间、空间以及属性三大核心维度。时间维度捕捉时序变化，助力运营优化；空间维度聚焦区域特征，优化设计施工；属性维度涵盖要素参数，分析建筑性能，帮助决策制定。这三个维度交织构成立体信息体系，丰富且复杂。

4. 强关联性

建筑大数据数据点关联复杂，涉及因果、空间及时序。能耗受室温、气候、使用模式等多因素影响，传统分析难以找出深层规律。大数据分析挖掘技术可洞察数据间的强关联性，揭示系统内在逻辑。它不仅能明确直接联系，还能监测间接影响，预测未来趋势。它在优化运营、提高能效、改善体验方面价值较大，如精准温控、预测维护等。

5. 强实时性

建筑大数据的实时性强，可促进建筑行业的智能化转型。大数据可以实时监测系统，捕捉细微变化，即时反映建筑状态。在运维决策中，实时数据有助于运维过程更精准高效，降低成本、提高效率，预防故障。在故障诊断时，大数据系统可即时捕捉异常，分析定位，缩短排查时间，降低维修成本，提升服务品质。

2.5.3 建筑大数据开发平台与开发流程

建筑大数据开发平台作为一个综合性的解决方案，集成了数据采集、存储、精细化处理、深度分析及多元化应用的全链条能力（图2.11）。这一平台构建了一个统一、高效的生态系统，旨在全面管理和高效利用建筑领域中海量且复杂的数据资源。近年来，随着大数据技术的飞速发展，众多领先的IT企业纷纷投身于此，研发出了一系列前沿的技术，这些平台、工具和算法框架构成了建筑大数据领域的坚实基石。

建筑大数据价值的全面释放，始于精准的数据采集，历经复杂的数据工程处理，建筑大数据通过精细的模型训练与测试优化，最终完成了高效模型部署，推动了建筑行业向智能化转型。

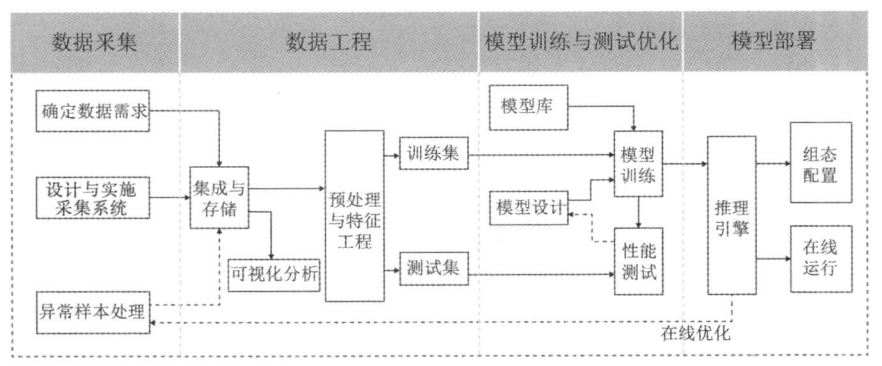

图2.11 建筑大数据应用开发流程图[18]

1. 数据采集

数据采集是建筑大数据价值实现的首要环节，旨在捕获并汇聚关键信息。首先，确定数据需求，梳理所需数据类型与范围，如能源消耗、环境参数、设备状态等。随后，设计与实施数据采集系统，选用高精度、高稳定性、高兼容性的传感器与监测管理系统，优化系统架构。在数据采集过程中，质量控制尤为关键，可采用数据清洗、去噪技术预处理数据。同时，建立异常检测机制，及时应对异常情况。

2. 数据工程

数据工程构建建筑大数据体系，影响价值挖掘，工程中涵盖集成与存储、预处理与特征工程、可视化分析，支撑应用。集成与存储根据类型、规模、访问频率选择方案，高效集成数据。预处理与特征工程可提高数据质量，并通过特征选择、构造与转换等方法提取有价值的特征。可视化分析可呈现直观的图表，帮助理解数据规律，支持模型训练与测试过程。

3. 模型训练与测试优化

模型训练选 AI 模型算法，适用于建筑大数据特性。涵盖监督学习，如线性、逻辑回归；复杂模型如 C4.5 分类决策树算法、支持向量回归。同时，无监督学习可增强数据处理能力，如 k 均值聚类、主成分分析降维、孤立森林异常检测。引入卷积神经网络迭代优化，可提升预测精度与泛化。须进行性能测试，确保模型表现良好。

4. 模型部署

模型部署是机器学习理论转实践的关键，决定算法在多样场景中的有效性。须精准适配硬件，应对复杂挑战。模型部署形式多样，工程师须灵活应对，以压缩技术，减少资源需求。模型部署考验算法智慧、技术选型、资源调配及优化能力。

2.5.4 建筑大数据应用分析与发展方向

1. 设计与改造

在初设阶段，大数据作为桥梁可连接环境数据与复杂设计需求，由此设计师可以洞悉环境，精准设计，优化方案，促使建筑可持续化、智能化。技术可预测建筑性能，规避设计风险，提效保质，降低成本。而在改造中，大数据可分析运营数据，确定改造优先级与关键，提高项目成功率。未来，随着数据量的膨胀与深度学习技术的发展，建筑设计将迎来变革，大数据＋深度学习将全面进行自动化设计，创造安全舒适的环保空间。

2. 能源管理

在绿色可持续时代，大数据逐渐成为建筑能源管理的关键。大数据可提供深入洞察、精细化监测分析，引领能源高效利用与智能管理。大数据可实时捕捉建筑能耗数据，构建"能源指纹"，揭示规律与问题。数据分析可挖掘技术，识别用能模式与节能潜力，支撑个性化节能策略。大数据还可以促进能源管理智能化，智能算法与自动化系统可优化能源调度。

3. 安全监测

在现代建筑管理中，大数据是安全管理的关键。其广泛应用于安全监测，构建全方位防护网。大数据可快速收集海量数据，为深入分析打基础。算法模型可进行深度挖掘，预警异常，评估风险，分析火灾数据，助力救援。基于数据分析，大数据还可以提供智能决策。

未来建筑大数据在暖通空调系统节能优化、智能照明管理、高效维护预测及全面资源优化等核心领域将展现出巨大潜力，将为建筑行业带来前所未有的节能增效新机遇。

4. 暖通空调系统节能优化

暖通空调系统（HVAC）节能的关键在于精准调控与供需平衡。需要用数据分析技术监测环境参数（如空气质量、温湿度变化）与设备状态，为智能化管理打基础。在智能化管理下，暖通空调系统可根据室内外环境变化及实际需求，智能调整设备启停状态，优化水泵设定频率，精确控制冷却塔出水温度及冷却水与冷冻水温差，实现能源精准匹配。

5. 照明管理

大数据技术可引领照明智能化。精细化数据采集与分析可实时监测光照、时间、人员等，支撑智能控制。传感器网络可捕捉光照变化，结合定位技术描绘人流。算法模型可深度分析，判断需求，自动调整照明。

6. 维护管理

在现代建筑运维中，大数据可提升效率与精准度。通过深度挖掘数据，构建设备健康档案，评估预测性能，可形成预防性维护。在调度上，大数据可精准预测维护需求，生成维护计划，提升维护效率与准确性。此外，大数据可以预测故障，预警隐患。

7. 资源优化

大数据被广泛应用于资源配置方面，改变建筑行业运营模式与效率。它通过数据收集分析，精准预测需求，优化资源配置。它可以帮助管理者识别风险，调整采购计划，提升成本控制能力。同时，它可以优化施工，提效缩期。此外，大数据还可以促进绿色建筑与可持续发展，指导能效提升。未来，融合 IoT、AI，大数据将更加智能精细，提升效率，增加舒适度。区块链将使大数据更加透明安全，更加有利于资源共享。

工业 5.0 推动智慧建筑迈向智能化、精细化与高效化，大数据作为核心驱动力，不仅可重塑建筑业运作模式，还可赋能其可持续发展。未来，大数据技术进步将深化建筑业数字化转型，提升数据收集、处理与分析能力；可将应用范围拓展至用户行为、环境优化、市场预测等多领域；同时，数据安全和隐私保护成为关键议题，需要加强法律监管以确保合规使用。

2.6 人工智能

2.6.1 基本概念

人工智能（AI）是指由人类设计和制造的系统，这些系统能够执行通常需要人类智能才能完成的任务，包括但不限于理解语言、识别图像、学习新知识、解决问题、制定决策等。从功能角度看，AI 旨在使计算机能够完成由人类心智执行的各种任务[19,20]。

AI 广义上是指模拟、扩展人类智能，涵盖机器学习、自然语言处理等多种技术，并融合多个学科；狭义上则指利用计算机技术实现特定智能行为的系统，强调技术可行性与实用性，被广泛应用于各个领域。

人机共生的新主体性将推动建筑学知识体系的更新迭代，AI 赋能设计思维带来了启发设计、定制设计、增强设计三个变革方向。首先，AI 启发设计思维的创作范式，将由以人为主导，转换为人机共创的著作权模式；其次，AI 带来定制化的建筑智能生成范式，从"数据-模型-互动-评价"层面重塑设计概念的生成过程；另外，AI 增强了建筑知识体系的感知、分析、决策、反馈的能力。此时此刻，人机积极思辨与讨论，即共生条件下建筑设计范式转化正当其时，充分认知 AI 推演与建筑设计思维的耦合将为后人类时代带来新伦理、新美学以及新未来的多种可能[21]。人工智能从 20 世纪中叶诞生至今，经历了人工智能概念提出、发展初期、第一次发展高潮、低谷期以及当前由新技术驱动的第二次发展高潮五个阶段（表 2.7）。

表 2.7　人工智能发展历程概览表

时间段	发展特点	重要成果
20 世纪中叶	人工智能概念提出	约翰·麦卡锡、马文·明斯基等学者在达特茅斯学院提出"人工智能"概念，这标志着 AI 学科的诞生
20 世纪 50 至 70 年代	发展初期	技术条件限制，未取得显著成果
20 世纪 80 年代	第一次发展高潮	专家系统、自然语言处理等领域取得重要突破，AI 开始进入实际应用阶段
20 世纪 90 年代初期	低谷期	技术瓶颈和计算能力限制导致 AI 发展陷入低谷
21 世纪初至今	第二次发展高潮	大数据、云计算、深度学习等技术兴起，推动 AI 再次迎来发展春天

近年来，随着计算能力的提升和算法的优化，AI 在图像识别、语音识别、自然语言处理等领域取得了突破性进展，开始被广泛应用于智能制造、智慧城市、智慧医疗、自动驾驶等多个领域。我国高度重视 AI 技术的发展，并将其上升为国家战略。在政策支持、资金投入、人才培养等方面采取了一系列措施，推动了人工智能技术的快速发展和广泛应用。目前，我国在人工智能领域的某些方面已经达到世界领先水平，成为全球人工智能发展的重要力量。

AI 发展不仅能革新技术，更能引发哲学深思。在本体论与认识论视角下，AI 挑战了"智能"本质的传统认知。AI 是否拥有真智能？其与人类智能的异同何在？这些均为待解谜题。同时，AI 发展触及伦理与政治哲学难题，须制定伦理规范与法规，确保技术安全，防范滥用，保障人权。此外，AI 还带来社会治理挑战，如失业加剧、贫富差距扩大，须探索适应新时代的治理模式。

综上所述，AI 的发展不仅带来了技术上的革新和突破，更引发了深刻的哲学思考和社会治理挑战。需要以开放的心态和理性的态度来面对这些挑战和问题，积极推动 AI 的健康发展和社会应用。同时，也需要加强跨学科的研究和合作，共同探索 AI 的未来发展之路。

2.6.2　AI 发展现状与趋势

近年来，AI 的发展日新月异。从 2020 年 OpenAI 发布的 1750 亿参数量的 GPT-3 模型，到北京智源人工智能研究院发布的 1.75 万亿参数量的"悟道 2.0"模型，再到阿里巴巴达摩院实现的商业化的万亿多模态大模型，这些大模型将大数据转化为"智能能源"，为 AI 的产业化应用提供了强大支持。

国内 AI 技术自 20 世纪 80 年代起步，已构建形成技术体系与应用生态。随着"互联网＋"与"中国制造 2025"的推进，AI 与实体经济加速融合，被广泛应用于金融、城市、制造、医疗等领域，驱动了产业升级与高质量发展。科技巨头，如百度、阿里、腾讯，在 AI 算法、芯片、平台等方面取得突破，增强了"中国力量"。同时，我国重视 AI 立法与治理，通过明确法律范畴、风险治理方法，构建了适应 AI 时代的法律体系，以保障健康发展与国家安全。

随着 AI 的飞速发展，其未来发展趋势展现出广阔前景。

1. 大模型与数据驱动的智能

近年来，大模型成为 AI 领域的重要趋势。大模型通过海量的参数和复杂的神经网络结构，将大数据转化为一种"智能能源"。这些大模型不仅提升了自然语言处理、图像识别等方面的性能，还为 AI 的产业化提供了强有力的支撑。未来，随着数据量的进一步增加和计算能力的提升，大模型将更加普及，推动 AI 在更多领域实现突破性进展。

2. 知识增强与跨学科融合

当前，AI 在知识方面仍存在一定的不足，缺乏总结、积累、应用和传承知识的能力。为了弥补这一缺陷，未来的 AI 将更加注重知识增强和跨学科融合。一方面，引入知识图谱、专家系统等技术手段，使 AI 具备更强的知识表示和推理能力；另一方面，与其他学科深度融合，如医学、法律、艺术等，推动 AI 在更多专业领域实现创新应用。这种跨学科融合不仅将丰富人工智能的应用场景，还将促进 AI 的全面发展。

3. 自主学习与进化能力

自主学习和进化能力是未来 AI 发展的重要方向。传统 AI 往往依赖于大量的标注数据和预设的算法模型，而未来的 AI 将更加注重自主学习和进化能力的提升。引入强化学习、元学习等先进算法，使 AI 能够在不断试错中优化自身性能，并适应复杂多变的环境。这种自主学习和进化能力将使 AI 更加智能、灵活和可靠。

2.6.3　AI 在智慧建筑中的应用

AI 在智慧建筑中的应用，不仅仅是一种技术革新，更是对传统建筑管理模式和运营方式的深刻变革。智慧建筑通过 IoT、大数据、云计算等先进技术，实现了对建筑物内外环境的全面感知、智能分析和优化调控。而 AI 作为这一系统的核心驱动力，通过其强大的数据处理和学习能力，为智慧建筑提供了更加精准、高效的决策支持。

具体而言，AI 在智慧建筑中涵盖了安全管理、能源管理、环境控制、人员调度等多个方面。通过视频图像识别技术，AI 可以实时监测建筑内的安全状态，及时预警并处理潜在的安全隐患；在能源管理方面，AI 能够根据建筑的实际使用情况，动态调整能源分配策略，实现节能减排的目标；同时，通过对建筑内人员流动数据的分析，AI 还能优化人员调度和资源配置，提升建筑的整体运营效率。

智慧建筑的起点在于设计，而 AI 的应用极大地丰富了设计灵感与可能性。AI 已被广泛应用于各类建筑设计任务和场景中。根据设计任务的分类，下面将分别对建筑形体、平面布局、外表面以及设计分析进行综述 [22]。

1. 建筑形体

建筑形体是视觉信息与记忆的关键，反映了建筑与城市关系，并连接周边环境。AI 技术助力建筑形体设计创新，生成模型的方法分为参数控制与单元堆积：前者用参数化模型调整形体，虽然几何特征稳定，但限制了形体的变化；后者以体量单元堆积，灵活多变，创造性强，但表面光滑度差异显著。参数控制又称找形，可通过调整参数优化建筑性能。单元堆积则用于住宅、办公等，基于正交网格，引入用户偏好，自由度大，可通过多种操作生成模型并评估。

2. 平面布局

建筑平面图生成作为当前的热门研究方向，致力于通过设置简单的初始条件，高效生成功能性与美学兼备的平面图。其生成方法多样，外墙、房间形态自由度不一，可以平衡平面布局的多样性与可行性。初始条件包含建筑红线、房间需求等，技术路径融合形状语法、空间句法、进化算法，基于网格迭代构建。针对平面布局的 AI 难点在于走廊规划、房间连接及门窗优化。针对特定需求，已涌现出许多创新方法，如用户定制、历史风格融合。在本阶段，还可探索建筑组团设计，兼顾单体与楼层在平面关系上的共性差异。此外，在家具与路线规划上，AI 辅助设计可以注重用户体验，如家具布局优化、机场导视等，体现了对使用者行为的深刻洞察。

3. 外表面

建筑外表面为内外环境之间的桥梁，AI 的研究着眼于功能实现与措施，外表面可以传递视觉信息，促进光线、热量和气体交换。立面设计融合物理性能与美观，通过具体单元的设计与整体的组合方式优化调节室内环境。例如，采用形状语法优化双层幕墙单元，通过调整尺寸与开口位置优化温度调节性能。开窗和屋顶设计聚焦于建筑的采光通风性能，提升体验舒适度。

4. 设计分析

在建筑设计评价中，AI 不仅助力生成设计，还强化了分析评价能力，涵盖建筑物理性能与空间性能等多方面指标。例如，通过机器学习预测建筑能耗与空间使用情况，为绿色设计提供技术支持。然而，现有评价研究多针对特定方法，未来需要发展通用性指标，促进标准统一。此外，图纸识别作为另一种重要应用，利用卷积神经网络等技术自动提取建筑图纸信息，加快研究进程，具备草图识别及与绘图软件兼容的潜力。

未来需要进一步界定 AI 辅助建筑设计问题的边界和评价标准，形成统一的理论体系，以指导 AI 的应用。还需要针对建筑设计中的特定问题，开发新模型和新算法，提高算法对复杂设计任务的适应性。此外，为了推动建筑数据的标准化和结构化进程，亟须建立统一的数据描述方式和数据结构，促进不同研究工具和平台间的兼容与对接，为智能化设计提供坚实基础。

2.6.4 AI 在建筑行业面临的问题与挑战

随着 AI 技术的飞速发展，智慧建筑作为未来城市的重要组成部分，正逐步从概念走向现实，其不仅承担着提升居住体验、优化资源利用的使命，还面临着前所未有的伦理挑战与技术难题。特别是在建筑工业化的背景下，智慧建筑的人工智能应用更需要审慎考量，以确保技术进步与社会伦理、环境可持续性的和谐共生（表2.8）[23]。

表 2.8　AI 建筑行业面临的挑战及其解决方案

挑战	内容描述	解决方案
数据隐私与安全	AI 在智慧建筑（如智能安防、环境监测、健康管理等）中可深度挖掘个人数据，提升服务个性化，但会使个人隐私边界模糊。AI 整合信息形成全面数据集合，超越个人认知范畴，增加暴露风险	严格管理信息处理，确保合法安全，防止隐私信息转变为威胁
伦理责任界定	智慧建筑 AI 应用涉及伦理问题，如算法偏见、责任归属、情感维护	确保数据合法安全，监管算法公正，明确责任体系，促进人性化设计，以减少偏见，维护公平，关注人类情感与心理健康
技术适应性与可维护性	建筑工业化追求的是高效、标准化的生产模式，而智慧建筑中的 AI 则要求高度的定制化和灵活性	在保持建筑工业化优势的同时，确保 AI 系统的适应性和可维护性，避免资源浪费和成本增加
人机协同与信任建立	智慧建筑中的用户需要与 AI 系统频繁互动，AI 系统存在复杂性和不可预测性	通过透明化设计、增强用户参与感等方式，促进人机协同与信任建立，提升使用体验感

3

低碳·智慧·建筑的价值分析

在全球气候变化的严峻形势下，低碳建筑已成为国际社会共同关注的焦点。随着《巴黎协定》的签署，"碳达峰"与"碳中和"（简称"双碳"）目标成为各国减排行动的核心。建筑业作为能源消耗与碳排放的重要领域，其低碳转型对实现全球气候治理目标至关重要。

本章旨在深入探讨低碳建筑的价值，剖析全球气候变化对人类社会的影响及"双碳"目标的提出背景。通过解析低碳建筑的实现路径、技术创新及政策机制，展现我国建筑业在"双碳"目标引领下的转型成效与挑战。本章逻辑构架见图3.1。

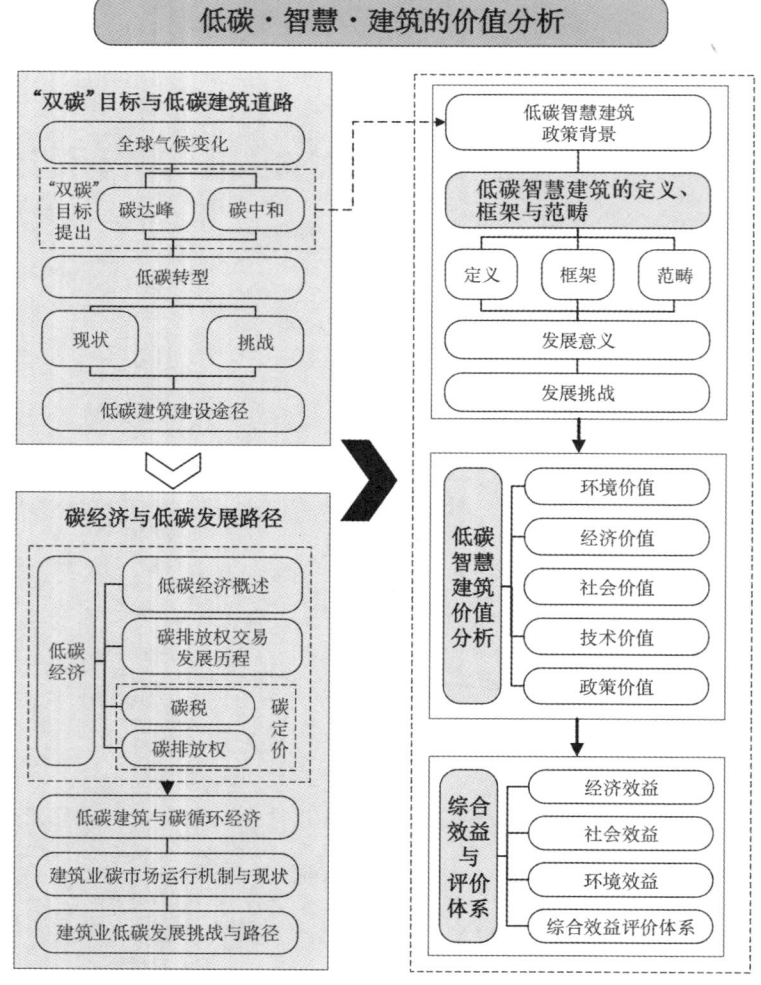

图 3.1　本章逻辑构架

3.1 "双碳"目标与低碳建筑道路

3.1.1 全球气候变化

全球环境保护已迫在眉睫，气候变化作为一项跨国界的重大挑战，其深远影响正日益显现。研究显示，自1990年至2018年间，少数富裕人口群体排放了大量的碳，加速了气候变暖。极端天气事件频发，不仅波及全球，更对贫困和边缘化群体造成不成比例的严重冲击，尤其是在资源和技术匮乏的部分南半球国家及小岛国家，许多人因此流离失所，成为气候难民。极端气候导致的难民数量激增，这凸显了问题的紧迫性与残酷性。

当前，气候治理体系尚不健全，领导力不足，一些发达国家在承担历史责任上推诿，加之治理框架的碎片化与约束力不足，使得全球气候治理面临重重挑战。更为严峻的是，大国地缘政治博弈的加剧，分散了国际社会的注意力，加剧了资源争夺和能源危机，为全球气候治理带来了新威胁。

在此背景下，精准治碳与协同治碳成为关键。鉴于气候变化的全球性和生态系统的相互依存性，各国必须摒弃零和博弈思维，加强国际合作，共同应对。协同治碳不仅要求各国在减排目标上达成一致，还需要在资金、技术、能力建设等方面开展深度合作，确保治理措施的有效实施。

自《联合国气候变化框架公约》（UNFCCC）生效以来，国际社会在气候治理上取得了积极进展，从《京都议定书》到《巴黎协定》，逐步构建起了应对气候变化的机制与行动框架。《巴黎协定》确立的"国家自主贡献"（NDCs）模式，以及同时建立全球盘点（GST）机制，提高了国际合作的灵活性和参与度。随着《巴黎协定》的深入实施，2023年迎来了全球盘点的关键时刻。在阿联酋迪拜举行的《联合国气候变化框架公约》第二十八次缔约方大会上，全球盘点成为焦点。经过艰苦的谈判与协商，各缔约方最终就全球盘点达成了一致，这标志着全球气候治理向前迈出了重要一步。

3.1.2 "双碳"目标提出

在全球气候变化的严峻形势之下，碳达峰与碳中和的概念逐渐被国际社会广泛接受并被纳入各国的减排目标之中。

碳达峰是指某个地区或行业年度二氧化碳排放量达到历史最高值然后经历平台期进入持续下降的过程，是二氧化碳排放量由增转降的历史拐点。

碳中和是指企业、团体或个人测算在一定时间内直接或间接产生的温室气体排放总量，然后通过植物造树造林、节能减排等形式，抵消自身产生的二氧化碳排放量，实现二氧化碳"零排放"。

碳达峰的实现路径可划分为"自然达峰"与"行政干预达峰"两大类别。截至目前，已有五十多个国家自然达成碳排放峰值，这些国家多为发达国家，其城镇化率普遍超过 70%，工业化进程完成，且面临人口老龄化的挑战。当经济发展模式、能源结构、技术创新和政策推动等因素达到一定的临界点时，碳排放的自然拐点就会出现。英国作为先驱，于 1974 年即设定了 2050 年碳中和目标，经历了长达七十余年的转型。英国作为早期实现碳达峰的典范，其减排经验值得借鉴。1990—2019 年，英国温室气体排放量锐减 49%，这主要归功于三大策略：一是电力去煤化；二是清洁工业发展；三是化石燃料供给的低碳转型。然而，鉴于我国"贫气少油"的能源结构，"风光互补"的能源利用策略及智能电网技术的应用为我国提供了宝贵启示。

自党的十八大以来，生态文明建设被纳入国家"五位一体"总体布局，我国坚定走生态优先、绿色发展之路，高度重视气候变化问题。习近平主席在联合国大会上宣布我国将提高国家自主贡献力度，力争 2030 年前实现碳达峰、2060 年前实现碳中和，这标志着我国生态文明建设进入由"双碳"目标驱动的新阶段。

面对挑战，我们需要立足国情，推动绿色创新，加速经济社会全面绿色转型，提升低碳竞争力，同时加强国际合作，共同应对全球气候治理挑战，确保"双碳"目标顺利实现[24]。

3.1.3　低碳转型现状与挑战

近年来，为推进建筑业绿色转型与节能降碳，我国密集出台了一系列政策措施。2020 年，《绿色建筑创建行动方案》倡导超低及近零能耗建筑建设；2021 年，《关于完整准确全面贯彻新发展理念做好碳达峰碳中和工作的意见》强调了节能低碳建筑与绿色建材的普及；2022 年，《"十四五"建筑节能与绿色建筑发展规划》细化了区域化节能标准，并设定了 2025 年低能耗与绿色建筑占比目标。

建筑业作为碳排放大户，其 2020 年碳排放量占全国碳排放总量的 50.9%，其减排潜力巨大。通过优化人均建筑面积、采用低碳建材、实施被动式设计及高效暖通技术，建筑领域有望实现显著碳减排，其中绿色建筑与超低能耗建筑相比传统建筑，在全生命周期内可分别减少 20% 和 56% 的碳排放。然而，我国建筑业长期以来的粗放发展模式造成了现有建筑能耗高的局面，加之高密度人居、城市更新复杂性及城镇化进程推进等挑战，建筑业实现"双碳"目标任重道远。

在建筑业的整个生命周期中，即从建设到运营，碳排放主要源自机械设备作业、人员活动以及电力、热力等能源的消耗。在建筑全生命周期中，建材生产与建筑运营阶段（占比达 98%）面临建筑业实现"双碳"目标的主要挑战，其中建材生产以水泥和钢铁为主（占 96%），建筑运营则集中于公共建筑、城镇住宅与农村住宅。我国建筑业碳排放在 2005—2020 年年均增速递减，这得益于建材生产消耗放缓、施工管理绿色精细化及建筑运营能源结构优化。此外，我国建筑业碳排放地域特征鲜明，区域间差异显著，从南向北与从东向西均呈递增趋势。

建筑业低碳转型是我国城镇化进程与全球碳减排承诺交会的关键领域，其核心在于实现高质量发展与碳减排的双重目标。吴泽洲等（2023）的研究 [25]，在遵循推进城镇与乡村节能改造、实施可持续建设策略、加速城乡建设模式变革，以及提升绿色低碳发展品质的原则下，设定了以下旨在促进建筑业低碳转型的发展目标（表 3.1）。

表 3.1　既有建筑零碳改造路径探索不同时期目标划分

阶段	时间段	具体内容
短期目标	2023—2030 年	①强化顶层设计，构建"1+N"政策框架 ②驱动绿色建筑高质量建设 ③加速既有建筑能效提升 ④提升电气化比例 ⑤强化碳排放监测与核算能力 ⑥利用信息化手段精准施策 ⑦完善绿色金融体系，激发市场活力 ⑧促进建筑能源结构优化与可再生能源应用 ⑨示范推广超低能耗、近零能耗乃至零碳建筑 ⑩引领技术革新

阶段	时间段	具体内容
中期目标	2031—2050 年	①建筑能效持续攀升 ②可再生能源替代率显著上升 ③智能光伏与绿色建筑深度融合 ④绿色建材广泛应用 ⑤零碳建筑成为常态 ⑥绿色交易市场成熟，碳交易机制有效促进自主减排 ⑦智能建造与"光储直柔"技术广泛应用 ⑧推动建筑业深度转型
长期展望	2051—2060 年	①建筑业全面进入深度降碳阶段 ②可再生能源实现大规模稳定供应 ③市场机制与政策协同达到新高度 ④乡镇减排潜力得到充分挖掘 ⑤建筑业整体迈向零排放时代 ⑥为全球气候治理贡献中国力量

因此，建筑业将会面临一系列的挑战。

1. 政策与标准体系亟须强化

面对建筑业"双碳"目标的复杂性，现行政策与标准体系还需要加强。我国虽已制定碳减排政策与标准，但实施细节模糊，影响公众认知与执行力度。须深化政策解读，提高公众参与度，并强化监管。标准应覆盖建筑全生命周期，明确各环节标准。同时，提升激励政策的精准性与有效性，通过细化财政补贴、税收优惠等政策，激发企业减排动力。

2. 节能降碳技术普及滞后

新型节能技术和材料，如"光储直柔"、地源热泵等，尚未广泛推广，智能建造技术，如 BIM、物联网等，市场普及率也较低。需要加大技术研发与市场推广力度，提高节能技术的实用性和经济性，同时加强行业培训和示范项目引领，促进技术快速落地。

3. 既有建筑节能改造挑战重重

既有建筑规模庞大，其运行中的碳排放不容忽视。当前，既有建筑节能管理滞后，改造工作面临诸多困难。为解决这一问题，须创新节能管理和改造模式，加强节能评估和改造方案设计，确保改造效果。同时，应严格规范拆除工作，避免资源浪费，推动闲置建筑功能转型，完善基础设施运行节能体系。

4. 绿色金融体系亟待健全

当前，绿色金融机制尚未充分发挥作用，金融机构对绿色建筑的支持意愿不高。应优化房地产宏观调控政策，对绿色建筑实行差别化对待，提高金融机构的投资意愿。同时，加强行业监管部门与金融机构的合作，建立有效的跟踪评价与监督机制，完善绿色建材企业和节能技术服务公司的融资环境，丰富绿色金融工具品类，提升金融机构创新能力。

5. 碳排放统计监测体系需要完善

我国建筑业碳排放核算体系尚不健全，监测对象有限，数据共享渠道不畅。应加快构建碳排放因子库，完善建筑碳排放监测系统，扩大监测范围，实现各类建筑能耗数据的实时采集与共享。同时，利用大数据、IoT 等先进技术提升监测系统的数据分析能力，为政策制定和决策提供科学依据。

6. 建筑业减排降碳意识薄弱

当前，企业和大众在减排降碳方面的意识较为薄弱。应加大宣传力度，通过政策激励、案例展示等方式提升企业和社会各界的减排降碳意识。同时，鼓励企业制定减排计划，提高智能建造技术的应用意愿。

7. 完善建设碳交易市场

碳排放权交易机制通过市场力量激励减排，成为令人瞩目的环境规制新途径。我国碳交易市场尽管已取得一定成就，但仍面临配额管理、信息披露、价格调控等多重挑战。需要政府出台全面规范，确保市场高效运行，助力"双碳"目标达成，同时应对环境治理的复杂多维挑战。

3.1.4 低碳建筑建设途径

根据"双碳"目标，王建国（2023）[26] 基于建筑低碳转型需求，提炼出五大核心研究要点：结构技术创新、材料科学优化、能源环境融合、建造技术革新及长效运维管理，以推动建筑业绿色低碳转型。在此，可将绿色低碳转型进程总结如下。

首先，进行绿色低碳建筑设计全生命周期的研究。该方向聚焦于从项目策划、可行性研究、设计规划、施工建造到实施运维的全链条过程，实现对低碳、减碳、近零碳乃至零碳建筑的全面覆盖。

其次，绿色低碳建筑设计理论与方法体系及国家技术标准应当被构建。在追求节能减碳的同时，还须兼顾建筑市场的多元化需求，构建一套既符合"双碳"目标要求又具创新性的设计理论与方法体系。

接着，需要加快城镇建筑遗产保护与适应性再利用的绿色转型。针对城镇建筑遗产，探索基于结构机制、材料机理及建造工艺绿色转型的保护策略与适应性再利用方案。

然后，传统建筑领域也需要进行低碳转型。针对木建筑、钢木结构、高层建筑及高大空间建筑等传统建筑类型，研究提升其能效的具体方式，如优化结构设计、采用高效节能材料、引入分布式清洁能源等。同时，探索"负碳排放"技术，通过碳捕捉、碳储存等手段进一步降低建筑运行过程中的碳排放。尹志芳等（2023）[27] 的研究，以北京怀柔金隅兴发科技园区内一既有建筑为例，通过超低能耗技术（如建筑本体节能）、可再生能源应用（如光储直柔技术）以及绿植碳汇技术，实现了建筑运行阶段和全生命周期的零碳乃至负碳目标。这些措施包括提升建筑能效、利用可再生能源替代传统能源，以及通过绿化增强碳汇能力，从而显著降低建筑碳排放。对于"老破小"建筑的降碳改造，同样可以借鉴这些技术路径，通过节能改造、可再生能源利用和绿化提升等手段，实现低碳甚至零碳目标。"老破小"改造降碳转型不仅是实现"双碳"目标的重要途径，也是城市更新背景下提升城市可持续发展能力的重点。

最后，加强数字化转型与智能化管理。充分利用大数据、AI、IoT、BIM、GIS及计算机集成制造等先进技术，构建建筑数字化管理系统。该系统能够集成人类减碳行为、新能源利用、碳汇增加及多系统间碳汇计算的数据，实现城建、民生、交通、办公等场景的智能化节能减碳管理。

为推动建筑低碳化发展，需要从政策引导、技术创新、公众参与、产业链协同、国际合作及碳交易市场规范等方面进行低碳建筑建设（表 3.2）[28]。

表 3.2 低碳建筑的具体建设途径及其实施措施

建设途径	实施措施
强化政策引导与激励机制	①完善政策体系，明确低碳建筑发展目标与路线图 ②出台税收减免、财政补贴、绿色金融等激励政策 ③建立严格的能效标准和评价体系，形成正向激励机制
进行技术创新与标准化建设	①加大全链条技术研发力度，突破高效节能材料、被动式建筑设计、智能化管理系统及可再生能源应用等技术 ②加快建立低碳建筑标准体系，制定统一的设计、施工、验收规范
提升公众认知与参与度	①广泛宣传低碳建筑知识，提高公众的节能减排意识 ②鼓励居民参与绿色建筑实践，提升参与热情 ③展示低碳建筑示范项目，增强社会认同感
优化产业链协同与资源整合	①促进设计、施工、材料供应、运维管理等环节深度融合 ②整合政府、企业、科研机构、行业协会等多方资源 ③构建开放合作的创新平台，加速科技成果转化
加强国际合作与交流	①积极参与国际合作项目，引进国外先进低碳建筑技术和管理经验 ②加强与国际组织、跨国企业等的交流合作
规范碳交易市场	①明确碳排放权总量上限，设定合理分配机制 ②构建完善交易体系，激励建筑企业节能减排

3.2 碳经济与低碳发展路径

3.2.1 低碳经济概述

"低碳经济"这一概念的正式亮相可追溯至 2003 年英国发布的能源白皮书《我们能源的未来：创建低碳经济》，这标志着全球对可持续发展路径探索的新起点。随后，在 2006 年，前世界银行前首席经济学家尼古拉斯·斯特恩通过其权威报告《斯特恩报告》指出，若全球每年投入相当于 GDP 1% 的资金用于应对气候变化，就能有效规避未来可能遭受的 GDP 5% 至 20% 的巨额损失，进而强烈倡议在全球范围内加速向低碳经济转型的进程。

低碳经济的发展对应对全球气候变化具有重要意义，不同国家的学者通过理论与实践研究不断探索有效路径（表 3.3）。

表 3.3　国际学术界对低碳经济的理论与实践研究

时间	研究内容
1997 年	美国多名经济学家共同发表一项声明，强调市场导向的政策措施是减缓气候变化的高效方法之一。约瑟夫·斯蒂格利茨（Joseph Stiglitz）更是提出了对二氧化碳排放量征税的创新性建议，旨在通过经济手段促进减排
1989 年	日本学者茅阳一提出的 Kaya 公式，为量化分析二氧化碳排放量提供了有力工具
2003 年	美国学者莱斯特·R. 布朗（Lester R. Brown）的著作《B 模式——拯救地球延续文明》从理论高度出发，深入阐述了低碳经济的必要性与可行性，为这一领域的发展奠定了坚实的理论基础

与低碳经济相对应的还有生态经济、循环经济与绿色经济三种经济模式，这四种经济模式均致力于经济模式从"三高一低"向"三低一高"转型，强调资源高效利用与环境保护。生态经济强调经济活动顺应自然生态规律；循环经济侧重通过物质循环与能量流动规律重构经济系统；绿色经济追求资源节约与环境友好，关注绿色 GDP；而低碳经济则是在碳排放威胁加剧背景下提出的，力求经济发展与碳排放脱钩，属于生态经济范畴，更聚焦于当前经济发展的主要矛盾。这些经济思想相互补充，共同应对资源危机、环境污染与生态破坏。

曹琳剑等（2023）[29] 根据时间脉络，针对建筑业低碳经济发展领域的研究清晰地将其划分为三个阶段。

初探阶段（2000—2008 年）：20 世纪 90 年代末"可持续发展理论"的兴起，为建筑业探索新型发展模式开辟了道路。紧接着，"低碳经济"概念应运而生，国内外学者迅速响应，从政策导向、能源利用及环境保护等多个维度，对建筑业低碳经济发展进行了初步探索。

稳步前行阶段（2009—2014 年）：在此阶段，尽管研究文献数量的增长速度相对平缓，但整体仍呈上升趋势。这一趋势的背后，是 2008 年联合国将低碳经济发展确立为全球环境保护的重要议题后，该理念逐渐渗透到建筑业领域，激发了学者们对产业低碳转型路径的深入思考。

蓬勃发展阶段（2015—2024 年）：自 2015 年巴黎气候大会重申低碳经济发展的重要性以来，建筑业作为低碳转型的关键领域，迅速成为国内外学术研究的焦点。"低碳城市""低碳建筑""低碳技术"等概念相继涌现，成为研究热点。

我国 2024 年印发的《2024—2025 年节能降碳行动方案》不仅明确了强化节能降碳目标责任体系及实施效果评估考核的重要性，还严格规范了固定资产投资项目在节能审查与环境影响评价审批方面的标准流程，同时深化了对重点能耗单位的节能降碳管理机制。

3.2.2 碳排放权交易发展历程

在"双碳"背景下，碳排放权交易市场作为一种利用市场机制促进低成本减排的创新环境管理工具，正逐渐成为焦点。自 2013 年试点以来，我国碳排放权交易市场逐步成形，2021 年全国市场初具规模，以配额交易为主、自愿减排为辅，成效显著。生态环境部随后密集出台多项规章，为市场规范化运作奠定了坚实基础。

在碳排放权交易的具体实践中，存在总量控制与信用交易两种主要模式。目前，我国正在运行的碳排放权交易试点项目以及 2021 年初步构建的全国碳排放权交易市场，均以总量控制型交易模式为核心，通过设定排放总量上限，并允许配额的买卖交易，实现减排目标。

碳排放权交易市场依赖政府干预，法律界定模糊，增加了监管难度，且其跨领域特性要求对其进行专业协调。此外，碳排放权交易专业性强、信息不对称，需要精准监管。因此，政府应平衡市场机制与干预，完善法规，加强第三方核查，确保市场规范。建筑碳排放权交易体系核心为设定减排目标与权利，通过市场调配排放量，激励高效减排，优化资源配置，促进低碳转型。

自 2011 年以来，我国建筑碳排放权交易政策开始颁布，这展示了我国推动碳交易市场发展的坚定决心和逐步完善的政策体系（表 3.4）。

表 3.4　我国建筑碳排放权交易政策发展概览

时间	政策	内容描述
2011 年	《关于开展碳排放权交易试点工作的通知》	批准七省市作为碳交易试点，启动碳排放权交易试点工作
2012 年	《温室气体自愿减排项目审定与核证指南》	审定与核证温室气体减排项目，为碳交易提供基础数据
2014 年	《碳排放权交易管理暂行条例》	初步建立碳排放权交易市场的运行规则和管理机制
2016 年	《关于切实做好全国碳排放权交易市场启动重点工作的通知》	部署全国碳市场启动重点工作，推动碳市场向全国范围扩展
2017 年	《全国碳排放权交易市场建设方案（发电行业）》	构建国家碳排放权交易顶层设计框架，明确电力行业的先导地位
2019 年	《碳排放权交易管理暂行条例（征求意见稿）》	标志着碳交易立法进程的关键一步
2023 年	《碳排放权交易管理暂行条例》	制定重点用能和碳排放单位节能降碳管理办法，推动节能降碳管理

3.2.3　建筑碳税与碳排放权交易

1. 碳定价

碳定价作为应对气候变化的关键政策工具，旨在通过经济手段引导社会减少二氧化碳排放。这一机制分为显性碳定价与隐性碳定价两大类别，各有其独特的实现方式及影响路径。碳定价的核心在于将碳排放的外部成本内部化，使之成为经济决策中的显性考量因素。

当前，碳定价策略中，碳税与碳排放交易系统（ETS）作为两大主流机制，被广泛采纳与应用。碳税作为一种政策工具，其核心在于政府通过对碳排放行为征税，直接提升碳排放的经济成本，以此促进减排。而碳排放交易系统，则是一种基于市场机制的解决方案，它依据国家立法对温室气体排放实施严格监管，为各企业设定明确的碳排放配额，并允许这些配额在市场中自由交易，形成了一种独特的碳排放权买卖市场。

碳税与碳排放交易系统各具优劣势。碳税便于政府宏观调控价格，但减排总量波动大；碳排放交易系统则通过市场调节价格，有效控制减排总量，但价格波动大。在实施成本上，碳税依托现有税收体系，成本较低；碳排放交易系统初期投资与监管成本高，须跨部门协调。在实施难度上，碳排放交易系统灵活且易获市场支持，阻力较小；碳税因增加税负，面临较大社会反响与实施阻力。

2. 建筑碳税

在建筑行业中，碳税核算的核心在于将建筑全生命周期内产生的碳排放环境外部性成本内部化为企业成本，以促进低碳建设和可持续发展。这一核算过程主要涵盖建筑全生命周期的各个阶段，包括建材生产、建造施工、运营使用和拆除报废，并采用了科学的方法和模型来确保核算的准确性和有效性。

在碳税核算中，引入了动态计算模型，将资金的时间价值纳入考量范围，以更真实地反映建筑全生命周期内的总成本。其中碳排放成本是指因排放二氧化碳、甲烷和氧化亚氮等温室气体而需要缴纳的碳税。碳税政策的主要目的是通过经济手段控制温室气体的排放，促进低碳发展。在建筑行业中，碳排放成本是企业成本的重要组成部分，促使企业采取节能减排措施。具体计算步骤如下。

①碳排放量计算：采用全生命周期评价法，综合考虑建筑全生命周期各阶段的碳排放量。在建材生产阶段涵盖开采、加工、运输等过程中的碳排放。在建造施工阶段包括施工活动、建筑材料运输等产生的碳排放。在运营使用阶段主要考虑建筑在使用过程中因供暖、照明、空调等能源消耗而产生的碳排放。在拆除报废阶段中，建筑拆除和材料处理时的碳排放也须纳入核算范围。

②碳税税率确定：碳税税率可能因地区、行业或政策目标的不同而有所差异，可以采用梯级税率或不同行业采用不同税率。

③碳排放成本计算：通过碳排放量与碳税税率的乘积得出碳排放成本，即成本 = 碳排放量 × 碳税税率。这一成本将直接计入建筑企业的总成本中，影响企业的经济效益和决策行为。

3. 碳排放交易系统

碳排放交易系统是一种基于市场机制的环境经济政策工具，旨在通过界定和分配建筑领域的碳排放权限，引导建筑企业或项目在经济效益与环境保护之间找到平衡点。该机制的核心在于，政府或相关管理机构根据建筑行业的碳排放总量控制目标，将一定量的碳排放权以配额或许可证的形式分配给各参与主体（如开发商、运营商等）。这些主体可以在完成自身减排目标的前提下，将剩余的碳排放权在市场上进行交易，从而激励那些减排成本较高的企业购买排放权以满足生产需求，而减排技术先进、成本较低的企业则能通过出售多余的排放权获得经济回报。这种市场机制不仅促进了资源的优化配置，还激发了企业自主减排的积极性，为实现建筑行业的低碳发展提供了强大动力。

建筑碳排放权交易市场依赖科学核算、监测体系及动态调整机制。市场须透明高效，监管严格，以保障公平。市场成熟度、政府适度干预、机制设计合理等是减排效应的关键影响因素。企业减排意愿、技术创新能力也很重要。建筑碳排放权交易潜力巨大，完善机制、政府引导、企业努力，将显著推动行业低碳转型，助力全球碳中和目标的实现。

3.2.4　碳循环经济与低碳建筑

循环经济涵盖了生产、流通、消费全链条中的减量化、再利用与资源化活动。具体到行业层面，如钢铁、塑料、食品等领域的循环经济实践，均体现了资源高效利用与循环的核心理念。将这一思路拓展至碳管理，便催生了碳循环经济的概念，它聚焦于碳排放的削减、含碳物质的循环利用与净化处理，其中，"碳"为核心对象，"循环"为操作模式。碳循环经济不仅遵循循环经济的普遍原则，还强调在能源与碳流动上的精细管理，当面临资源冲突时，优先考虑碳的流向调控。碳循环经济是循环经济与低碳经济理念的融合与深化，既追求资源循环的高效性，又致力于能源利用的低碳化。它以提高资源特别是能源效率为手段，有效减少二氧化碳等温室气体排放，促进经济社会的绿色可持续发展。值得注意的是，碳循环经济强调的不是简单的减排，而是碳的良性循环与碳源碳汇的动态平衡，这与国际气候行动中的碳中和目标高度契合。在此框架下，碳循环经济的实践包括脱碳化与低碳化策略的实施，前者力求将温室气体排放降至零或负值，后者则致力于将排放控制在最低水平。同时，明确碳源与碳汇的角色，前者指碳排放源，后者则是指自然界中吸收和存储碳的过程与机制，两者共同维系着地球碳循环的平衡。

建筑行业不仅是全球巨大的能源消耗者之一，也是温室气体排放的主要贡献者。据统计，建筑物温室气体排放约占全球温室气体排放的 40%，而新建筑施工温室气体排放则占全球气候排放的 15%。此外，建筑行业运营和建造过程中的碳排放峰值，在数量上往往等同于建筑物运营数十年所产生的排放量。面对这一挑战，碳循环经济的理念为建筑行业提供了一条可持续发展的道路。

建筑材料选择是碳循环经济在建筑业的起点，须转向低碳环保材料，如工业废弃物再生建材及可再生自然材料。循环使用建筑材料，如回收利用废旧金属、玻璃，可减少新资源开采。在设计阶段采用低碳策略，如节能设计、优化布局，可提高能效。在施工阶段实施绿色管理，采用预制构件技术，可减少废弃物。在运营维护阶段注重能效提升，智能管理，可降低能耗。在拆除与废弃物处理阶段，科学对废弃物进行分类回收再利用。总之，建筑行业需要在全链条贯彻碳循环经济，以促进行业低碳可持续发展。

国内外在建筑业与城乡规划领域推进碳循环、实现碳减排的过程中，均采取了包括政策引导、法规保障、技术创新、实践探索在内的多种措施。在探讨低碳发展的多元化路径中，上海崇明岛低碳示范区创新性地构建了包含崇明碳中和岛、长兴低碳岛与横沙零碳岛在内的综合体系，旨在通过低碳社区营造策略、绿色出行理念的推广、低碳行为的信息化管理，以及由清洁能源引领的绿色产业模式，全方位推进低碳生活与生产方式。与此同时，浙江湖州市南浔区则聚焦未来城市社区与乡村联合建设的实践，深入研究并应用了绿色建筑材料与先进节能技术，致力于打造高质量的生活空间，同时大力推广可再生能源的使用，并探索数字技术在现代农业中的应用，引领了智慧与绿色并重的乡村发展模式。

这些措施的实施不仅有助于缓解全球气候变化的压力，也为推动经济社会的可持续发展奠定了坚实基础。未来，随着全球对绿色低碳发展认识的不断加深，这一领域的法律法规与实践创新将会取得更加丰硕的成果 [30]。

3.2.5 建筑业碳市场运行机制与现状

1. 碳市场的定义与发展

碳市场的全称为碳排放权交易市场，是指碳排放权交易活动产生的市场。在排放总量控制的约束下，包括二氧化碳在内的温室气体排放权成为稀缺资源，具有了商品属性，可以进行交易。

碳市场的构建根植于环境经济学的核心理念，其核心在于将温室气体排放权视为一种经济资源，通过正式的确权过程，赋予其稀缺价值、明确的商品属性、排他性权利保障，以及市场竞争与交易机制。这些显著的市场特征，为温室气体排放权进入规范化的交易市场奠定了坚实基础，从而催生了碳交易市场的形成。在这一市场中，排放主体可以基于市场需求与供给的变化，通过交易手段灵活管理其碳排放配额，既促进了资源的有效配置，也激励了减排技术的创新与应用，实现了环境效益与经济效益的双赢。

2. 建筑业碳市场运行机制

碳市场运行机制是指通过碳交易实现排放权的转让并达成减排目标，运行机制流程如图 3.2 所示。

碳市场运行机制的核心在于利用交易促进排放权转让，达成减排目标。政府分配碳排放配额至企业，企业定期报告排放情况。通过碳交易平台，企业可买卖排放权，平台确保价格合理与流转高效。企业在减排需求或经济驱动下参与交易，完成资金与配额交换。政府全程监管市场，确保合规，并对违规企业进行处罚，维护市场公平与有效。

全国碳市场需要加速覆盖建筑行业。应创新碳金融产品，如低碳建筑证券化、碳保险及绿色信贷，支持低碳转型。还应推广碳普惠机制，激励广泛参与，扩大市场覆盖范围，营造节能氛围。此外，还有必要加强政策协同，完善碳市场基建，制定建筑低碳标准，促进行业有序转型。同时，应重视风险预警与市场监督，防范市场波动与投机行为，确保碳市场健康发展。

3. 建筑业碳市场运行现状

我国建筑行业在碳市场的研究领域已取得了一定的进展，尤其是在借鉴国际先进

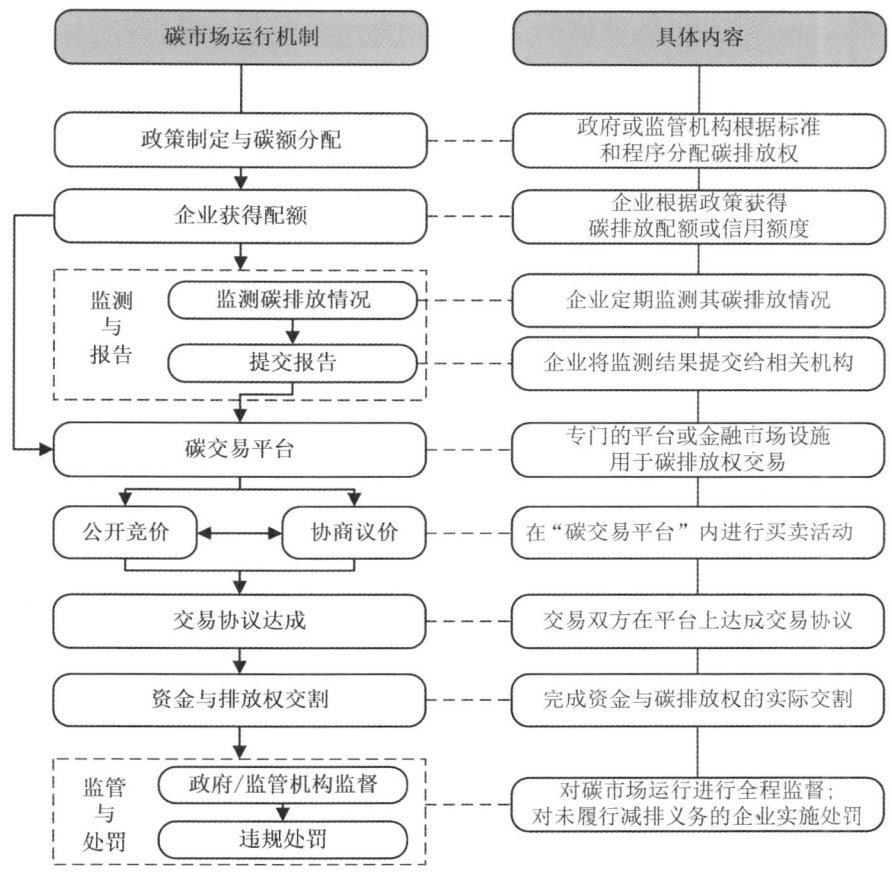

碳市场运行机制	具体内容

政策制定与碳额分配 — 政府或监管机构根据标准和程序分配碳排放权

企业获得配额 — 企业根据政策获得碳排放配额或信用额度

监测与报告
- 监测碳排放情况 — 企业定期监测其碳排放情况
- 提交报告 — 企业将监测结果提交给相关机构

碳交易平台 — 专门的平台或金融市场设施用于碳排放权交易

公开竞价 ⟷ 协商议价 — 在"碳交易平台"内进行买卖活动

交易协议达成 — 交易双方在平台上达成交易协议

资金与排放权交割 — 完成资金与碳排放权的实际交割

监管与处罚
- 政府/监管机构监督
- 违规处罚 — 对碳市场运行进行全程监督；对未履行减排义务的企业实施处罚

图 3.2　碳市场运行机制流程图

（作者自绘）

经验方面取得了积极成果。然而，当前的研究多聚焦于碳市场的单一环节或特定领域，如碳排放核算、碳交易机制设计等，缺乏一个全面、系统的研究框架来整合各环节，难以形成对建筑碳市场发展的整体性认知和指导。

此外，尽管国际上已有多个成功的建筑碳市场案例，但我国在此方面的实践仍处于起步阶段，试点项目数量有限且分布不均。在探索适合我国国情的建筑碳市场发展路径时面临诸多挑战，包括市场机制的完善、参与主体的积极性调动，以及政策与市场的有效对接等。具体操作方式的不成熟，限制了碳市场在建筑行业的有效推广和深入应用。

3.2.6　建筑业低碳发展的挑战与路径

1.建筑业低碳发展面临的挑战

建筑业低碳转型面临技术革新、能源结构调整及经济社会深层挑战。工业化、城市化推进带来能源需求激增与减排难题，尤其是高能耗传统产业占比大，能源结构调整受限制，可再生能源发展受技术瓶颈制约。技术支撑不足，关键材料、装备依赖进口，统计核算体系待完善。政策实施须精准有效，避免误区，如借政策窗口期发展高能耗产业或过度减排。因此，建筑业低碳转型需要得到平衡发展、清洁能源、技术创新与政策精准四个方面的大力支持。

2.建筑业低碳发展路径

构建绿色低碳循环经济体系，建筑业低碳转型是高质量发展与永续发展的关键。未来策略包括：能源绿色低碳转型，利用可再生能源与储能技术，探索氢能应用；产业优化，高端化、智能化、绿色化转型，强化绿色建筑全生命周期低碳设计；技术创新，依托数字经济提升新基建能效，将新一代信息技术应用于节能方案，进行产业园区节能改造；以低碳建筑技术创新为核心驱动力，优化设计、采用高效材料、进行智能控制，完善碳排放核算体系，加强专业人才队伍建设，共同促进建筑业绿色可持续发展。

3.3 低碳智慧建筑的框架与范畴

3.3.1 低碳智慧建筑政策背景

随着我国关于"碳达峰、碳中和"与"数字中国"战略目标的深入实施，以及《"十四五"建筑业发展规划》《"十四五"数字经济发展规划》和《数字中国建设整体布局规划》等关键政策文件的出台，我国对低碳智慧建筑的发展需求日益迫切。这些政策导向不仅强调了建筑行业的绿色低碳转型，还推动了数字技术在建筑领域的深度融合与创新应用。

为积极响应国家政策号召，提升建筑行业的核心竞争力，实现绿色低碳化与数字智慧化的双重目标，我国建筑领域正积极探索和实践低碳智慧建筑的发展路径。这一进程不仅要求建筑材料的选择、设计、施工、运维及拆除再利用等全生命周期的低碳化，更强调通过集成先进的信息技术、物联网、自动化控制等智慧化手段，实现对建筑能耗的精细化管理和碳排放的有效控制。

未来，随着低碳智慧建筑技术的不断成熟和应用场景的不断拓展，我国建筑行业将朝着更加绿色、低碳、智慧的方向发展。这不仅是应对全球气候变化的必然要求，也是推动我国经济转型升级、实现高质量发展的主要趋势。因此，加强低碳智慧建筑技术的研发与应用，提升建筑行业的整体能效和环保水平，已成为我国当前及未来一段时间内的重要任务。

3.3.2 低碳智慧建筑的定义、框架与范畴

低碳智慧建筑是低碳建筑与智慧建筑的融合体，展现了建筑业向绿色、智能转型的新趋势。低碳智慧建筑不仅仅是对碳排放量进行单一维度的控制，更是在此基础上，深度融合了智慧技术，实现了能效提升与环境保护的双赢。

低碳智慧建筑依托于先进的信息技术，如 BIM、IoT、云计算、GIS、大数据、AI 等，构建了一个集能源管理、环境监测、安全预警、设备自动化控制于一体的智能生态系统。

低碳智慧建筑作为现代城市建设的重要组成部分，其定义范畴逐步扩展，从单一的建筑体延伸至社区乃至整个城市层面，构建起一个更为全面和系统的低碳智慧体系（表 3.5）。

表 3.5　低碳智慧建筑框架图

范畴定义	尺度范围	低碳智慧措施
微观	低碳智慧建筑	通过精准的数据分析，实现能耗的实时监测与优化调整，确保能源使用的最大化效益与最小化浪费； 借助智能控制技术，建筑内部的照明、温控、安全等系统得以自动调至最佳状态，既提升了居住与工作的舒适度，又有效减少了不必要的能源消耗； 对可再生材料及低碳技术进行广泛应用，从源头上减少对环境的影响； 设计与建造过程严格遵循绿色节能标准，确保建筑的环保性能达到最优； 在运营维护阶段，通过智能化手段持续监测建筑性能，及时发现并解决潜在问题，保障建筑的高效稳定运行
中观	低碳智慧社区	在单体建筑低碳智慧化的基础上，更加注重社区整体生态环境的构建与能源系统的集成管理； 通过社区内各建筑之间的能源互补、资源共享，以及智慧化管理与服务平台的搭建，实现社区层面的节能减排与居民生活质量的提升
宏观	低碳智慧城市	将低碳发展理念与智慧城市技术深度融合，通过智能感知、分析、集成和应对，实现对城市运行系统的全面感知与智能管理； 在城市规划、建设、运营和管理的各个环节中，均融入低碳智慧元素，推动城市经济、社会、环境的可持续发展； 低碳智慧城市不仅关注城市的节能减排，更致力于提升城市居民的生活品质与幸福感，促进人与自然的和谐共生

在探讨绿色建筑领域时，低碳智慧建筑、低碳建筑以及智慧建筑这三个概念尽管存在交集，但是各自拥有独特的核心关注点与侧重点（表 3.6）。

表 3.6　低碳智慧建筑及相似概念对比

建筑类型	概念	核心关注点与侧重点
低碳智慧建筑	低碳智慧建筑是指在其全生命周期从规划设计、材料选择、施工建设、运营维护直至拆除回收的每一环节，均致力于能源的高效利用与碳排放的显著降低	不仅致力于减少碳排放量，还借助智能化技术手段来实现这一目标。在设计与运营过程中，低碳智慧建筑融入了多种节能降碳策略，并通过智慧化系统对能耗进行实时监测与管理，实现能源使用的精细化管理。此外，这类建筑还可能包括智能规划建筑用能设施、构建先进的能耗监测系统以及实施楼宇自动控制系统等功能，以确保在提供舒适环境的同时，实现能源的高效利用与节约

建筑类型	概念	核心关注点与侧重点
低碳建筑	在建筑物的全生命周期内，通过采取一系列措施来减少碳排放量，实现低能耗、低污染、低排放的目标	建筑在材料选择上倾向于低碳或可再生能源，同时在设计与施工过程中注重提高能源效率，力求降低能源消耗与温室气体排放。为实现这一目标，低碳建筑的设计与实施严格遵循绿色节能标准与规范，确保建筑活动对环境的影响降至最低
智慧建筑	通过整合先进的信息技术、物联网、大数据和人工智能等技术，实现对建筑物的智能化管理和服务	涵盖了建筑内部环境的智能监控、精细化管理与优化，如智能照明系统根据环境光线自动调节亮度，智能温控系统维持室内最适宜的温度，以及集成化的安全管理系统等。智慧建筑旨在通过自动化控制与数据分析，优化能源使用，减少浪费，为居住者创造更加舒适、便捷的生活环境

对低碳智慧建筑而言，运维管理极其重要，其关键在智慧化转型，提升效能、节能降耗，但面临数据采集、能耗监管、系统安全等多重挑战，须加强技术创新与人员培训，确保系统高效稳定运行。

1. 低碳智慧建筑运维管理的内容

低碳智慧建筑旨在通过高效维护、智能管理及优化，提升建筑运行效能，降低能耗与成本，保障环境舒适与可持续发展。核心在于融合信息技术，精准捕捉、分析并调控建筑运行数据。这包括能源精细化管理、设备智能预警、环境智能调控及基于大数据的决策优化。

2. 低碳智慧建筑运维管理面临的挑战

首先，低碳智慧建筑产生的数据量庞大、维护复杂、能耗信息难以精准控制，现有体系依赖人工，易出错且信息孤岛现象严重，数据分析利用不足，制约管理精细化。在能耗监管与节能成效方面，平台功能不足、数据采集局限及物联网技术壁垒影响节能决策与实施效果。同时，系统安全性与运维效能亦受物理、网络、信息安全及运维人员技能差异影响，智能化运维平台技术融合度低。然后，技术不成熟导致多元通信协议集成复杂，系统故障率高，运维培训不充分，影响系统稳定性与用户信心。此外，现有系统集成度低，传统架构成本高、操作复杂，用户体验不佳。综上，须强化数据监测、打破信息壁垒、优化平台功能、提升系统安全与运维效能，加速技术融合与人员培训，以实现低碳智慧建筑的高效、节能、安全运维。

3.3.3 低碳智慧建筑发展意义

低碳智慧建筑技术不仅是建筑领域的革新力量，更是新质生产力的典范体现。低碳智慧建筑技术与新质生产力的内在联系可归结为以下几点。

1. 技术革新与飞跃

低碳智慧建筑技术，作为新质生产力的核心要素，引领着建筑行业的技术创新浪潮。它集高效的能源管理、可再生能源的深度融合与智能化控制于一体，实现了建筑能效与环境友好性的双重飞跃。这些技术的广泛应用，不仅有效降低了对化石燃料的依赖，更为建筑行业的可持续发展提供了新路径，展现了技术革新对绿色未来的深远影响。

2. 创新配置生产要素

在低碳智慧建筑理念下，生产要素迎来革新性整合，涵盖环保新材、高效能设备及智能传感器的全方位部署。此配置策略不仅赋能建筑能效跃升，更激发智能设备与可再生能源等关联产业的蓬勃发展，共同构筑新质生产力的坚固基石，引领产业升级新风向。

3. 加快产业深度转型

低碳智慧建筑技术的广泛应用，正深刻驱动建筑行业步入深度转型的崭新阶段。这一进程见证了传统建筑向智能化、绿色化方向的华丽转身，不仅重塑了建筑品质与居住体验，更促进了产业结构的深度优化与产业链的全面拓展，开启了建筑行业绿色智能发展的新篇章。

4. 提升全要素生产率

低碳智慧建筑技术的融入，犹如一股清流，贯穿建筑项目的设计、施工至运营全程，实现了资源利用的极致优化与浪费的最小化，从而显著提升了全要素生产率。这一变革不仅在经济维度上展现出较高的成本效益与较大的回报潜力，更在环境层面促进了生态平衡，彰显了社会价值，完美契合了新质生产力对质量、效率与品质的至高追求。

5. 新兴产业与未来产业的双轮驱动

低碳智慧建筑技术的蓬勃发展，如同一块磁石，强烈吸引着智能控制系统、大数据分析、云计算等前沿科技领域的新兴产业。它不仅是这些产业成长的催化剂，更为未来产业的孵化提供了肥沃的土壤与广阔的市场空间。能源管理服务、环境监测服务等新兴业态的兴起，正是低碳智慧建筑技术引领未来产业发展潮流的生动写照。

6. 数字经济与实体经济深度融合

建筑领域内，绿色低碳与数字智慧技术的交织融合，成为数字经济与实体经济深度融合的鲜明例证。IoT、云计算、AI 等前沿科技赋予建筑以智能之翼，推动能源管理迈向精细化、高效化新境界。此番变革不仅重塑了建筑性能边界，而且为数字经济开辟了广阔的增长蓝海，实现了数字经济与实体经济的双赢共生。

3.3.4　低碳智慧建筑发展挑战

随着低碳智慧建筑领域的兴起，相关技术发展，新兴技术在低碳智慧建筑上得到大量应用，同时相关产业与环境已逐渐形成。但这些领域仍处于初期萌芽和发展阶段，面临着技术创新等四个层面的挑战。

1. 技术层面

对节能降碳技术的综合集成与优化策略，须巧妙融合高效能源、智能调控及可再生能源等多元技术，其间技术兼容与协同难题亟待破解。智能化与自动化水平的持续攀升，要求系统不断迭代以匹配前沿技术，同时，系统的安全性与稳定性亦成为不可忽视的关键议题。再者，系统集成面临标准不一的困境，硬件与软件间的兼容壁垒影响了数据融合与协同效率。数据获取与处理的复杂性同样显著，多源异构数据的高效整合与深度分析成为技术突破点。此外，网络安全与隐私保护成为守护建筑智能生态的坚固防线，对个人信息与运营数据的严密防护至关重要。

2. 政策与法规层面

尽管国内外已出台诸多低碳建筑法规及智慧建筑政策，低碳智慧建筑作为新兴领域，其相关法律法规仍处于不健全阶段，存在诸多空白与待完善之处，须持续加强立法与规范建设。当前，数据权属、隐私保护等法规空白限制了技术创新。同时，标准规范的缺失阻碍了技术推广。建立科学的碳排放核算与交易机制，需要政企及第三方携手构建透明碳市场。此外，绿色金融与税收优惠的加码，对缓解项目初期资金压力、加速低碳转型至关重要。

3. 市场与投资层面

低碳智慧建筑市场已逐渐形成，该领域正面临着包括投资回报周期长、市场需求与供给错位、融资路径狭窄且成本高昂，以及商业模式单一等在内的多重专业挑战与众多的发展机遇并存的复杂局面。其一，投资回报周期长，要求投资者在短期收益与长期可持续发展间寻求微妙平衡。其二，市场需求与供给间存在错位，提升市场认知度与接纳度成为行业突破的关键。其三，融资路径狭窄且成本高昂，拓宽融资渠道、优化融资环境成为行业发展的迫切需求。其四，商业模式趋于单一，增值服务模式的局限性限制了市场规模的快速增长，探索多元化商业路径势在必行。

4. 人才培养与交流层面

低碳智慧建筑领域面临人才瓶颈，跨学科复合型人才匮乏，须强化教育培训。同时，学科间交流不畅，产学研协同机制薄弱，限制创新步伐。国际交流不足，须积极对接国际先进实践，借鉴海外经验。此外，构建人才培养的行业标准与认证体系，对提升专业水准与行业整体质量至关重要，亟须加速推进。

3.4 低碳智慧建筑的价值分析

3.4.1 环境价值

1. 节能减排与气候保护

低碳智慧建筑集成节能技术、可再生能源与智能管理系统，精准控制全生命周期能耗与碳排放。在设计阶段，可通过优化布局、利用自然光风、采用高效保温隔热材料及可再生能源，减少能耗与对化石燃料的依赖。在施工阶段，运用绿色建材、节能设备与 BIM 技术降低能耗、污染与浪费，智能监测，确保环保高效、建筑垃圾回收再利用。在运维阶段，通过碳捕捉与储存技术，助力碳中和，智能管理系统动态调节设备，避免浪费，并通过数据分析优化运营，持续减少碳排放。

2. 资源节约与生态平衡

低碳智慧建筑设计哲学根植于资源节约与生态平衡，通过优化设计减少碳排放与自然资源消耗。在选材上偏好可再生或循环材料，在运输时减少能耗与碳排放，在施工时则运用精确计量、高效技术及预制模块化以减少现场加工。同时，促进废弃物回收，实现资源循环利用，实施全生命周期绿色管理，促进建筑业可持续发展。此外，积极采用如竹、麻等可持续材料，经过创新技术将其加工成高性能建材，减少对高能耗材料的依赖，提高建筑环保性能与生态效益，为低碳智慧建筑发展提供坚实支撑。

3. 健康环境与韧性城市

低碳智慧建筑不仅有助于节能减排，还能创造健康舒适环境。例如，采用生态友好材料净化空气，采用仿生设计提升生态宜居性。同时注重通风设计，通过智能系统确保空气质量。结合大数据，优化能耗，助力城市智慧建设。此外，韧性城市新理念强调应对压力与冲击的能力，依托智能监测、绿色建筑技术、多功能绿地等，提升城市适应性与恢复力，保障居民的安全、健康与福祉，展现出更全面和更具前瞻性的城市发展视角。

3.4.2 经济价值

1. 节能减排降低建设成本

低碳智慧建筑采用高效节能技术与材料，如被动式设计、绿色建材与智能温控系统，大幅度减少运营能耗，减少电力供暖费用，降低能源支出。此举可减少对化石能源的依赖，减少温室气体排放，缓解碳税压力，减少税费负担，进而降低运营成本。同时，低碳智慧建筑的节能减排贡献常获政府碳补贴支持，如直接补贴、税收减免与绿色信贷，进一步降低投资运营成本，增强市场竞争力，推动低碳智慧建筑的推广与应用。

2. 提高建筑价值与市场竞争力

低碳智慧建筑技术可以提升建筑市场价值，影响社会与环境价值。集成节能与智能技术，可以获取政策优惠，降低开发成本，提高经济可行性。此外，创新设计如光伏板融合，能源自给，减少用户支出，增强市场竞争力。智能系统优化能效，减少浪费，为用户创造经济效益。

3. 促进相关产业发展与高技术人员培养

低碳智慧建筑的崛起促进了产业繁荣与就业，依托节能、绿色建材、智能控制创新，拓宽了产业链，创造了就业机会。各环节吸纳专业人才，推动建材绿色转型，催生新职业领域。新兴岗位满足市场需求，可以促进个人职业发展，助力产业升级，提升建筑技术水平，优化人才结构。

4. 增强城市经济韧性和可持续发展能力

低碳智慧建筑是城市发展新引擎，可增强经济韧性与可持续发展能力。高效能源利用与智能管理降低了成本，可以促进绿色产业链发展，成为经济新增长点，从而可以对抗经济波动。此外，改善环境，提高居民生活品质，可以增加城市吸引力，吸引人才资本涌入，为可持续发展注入动力。此模式促进了绿色经济的发展，建立了人与自然和谐的城市生态，奠定了城市长期繁荣的基础。

5. 政策激励与投资吸引力

低碳智慧建筑为未来城建方向的热门话题，需要政策支持与市场认可。政府优惠、补贴、减税负降风险，都可以提升投资回报，激发个人与企业的参与热情。政策激励还可以增强市场信心，降低投资者在该项目上的经济压力与风险，促进资本汇聚，确保技术的创新。

3.4.3 社会价值

1. 提升使用者生活品质

低碳智慧建筑在提升用户生活品质方面展现出显著优势。其设计理念深度融合了环保与人性化需求，通过引入先进的空气净化系统、智能温控技术及高效节能的采光设计，不仅有效提高了室内空气质量，确保居住者呼吸到清新健康的空气，还精准调控了室内温湿度，营造出四季如春、宜人舒适的居住体验。同时，充分利用自然光照明与智能化遮阳系统，既满足了光照需求，又减少了能源消耗，为用户打造了一个既节能又健康的绿色生活空间。

2. 提升节能减排与环境保护意识

低碳智慧建筑通过采用高效节能材料、智能控制系统及可再生能源利用等创新材料和技术，实现了能源消耗的显著降低与资源的最大化循环利用。这一过程不仅有效减少了温室气体排放，减轻了环境污染负担，还通过其显著的生态效益，如缓解城市热岛效应、提高空气质量等，为城市居民创造了更加宜居的生活环境。更重要的是，低碳智慧建筑的推广与应用，激发了社会各界对节能减排与环境保护的广泛关注与深入思考。

3. 提升社区凝聚力与和谐度

低碳智慧建筑作为绿色生活理念的实践载体，其在社区层面的推广与应用，对提升社区凝聚力与和谐度具有不可估量的价值。此类建筑不仅通过物理空间的绿色设计，如绿化屋顶、雨水回收系统等，为居民提供了亲近自然、享受绿色生活的平台，而且通过举办节能减排知识讲座、环保主题活动等形式，激发了居民参与环保行动的热情，从而有效提升了社区的凝聚力与归属感，促进了社会的和谐稳定。

4. 推动社会可持续发展

低碳智慧建筑通过引入前沿的节能技术与设计理念，不仅实现了能源利用效率的大幅度提升，还显著减少了资源消耗与环境污染，为城市的绿色转型与高质量发展注入了强大动力。从长远来看，低碳智慧建筑的普及有助于构建一种资源节约型、环境友好型的社会发展模式，确保人类社会的永续发展。

5. 引领绿色建筑潮流

低碳智慧建筑以其独特的环保、节能和智能特点，在绿色建筑领域树立了新的标杆。在环保方面，它强调材料的可回收性与自然环境的融合，减少建筑对生态的负面影响；在节能方面，通过高效的能源管理系统和对可再生能源的利用，大幅度降低建筑运行能耗；而在智能方面，则借助物联网、大数据等先进技术，实现建筑的智能化管理与优化。因此，它激发了整个建筑行业的绿色转型热情，推动了行业的绿色升级与可持续发展进程。

6. 促进技术创新与产业升级

低碳智慧建筑的发展不仅依赖于先进的科技与材料，而且是这些领域技术进步的强大驱动力。为了满足高标准要求，相关产业链不断加大研发投入，致力于新技术、新材料的开发与应用。这一系列发展，不仅提升了建筑的整体性能与环保水平，更为社会经济注入了新的活力，提供了新的增长点。

7. 提升城市形象与竞争力

低碳智慧建筑作为城市现代化与可持续发展的重要标志，其在城市中的广泛应用，对提升城市的绿色形象与国际竞争力具有不可估量的价值。这些建筑以其独特的环保理念、高效的能源利用与智能的运营管理，不仅展示了城市对环境保护与可持续发展的坚定承诺，而且为城市增添了独特的魅力与风采。

3.4.4 技术价值

1. 促进能源与资源技术发展

低碳智慧建筑显著体现能源高效与资源循环的价值。例如智能控制提升能效，减少浪费、降低成本，支撑可持续发展。可再生能源应用可以促进能源绿色转型，减少对化石能源的依赖，减少碳排放，从而缓解环境压力。节水技术与废弃物处理创新，可有效减少对市政供水的依赖，促进资源再利用，提升环境质量。

2. 促进技术创新

低碳智慧建筑作为建筑领域的创新先锋，其发展不仅依赖于现有技术的集成应用，更激发了对新材料、新技术的深入研发。技术融合在此领域展现出巨大潜力，如 GIS 与大数据的深度融合，为精准分析建筑能耗、优化能源管理提供了前所未有的可能。跨领域的技术融合不仅推动了节能技术、智能控制技术等关键领域的突破，还促进了绿色建材的创新与发展，为建筑行业的整体技术进步注入了强大动力。

3. 为智慧社区、智慧城市的发展提供技术思路

低碳智慧建筑作为生态智慧城市的重要组成部分，其技术价值显著，为智慧社区乃至智慧城市的发展提供了坚实的技术基础。这些建筑集成了生态环保、绿色节能、水资源循环利用及垃圾分类回收等先进技术，通过大数据智慧管理实现资源优化配置与高效利用。这些技术上的支撑不仅促进了低碳智慧建筑本身的可持续发展，更为智慧社区与智慧城市的低碳化、智慧化转型提供了切实可行的技术路径，引领了未来城市建设的新方向。

3.4.5 政策价值

1. 推动"双碳"目标实现

低碳智慧建筑作为建筑领域低碳化的重要实践，通过应用节能技术、优化建筑设计和运营管理，显著降低了建筑的能耗和碳排放。在政策上推动低碳智慧建筑的发展，可以加速建筑业的绿色低碳转型，为实现我国"碳达峰、碳中和"目标提供有力支撑。这不仅有利于减少温室气体排放，提高空气质量，还能提升国家在全球气候治理中的话语权和影响力。

2. 促进建筑业标准完善

低碳智慧建筑的发展促进了绿色建筑及相关标准的制定和完善。随着技术的进步和实践的积累，建筑标准不断提高，涵盖多种建筑类型、评估建筑全生命周期阶段，对新建建筑和既有建筑的节能降碳要求也日益严格。此外，低碳智慧建筑的发展为政策制定者提供了丰富的实践案例和数据支持，使得政策制定更加科学、合理且具有前瞻性。例如，国家发展改革委、住房城乡建设部制定的《加快推动建筑领域节能降碳工作方案》中，明确提出了新建建筑的设计需要全面执行绿色建筑标准，以及超低能耗、近零能耗建筑的发展要求。

3. 加大政策执行和监管力度

为了确保政策的有效实施，政府需要加强对建筑项目的监管和评估。由于低碳智慧建筑具有高度的信息化和智能化特点，政府能够更加方便地获取建筑项目的运行数据，从而实现对建筑能效、碳排放等关键指标的实时监测和评估。这不仅提高了监管效率，也提高了政策执行的严肃性和公正性。

3.5 低碳智慧建筑的综合效益与评价体系

低碳智慧建筑的综合效益评价体系全面审视其在节能减排、资源节约上的直接贡献，并深入探讨经济、环境、社会等多维度的长远效应。此体系贯穿住宅类绿色建筑的全生命周期，即从设计至拆除各阶段，旨在综合评估项目效益。经济效益作为直接且可量化的部分，包括节能降耗带来的运营成本减少、初期投资与维护费用降低的直接效益，以及提升建筑价值、吸引投资、享受政策优惠的间接效益。而环境效益作为核心，通过减排、优化能源结构等手段可显著提高环境质量，是贯穿设计、施工、运行至拆除各阶段的绿色实践。最终社会效益通过提供高品质生活空间、促进经济发展、创造就业机会及增强社区功能，提升居民幸福感与社区和谐度。随着技术进步与市场认知提升，低碳智慧建筑将实现更均衡的经济效益与环境效益、社会效益间的良性循环（表 3.7）。

表 3.7　低碳智慧建筑综合效益的初级评价指标 [31]

一级指标	二级指标
经济效益	节能照明系统
	预留分体空调
	围护结构节能设计
	可再生能源的利用
	节水器具
	雨水再利用
	分流制排水系统
	可循环再生材料
	高强度建筑结构材料
	地下停车场所
	……
环境效益	绿化用地
	废弃绿色措施
	生态环境设计
	优化规划布局
	吸声效果材料
	自然通风优化设计
	……
社会效益	场地交通设施
	配套公共服务
	区域经济发展
	……

3.5.1 经济效益

低碳智慧建筑的经济效益评价指标体系，是综合考量建筑在减少能耗、提升资源利用效率和促进环境友好型发展方面的全面框架。这一体系不仅关注建筑在建设初期的投资成本，更重视其在全生命周期内所带来的经济回报和环境效益。低碳智慧建筑的经济效益评价指标体系是一个多维度、综合性的体系，旨在通过技术创新和资源整合，减少能耗、提升效益、促进环保，并推动建筑与城市的绿色发展和生态文明建设[32]。

①节能照明与分体空调预留：高效光源与智能控制共同减少能耗，分体空调灵活应对个性化需求，增加经济效益，保证用户舒适度。

②围护节能与可再生能源：优化围护结构减少能耗，太阳能等可再生能源助力环保工作，降低经济成本，促进可持续发展。

③节水与排水优化：节水器具可有效减少水资源的耗费，雨水再利用可增加经济效益，分流排水可降低成本，提升水资源利用率。

④循环材料与地下空间：再循环材料减少废弃资源，高强材料节省建材，地下停车缓解拥堵状况，共同促进城市绿色发展。

参考我国《绿色建筑评价标准》（GB/T 50378—2019），低碳智慧建筑增量经济效益评价指标体系主要包括以下五个方面。节能效益：包括建筑能耗降低带来的电费节省、能耗补贴收益等。可再生能源利用效益：如太阳能光伏发电、地热能利用等可再生能源技术带来的投资回报和收益。智能化管理效益：通过智能化系统优化建筑运营、提高能效、减少人力成本等带来的经济效益。碳减排效益：因减少碳排放而获得的政府补贴、碳交易收益等。品牌效应与增值效益：低碳智慧建筑作为高品质建筑的代表，在提升企业形象、增加物业价值等方面具有积极作用。

在低碳智慧建筑技术的经济效益评估框架内，基于与基准建筑（即传统建筑或未采用特定绿色技术的建筑）的对比，深入分析低碳智慧建筑技术的增量效益。这一分析不仅聚焦于技术应用的直接成本差异，还综合考虑了长期运营中的节能、减排、环境效益等间接贡献。在此基础上，还引入了两个核心指标——增量经济效益成本比（R）与差额投资回收期（T），以科学、系统地评价绿色建筑技术的经济性。

增量经济效益成本比（R）：该指标衡量的是低碳智慧建筑技术所带来的额外经

济效益（包括成本节约、收益增加等）与增量成本之间的比例关系。通过计算 R 值，可以直观地了解每单位增量成本所能产生的经济效益增量，进而评估低碳智慧建筑技术的投资回报率。R 值较高，表明该技术具有较高的经济可行性，能够为投资者带来显著的经济效益。

差额投资回收期（T）：这一指标则侧重于评估低碳智慧建筑技术增量成本所需要的回收时间。它考虑了技术的初始投资增加额与后期因技术应用而产生的成本节约或收益增加之间的动态平衡。通过计算 T 值，我们可以判断低碳智慧建筑技术在多长时间内能够收回其额外的投资成本。较小的 T 值意味着更快的成本回收速度，有利于降低投资者的经济风险，提高项目的可行性。

①绿色建筑技术增量经济效益成本比。

增量经济效益成本比 R 是增量经济效益和增量成本的现值比。计算公式为：

$$R = \frac{\sum\limits_{t=1}^{n} S_t (1+i_s)^{-t}}{\sum\limits_{t=1}^{n} C_t (1+i_s)^{-t}}$$

式中：S 为经济效益；s 为公共决策视角下的社会整体；S_t 是第 t 年的增量经济效益；C_t 是第 t 年的增量成本；i_s 是社会折现率；n 是计算周期。

当 $R>1$ 时，低碳智慧建筑技术经济性优于传统技术，初期高投资被后续成本节约、能效提升及环境效益所补偿，推荐采用。当 $R<1$ 时，则技术经济性不足，或因成本高、效益未显，须优化或重评，在资源有限时或须寻找替代方案。当 $R=1$ 时，两者经济性平衡，但仍需要进行技术改进以提升竞争力，应持续监测优化经济性。

②低碳智慧建筑技术差额投资回收期。

差额投资回收期 T 是在考虑资金时间价值的条件下，增量经济效益抵偿增量成本所需要的时间。计算公式为：

$$T = n - 1 + \frac{\left| \sum\limits_{t=1}^{n-1} NP_t \right|}{NP_n}$$

式中：NP_n 为第 n 年的差额净现金流量现值；n 是累计差额净现金流量出现正值的年数，差额净现金流量是指增量经济效益年值减去增量成本年值。

结合增量经济效益成本比（R）与差额投资回收期（T）的测算结果，我们能够更全面地评估低碳智慧建筑技术的经济性。在预评价阶段，决策者可以依据这些指标来筛选和优化低碳智慧建筑技术方案，确保在促进低碳智慧建筑高质量发展的同时，实现经济效益与环境效益的双赢[31]。

3.5.2 环境效益

在全球气候变化与资源紧张的当下，低碳智慧建筑作为建筑新趋势，其环境效益评估尤为关键。环境效益关乎自然保护与社会可持续发展，是衡量绿色建筑综合效益的重要标准。低碳智慧建筑依托绿色建材、节能技术与智能管理，减少资源消耗与污染，营造健康舒适环境，助力地球可持续发展。其环境效益评价体系涵盖六个方面。

①绿化用地：多层绿化美化环境，增强生态功能，净化空气，提供休闲空间，保护环境，促进健康居住发展。

②热岛强度：高大植物遮阴，反光材料减小辐射，降低热岛强度，改善气候，节能提效。

③生态环境设计：保留自然元素，打造生态景观，夜间照明生态化，废气处理减少污染，提升空气质量。

④规划布局：科学布局减少噪声尾气，保障日照，营造舒适居住环境。

⑤吸声效果：隔声窗、低噪声路面、吸声墙面降噪，提升居住舒适度。

⑥自然通风效果：优化布局设计，增强自然通风，提高室内空气质量，节能降耗。

3.5.3 社会效益

低碳智慧建筑不仅关注建筑本身的节能减排与智能化管理，更强调其对居民生活品质、社会福祉、区域经济发展乃至整个生态系统的积极影响。低碳智慧建筑创造健康舒适的居住与工作环境，减少患疾病风险，优化内外环境，提升居民满意度与工作效率。此外，丰富的周边配套设施促进居民身心健康，此环境下居民收入增加，直接助力个人成长，间接推动区域经济繁荣，同时带动绿色建材产业链发展。此外，低碳智慧建筑增强社区凝聚力，促进社会稳定，培养居民环保意识，助力可持续发展。其建设与运营创造就业机会，促进相关产业发展，同时节能减排、资源循环利用，为区域生态贡献良多，实现经济与生态双赢的可持续发展模式。

低碳智慧建筑社会效益评价指标体系主要包括场地交通设施、配套公共服务、区域经济发展。

①场地交通设施：优化布局，鼓励低碳出行，结合智能交通提升效率，减少碳排放，提高城市环境，提升居民生活质量，倡导绿色出行。

②配套公共服务：协调规划，智能化管理提升效率，满足居民多元需求，增强社区凝聚力与幸福感。

③区域经济发展：低碳智慧建筑吸引高端人才企业，降低成本、提高效率，带动产业链发展，促进经济繁荣，创造就业与税收，实现双效共赢。

3.5.4 综合效益评价体系

在构建低碳智慧建筑的综合效益评价指标体系时，应遵循以下三大核心原则，以确保评价工作的全面性、实用性和准确性。

系统性与层次性相结合的原则：视综合效益为复杂系统，全面分析影响因素，并将其细分为经济、环境、社会三个维度，构建详尽框架，精准量化贡献，提升评价直观性与洞察力。

可操作性强原则：指标须贴合实际工程，易获取、计算、理解，真实反映项目运行状况。清晰界定影响因素，确保体系在各案例中有效应用，提供科学可靠评估。

科学性与客观性并重原则：围绕核心目标，指标选择须科学论证，客观反映项目真实状况与潜在价值，作为公正无偏的评价工具，揭示绿色建筑在可持续发展中的成效与潜力。

同时，在构建评价体系时，需要将经济、技术、环境三个维度的评价指标进行有机结合，旨在全面评估低碳智慧建筑在不同方面的性能和贡献。

经济维度：分析初始投资（含设计、建造、设备购置等）与长期运营成本（能耗、维护）。评估初始投资回报率、全生命周期成本，比较传统与低碳智慧建筑的经济性。量化节能减排经济效益,如节能费用、碳税减免,考虑能源价格与碳政策计算实际收益。

技术维度：评估低碳技术应用种类、数量及先进性（采用率、创新指数）。通过专家评审、技术比对评估应用水平和创新能力。评价智能化系统集成度、功能实现及与低碳技术协同作用（集成度、智能化水平、低碳效益提升率），验证能效提升与碳减排效果。

环境维度：利用监测与核算手段，评估建筑碳排放、污染物排放及环境影响（排放强度、浓度、达标情况）。结合生态评估与资源效率分析，评价生态效益与可持续性（绿化率、雨水回收率、可再生能源利用率）。

此外，构建低碳智慧建筑综合评价体系需要从建筑、社区、城市三个尺度出发，综合考虑各自的特点与相互之间的关联性。

建筑尺度：主要聚焦建筑能效、可再生能源、碳排放与智慧化。①能效评估：考量围护结构、暖通空调系统能效、照明节能。②可再生能源：评估太阳能、风能利用率及成效。③碳排放：在全生命周期评估各阶段排放量，评估碳补偿。④智慧化：智能系统提升能效，如照明、温控、安防系统。

社区尺度：强调低碳规划与智慧管理。①社区能源：整合分布式能源、微电网，提升能效以减碳。②绿色交通：建设绿道、站点，引导绿色出行。③绿色空间：评估绿地、湿地碳汇与生态作用。④智慧管理：实现智能安防、环境监测、垃圾分类，提升管理效率。

城市尺度：关注低碳发展与智慧城市建设。①规划与发展：评估低碳政策实施，含产业、建造、运行。②绿色基础：考察绿地、公园、湿地对城市生态的贡献。③智慧平台：评估数据采集、分析、处理能力，促进低碳智慧化发展。④政策与法规：支持低碳智慧建筑、社区建设的政策环境。

通过上述"3×3×3"体系的构建，实现了评价指标的全面覆盖和避免重复计算。每个原则、维度和尺度下的指标均经过精心筛选和设计，明确评价的目的和范围，确定评价的重点和关注点。通过明确一级指标、二级指标和三级指标的筛选标准，既确保了评价的全面性，又避免了指标之间的重叠和冗余，提高了评价结果的准确性和可靠性。最后，通过对评价结果进行分析和总结，提出改进意见和建议，为低碳智慧建筑的推广和应用提供参考，为建立低碳智慧社区和低碳智慧城市提供理论基础。

第二篇

低碳智慧技术

4

低碳建筑材料

在全球气候变化的严峻挑战下，建筑行业正面临着转型升级的迫切需求。低碳建材作为实现绿色建筑和可持续发展的关键，已经成为建筑领域的新宠。

本章论述的主题为低碳建筑材料，将深入探讨低碳建材的种类、优势以及它们在现代建筑中的应用，从低碳建材的定义与内涵、低碳建材的分类、低碳建材的性能与应用，以及低碳建材的智慧设计四个方面分别论述，并整理了近几年新研发的具有环保、节能、可再生等特点的低碳建筑材料，以探索低碳建材不断扩大的应用方向与智慧设计方案，创造更加健康、舒适、节能的居住和工作环境。本章旨在为读者提供一个全面的视角，探讨这些低碳建筑材料将如何塑造和改变我们的未来。本章逻辑构架见图4.1。

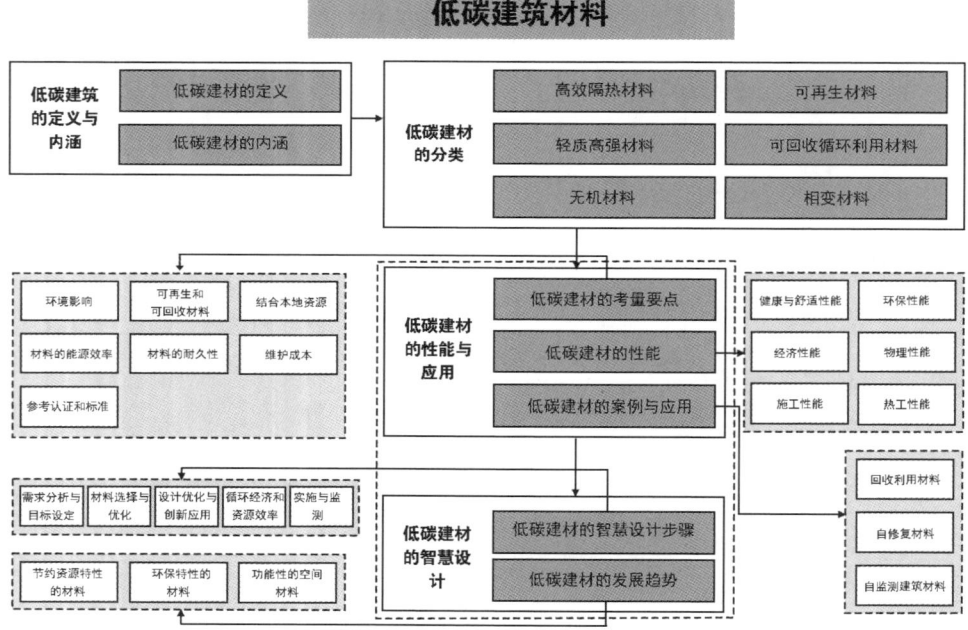

图 4.1　本章逻辑构架

4.1 低碳建材的定义与内涵

4.1.1 低碳建材的定义

低碳建材（LCBM）是指在其整个生命周期内，通过采用先进的技术和管理手段，在确保使用性能的前提下降低不可再生自然原材料的使用量，制造过程低能耗、低污染、低排放，使用寿命长，使用过程中不会产生有害物质，并可以回收再生产的新型建筑材料。这些材料在生产、运输、施工、使用和废弃物处理的各个阶段，均注重环保和可持续性，旨在降低建筑业对环境的负面影响，并减少温室气体的排放。通过科学合理的材料选择、先进的生产工艺、优化的运输和施工流程以及环保的使用和废弃物处理方式，低碳建材不仅满足了现代建筑对高性能、高质量材料的需求，还实现了节能减排和环境保护的目标（图 4.2）。

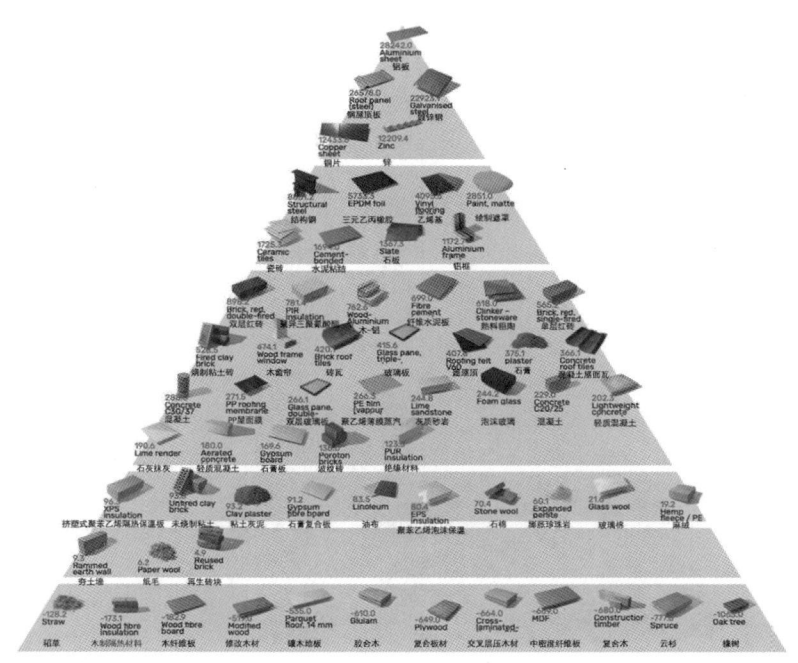

图 4.2 建筑材料金字塔

（图片来源：https://images.adsttc.com/media/images/6231/bc90/3e4b/310d/a900/0043/slideshow/Construction_Material_Pyramid%EF%BC%88Centre_for_Industrialised_Architecture_(CINARK)_at_the_Royal_Danish_Academy%EF%BC%89.jpg?1647426682）

目前，绿色建筑发展所依据的主要经济技术指标包括节地、节能、节水、节材、环境保护等方面，而这些"四节一环保"的绿色建筑技术指标均是以绿色建筑材料为基础才得以实现的。未来，随着技术的进步和政策的支持，低碳建材将在建筑领域发挥更加重要的作用，为实现低碳经济和绿色生活作出更大贡献。

4.1.2 低碳建材的内涵

低碳建材的内涵涉及其整个生命周期的各个环节，包括生产、运输、施工、使用和废弃物处理等阶段。每个环节都通过技术手段和管理措施，尽可能最大限度地减少碳排放和能源消耗（图4.3）。具体内涵如下[32]。

1. 生产阶段的低碳化

①原材料选择：优先使用可再生资源和可循环利用的材料，减少对不可再生资源的依赖，如竹材、秸秆、再生塑料和再生金属等材料；减少高碳排放材料的使用，如传统水泥、钢材等；尽量选择低碳替代品，如掺加工业废料的环保水泥。

②绿色制造技术：采用节能减排的制造工艺，优化工艺流程，提高设备效率，使用清洁能源，减少生产过程中的碳排放；引入新技术，如纳米技术等，提升材料的强度和耐久性，减少用量和维护次数，从而降低总碳排放。

③回收利用：尽量减少生产过程中废弃物的产生，并通过资源循环利用技术，将废弃物重新加工成有用材料，减少对环境的影响。例如，废弃的混凝土可以被粉碎再利用，用于新混凝土的生产。又如，著者团队所申请的国家发明专利《建筑废弃物中

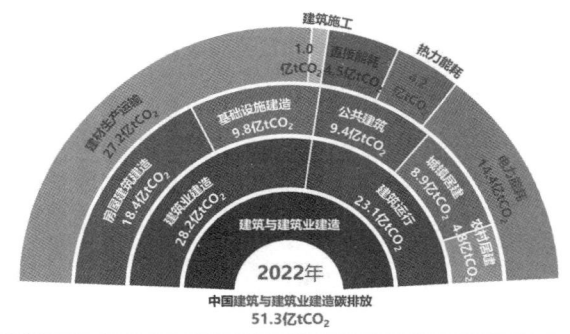

图 4.3 2022 年全国建筑与建筑业建造碳排放总量

（图片来源：中国城乡建设领域碳排放研究报告，2024年，中国建筑节能协会、
重庆大学城乡建设与发展研究院）

可熔铸建材循环再生产的碳排放核算方法》中以南京市某老旧居住区某多层居民楼为拆除工程对象，选择钢材、铝材、平板玻璃为目标可熔铸建材，带入核算模型进行循环再生仿真模拟，与等量以传统方式生产的建材相比，生产阶段碳排放量共减少了578.8 t。

2. 运输与施工阶段的低碳化

①本地材料优先：尽量使用本地材料，减少长途运输过程中的碳排放。

②高效运输方式：选择高效、低排放的运输方式，优化运输路线，降低燃料消耗和排放。

③施工技术优化：提高施工过程中的能效，如使用预制件、模块化建筑技术，减少现场施工的能源消耗和废料产生。

3. 使用阶段的低碳化

①能效提升：低碳建材在使用阶段具有良好的能效表现，能够有效降低建筑物的能源需求。例如，采用高效隔热保温材料，可以减少采暖和空调的能源消耗，从而降低建筑物的碳排放。

②健康舒适性：低碳建材注重在使用阶段的环境友好性和居住舒适性。这类材料不含有害物质，不会释放对人体有害的挥发性有机化合物，有助于保持室内空气质量，提高居住者的健康水平。

③维护和更换：低碳建材通常具有寿命长和维护需求低的特点，减少了频繁更换和维护带来的资源浪费和碳排放。例如，高性能混凝土和耐候性好的涂料可以降低建筑表面修补和更换的频率。

4. 废弃物处理阶段的低碳化

①易于拆卸和回收：在设计和制造时就考虑到废弃物处理阶段的回收利用，确保材料在建筑物使用生命周期结束后便于拆卸和回收。模块化设计和可拆卸连接方式可以使建筑材料在废弃后更容易被回收再利用。

②环境友好性废弃物处理：对于无法回收利用的废弃材料，低碳建材强调采用环境友好性的处理方式，减少对土地、水源和空气的污染。例如，生物降解材料可以通过自然过程分解，不会对环境造成长期污染。

4.2 低碳建材的分类

低碳建材在现代建筑中扮演着至关重要的角色，它们不仅有助于减少建筑过程中的碳排放，还能提高建筑物的能源效率，延长其使用寿命。以下是几种常见的低碳建筑材料及其特点和应用。

4.2.1 高效隔热材料

高效隔热材料在建筑节能中起着重要作用，能够显著降低建筑物的能耗。这些材料通常具有低导热系数、高热阻的特性，可以有效阻挡热量传递，从而保持室内温度的稳定。常见的高效隔热材料包括以下几种。

①聚氨酯泡沫：一种高效低碳建筑隔热材料，以其低热导率、轻质高强、耐久性和环保生产被广泛应用于建筑行业。它可以有效提高保温性能，减少能源消耗，降低建筑重量和成本，同时提供机械强度和防震抗压性能。它被广泛应用于墙体、屋顶隔热，门窗密封，以及冷库和冷藏车的保温，展现其优越性能。

②真空隔热板：以其高效隔热和环保特性，在建筑行业受到青睐。其真空环境大幅度降低了热传导，提供了更优的隔热效果，减少了能耗和二氧化碳排放，符合低碳目标。它轻质高强，适用于多种建筑部位，可提升能源效率，生产过程中不产生有害物，寿命长，可减少维护。在节能建筑和冷链运输中应用广泛，前景较好。

③气凝胶：新型低碳建材，以其超轻质、高效隔热、环保性能在建筑行业脱颖而出。多孔纳米结构带来极低导热系数，产生超常隔热效果，减少能耗。生产过程环保，材料防火耐高温，可提高安全性。可回收再利用，降低资源消耗。气凝胶不仅被应用于建筑，还被拓展应用至航空航天等高科技领域，成为建筑行业的重要发展方向。

④高性能混凝土（HPC）：由于优良的力学性能和较低的成本，混凝土在建材市场上占据了重要地位。高强度、高耐久性的混凝土能够减少材料用量和维护需求，从而降低碳排放（图 4.4）。通过使用如粉煤灰或矿渣等工业副产品，混凝土不仅提升了性能，还降低了碳排放。高性能混凝土具有超过 50 MPa 的抗压强度和优异的耐久性，可在恶劣环境下延长建筑寿命，并通过低渗透性保护钢筋免受腐蚀。高性能混凝土的

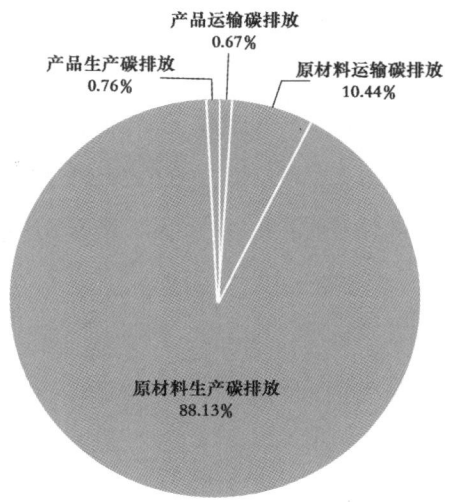

图 4.4 混凝土各个阶段的碳排放比重
（作者自绘）

流动性和自密实性优化施工过程，可减少气泡和空洞，提升结构均匀性。

高性能混凝土通过优化配合比和使用高效减水剂减少水泥用量，降低能耗和碳排放，符合环保标准。通过添加轻质骨料和气孔形成剂，其隔热性能进一步提升。与普通混凝土相比，高性能混凝土在耐久性、渗透性和施工性能上更优。普通混凝土则因耐久性差、高渗透性和大水泥用量导致更高的碳排放。高性能混凝土的环保优势在于减少水泥用量，降低对环境的影响。

4.2.2 轻质高强材料

轻质高强材料在建筑中应用广泛，这些材料不仅具有较高的强度，还能减轻建筑物的自重，减少基础和结构的负荷，提升施工效率。常见的轻质高强材料包括以下几种。

①纤维增强复合材料（FRP）：是一类低碳建筑材料，由碳纤维、玻璃纤维或芳纶纤维与树脂基体复合而成，以其轻质、高强度和耐腐蚀性在建筑工程中被广泛应用。FRP 减轻了建筑自重，降低了施工成本，同时其高抗拉抗压强度可实现资源节约和减排。其具有耐腐蚀性，适用于高腐蚀环境，可保持建筑结构的完整性和延长其使用寿命。其设计灵活性允许用户定制形状和尺寸，满足了多样化的工程需求。FRP 生产能耗低，碳排放少，环保优势明显。碳纤维增强材料强度高、质量轻、耐腐蚀，被广泛

应用于航空航天、汽车和建筑，随着技术的发展，其在建筑领域的应用前景良好。

②轻质钢结构：作为低碳建筑的高效选择，以其轻巧和高性能在现代建筑中被广泛应用。轻质钢结构的优化设计减少了材料使用，减轻了建筑物的自重，降低了施工和运输成本。轻质钢结构抗震、耐火，可抵御地震和火灾风险，其高强度特性提高了建筑物的稳定性。其良好的回收性与低能耗生产过程，减少了碳排放，支持可持续发展目标。

③纳米材料：纳米技术在建筑材料中的应用，如纳米隔热材料、纳米涂层等，可以显著提升材料的性能。纳米涂层可以增加建筑表面的自清洁功能，减少建筑的维护需求。尽管纳米材料在绿色建筑中展现了出色的性能，如优异的伸缩性、防水性、抗异物黏附性、除臭、杀菌、防尘和保温隔热性能等，但将它们大规模应用于建筑中可能导致大量人工纳米颗粒释放到空气中，从而使人类面临健康风险，造成环境污染。长期暴露于碳纳米管可能引发多种健康问题，包括循环系统氧化损伤、肺部炎症和纤维化、动脉粥样硬化以及全身免疫系统异常。

4.2.3　无机材料

无机材料通常具有耐火、耐久、抗腐蚀等优良特性，被广泛应用于建筑结构和装饰中。常见的无机材料包括以下几种。

①硅酸盐水泥（PCSC）：现代建筑中最常用的水泥类型，以其高强度和优良的耐久性成为基础建筑材料。其主要成分是硅酸钙矿物，如贝尔特矿、硅酸二钙矿、铝酸钙矿和铁铝酸钙矿。在水泥生产过程中，高温煅烧将这些矿物质结合在一起，赋予了水泥优良的凝结性和硬化性能。PCSC 在混凝土中发挥了关键作用，它不仅能提供高强度的支持，还具备较好的耐久性，能抵御恶劣环境下的腐蚀和侵蚀。其适用于各种工程建设，包括基础设施、高层建筑和工业设施等。在低碳建筑方面，硅酸盐水泥的生产过程通常伴随较多的二氧化碳排放，但通过采用新型生产技术和替代材料，如矿物掺合料和低碳技术，在减少对环境的影响方面取得了一定进展。未来，硅酸盐水泥将继续通过改进工艺和优化材料，进一步降低其碳足迹，符合可持续建筑的发展需求。

②陶瓷材料：以其高硬度、耐磨损、耐高温和化学稳定性在现代建筑中被广泛应

用。由天然矿物烧制而成的陶瓷，包括砖、瓦、瓷砖等，具有防水、耐污、易清洁特性，适用于墙面和地面装饰。陶瓷瓦以其隔热、耐候性和抗风压性能，成为理想的屋顶材料。陶瓷的高硬度（莫氏硬度 6 到 9 级）使其在高人流量区域具有耐磨性，适合使用切削工具，可用于高温环境中。但陶瓷的脆性使其在冲击或拉伸应力下易断裂，须注意使用。尽管其生产过程中的能耗较高，但是其采用节能烧制工艺和回收原料可降低对环境的影响，实现环境和经济效益。

③玻璃材料：因其优良的光学特性和设计灵活性，在现代建筑中发挥了重要作用。建筑玻璃主要包括浮法玻璃、钢化玻璃、夹层玻璃和低辐射玻璃等类型。其透明度高，能够有效引入自然光，提升室内采光效果。同时，玻璃材料具有较强的耐候性和耐腐蚀性，适用于各种气候条件下的建筑外立面和窗户。在节能建筑中，低辐射玻璃在玻璃表面涂覆特殊的金属氧化物涂层，能够有效反射红外线，减少热量传递，提升能源效率。此外，钢化玻璃和夹层玻璃提供了更高的安全性，增强了抗冲击和抗风压能力。尽管玻璃生产过程中的能耗较高，但其良好的光学性能和环保设计使其成为建筑中的重要材料。

4.2.4 可再生材料

可再生材料来源于自然界，可通过自然过程再生，减少对环境的负面影响。这些材料在绿色建筑中具有重要意义，常见的可再生材料包括以下几种。

①竹材：一种高效、环保的建筑材料，具有轻质、高强度和生长周期短的特点。竹材的生长周期短，使其成为一种可持续发展的资源。其独特的纤维结构赋予了竹材优良的力学性能和耐久性，适用于建筑结构、装饰材料和家具等。竹材的应用有助于减少对传统木材的依赖，并能有效减少碳足迹。通过现代加工技术和合理的保护措施，竹材可以克服其天然材质的缺陷，实现更广泛的建筑应用。

②木材：一种可再生的低碳建筑材料，具有高强度和良好的热绝缘性能。它自然的纹理和色泽为建筑提供了独特的美感。木材作为传统的建筑材料，其碳足迹较少，能有效减少温室气体排放。经过现代处理和技术提升，如交错层压木和胶合木，木材的结构性能也得到了增强，使其适用于高层建筑和大跨度结构。虽然木材在防火和耐久性方面须特别处理，但其环境友好性和可持续性使其在现代建筑中依然备受青睐。

③草本植物纤维（HF）：竹纤维和麻纤维都属于草本植物纤维，是低碳建筑中的环保材料。它们来源于快速生长的植物，具有良好的韧性和优异的隔热性能。草本植物纤维材料不仅轻质，而且具备较高的可再生性，有助于减少建筑的整体碳排放。其天然的透气性和舒适性使其在建筑内饰和隔墙中被广泛应用。虽然草本纤维在耐久性和防火性能方面可能需要改进，但其可持续性和环保特性使其在现代建筑中具有重要地位。

4.2.5　可回收循环利用材料

可回收循环利用材料是指那些可以在使用后被回收并重新利用的材料，它减少了建筑废料的产生，推动了循环经济的发展。常见的可回收循环利用材料包括以下几种。

①再生混凝土：利用破碎的废旧混凝土作为骨料重新制备的新型混凝土材料。它有效减少了建筑废料的填埋量，并减少了新混凝土生产所需的原材料和能耗。再生混凝土的性能可通过优化配比和添加适当的外加剂提升，以确保其强度和耐久性满足建筑要求。尽管其在一些高强度应用中的表现可能不如传统混凝土，但作为一种环保材料，再生混凝土为建筑业提供了一种可持续的解决方案。

②再生金属：通过回收和再加工废旧金属而形成的新型建筑材料。此类金属包括钢、铝和铜等，经过精细处理和冶炼，可用于制造结构件、装饰材料等。再生金属的使用显著减少了对原矿资源的需求，降低了生产过程中的能源消耗和环境污染。尽管再生金属的性能与原生金属相当，但其回收过程中的质量控制至关重要，以确保最终产品的强度和耐久性符合建筑标准。

③废旧玻璃：作为回收利用的建筑材料具有显著的环境效益。经过粉碎和处理后，废旧玻璃可以用于生产玻璃砖、建筑装饰材料及地砖等。其高透明度和可塑性使其在建筑装饰中广受欢迎。使用废旧玻璃不仅减少了废料的填埋量，还减少了原料开采对环境的影响。在处理废旧玻璃的过程中，须注意其可能存在的铅等有害物质，并采取有效措施确保其环保性。

4.2.6　相变材料

相变材料（PCM）是一种能够在相变过程中吸收或释放大量热量的材料，被广泛应用于温度调节和热能存储领域。其独特的性能使其在建筑节能、电子冷却和服装设计等方面展现出巨大的潜力。其主要特点是具有显著的热储存能力。相变材料在特定的温度范围内可以通过物理状态的改变来调节环境温度。在建筑中，相变材料通常被用于调节室内温度，提升建筑的能效和舒适度。

①有机相变材料：基于有机化合物，如蜡类和脂肪酸，能够在固态和液态之间转变时吸收或释放大量热能，调节环境温度。其优点包括高热储存能力和化学稳定性，适用于建筑保温、电子设备冷却等领域。有机相变材料能够有效保持温度稳定，提升能效。然而，它们成本较高且部分有机相变材料易燃。尽管如此，有机相变材料在提升建筑舒适性和能效方面展现出巨大潜力。

②无机相变材料：基于无机盐类或金属合金，如石盐、硝酸钠或石膏，能够在相变过程中储存或释放大量热能，被广泛应用于温控和保温领域。无机相变材料具有较高的热储存密度和较大的相变温度范围，适合于建筑、冷藏等场景。其优点包括热稳定性高、无毒性和较长的使用寿命。然而，无机相变材料也面临一些挑战，如在相变过程中可能发生析晶现象，这可能影响其性能。此外，它们通常需要特殊的封装处理，以防止材料泄漏影响其使用效率。

4.3 低碳建材的性能与应用

未来低碳建材的发展要注重多种材料的性能与应用，发挥不同材料的优势，以弥补某种单一材料所存在的缺陷，注重材料的循环利用，避免材料替换带来的二次污染，还要开发研制新材料、新技术，以弥补现有材料在绿色建筑应用中的缺陷和不足。低碳建材在性能方面表现出色，不仅在环保和节能方面具有优势，而且在强度、耐久性、舒适性等传统性能上有显著提升，绿色环保建筑材料的应用和发展对建筑业绿色环保低碳的发展发挥着至关重要的作用[33]。对整个国家生态文明建设来说，正确看待、使用和推广绿色低碳建筑材料意义重大[34]。

4.3.1 低碳建材的考量要点

环境影响：使用全生命周期评估来评估材料在全生命周期内的环境影响，包括原材料提取、生产、运输、使用和最终处置。应计算材料的碳足迹，选择碳排放较低的材料。此外，还应考虑材料在使用后是否易于回收处理，以及其对生态系统的长期影响。

可再生和可回收材料：选择使用由可再生资源制成的材料，如竹子、木材、天然纤维等，以及可以回收再利用的材料，如再生钢、铝、玻璃和混凝土，不仅有助于减少资源消耗，还能降低废弃物产生量。同时，利用这些材料还可以减少对新原材料的依赖，进一步促进可持续发展。

材料的能源效率：选择具有良好保温隔热性能的材料，如节能真空玻璃、保温墙材等，减少建筑物的能耗，同时选择生产过程中能耗较低的材料。此外，还应考虑材料在不同季节和气候条件下的表现，以确保全年能源使用的最优化。

健康和安全性：选择无毒害、低污染的材料，确保室内空气质量良好，并选择低辐射材料，减少对人体健康的潜在危害。还应关注材料在不同环境条件下释放有害物质的情况，确保在长期使用中不会对健康产生负面影响。

材料的耐久性和维护成本：选择耐用且维护成本低的材料，降低更换频率和减少在长期使用中对环境的影响，同时评估材料在使用过程中的维护和修理成本。耐用的材料不仅能延长建筑物的使用寿命，还能降低维护和更换频率，从而减轻整体环境的负荷。

结合本地资源：优先选择本地生产的材料，减少运输过程中产生的碳排放，并支持本地经济。选择适应当地气候条件的材料，提高建筑物的整体性能。本地材料还可以更好地融入周边环境，减少建筑与自然环境的不和谐。

参考认证和标准：参考 LEED（Leadership in Energy and Environmental Design）、GREEN MARK、BREEAM（Building Research Establishment Environmental Assessment Method）等绿色建筑认证体系中的材料推荐和要求，选择经过环保认证和带标识的材料，如环保建材标志、能源之星等。这些认证和标准不仅保证了材料的环保性能，还提供了权威的质量保证。

4.3.2 低碳建材的性能

1. 环保性能

①低碳排放：在生产、运输、使用和废弃物处理的整个生命周期内，低碳建材的碳排放量显著低于传统建材。②资源节约：优先使用工业副产品和废弃材料，如粉煤灰、矿渣等，减少资源消耗。

2. 物理性能

①高强度：低碳建材在强度方面表现优异，能够满足各种建筑结构的要求。例如，高性能混凝土具有更高的抗压强度和抗拉强度。②耐久性：低碳建材在耐候性、耐腐蚀性和抗老化性能方面优于传统建材，使用寿命更长。例如，改良木材和高性能复合材料的耐久性显著提高。③轻质化：许多低碳建材采用轻质材料，减少了建筑自重，便于施工和运输。例如，玻璃纤维和碳纤维复合材料具有质量轻、强度高的特点。

3. 热工性能

①优良的隔热性能：低碳建材在隔热保温方面表现突出，能够有效降低建筑物的能源需求。高效隔热材料如气凝胶、纳米隔热材料等，可显著提高建筑物的热工性能。②防火性能：许多低碳建材具有良好的防火性能，可满足建筑防火安全要求。例如，矿渣水泥和高性能混凝土具有较高的耐火性能。

4. 声学性能

良好的隔声性能：低碳建材在隔声降噪方面表现优异，可提升建筑物的居住舒适度。例如，高密度复合材料和特殊设计的隔声板材，能够有效阻隔噪声传播。

5. 健康与舒适性能

①低挥发性有机化合物：低碳建材在生产过程中减少了有害物质的使用，成品中的挥发性有机化合物的含量极低，保障了室内空气质量。②调湿性能：某些低碳建材具有调湿功能，能够吸收或释放水分，维持室内空气湿度的平衡，提升居住舒适度。

6. 施工性能

①易于加工和安装：低碳建材通常具有良好的可加工性和可安装性，降低了施工难度，缩短了施工时间。例如，预制构件和模块化建材可以显著提高施工效率。②可维护性和可更换性：低碳建材在设计上考虑了使用后的维护和更换需求，便于日常维护和局部更换，延长建筑使用寿命。

7. 经济性能

降低总体成本：虽然某些低碳建材的初始成本可能较高，但其在全生命周期内的低维护需求、节能效果和长寿命特性，能够显著降低总体成本。

4.3.3 低碳建材的案例与应用

1. 回收利用材料

（1）橄榄油渣用于保温材料的开发

Binici & Aksogan（2016）通过利用橄榄油渣这一农业废弃物，成功研发出一种具有高环保性能的建筑保温材料。他们的研究表明，橄榄油渣不仅能够有效地隔热，还具备出色的吸声性能，适合在建筑工程中作为保温和隔声材料。研究结果显示，橄榄油渣经过适当的加工和处理，能够满足建筑保温的需求，并且对环境的影响极小。这种材料的使用有助于减少建筑能耗，提高能源利用效率，并推动建筑材料的环保化进程[35]。

（2）FRP材料与海砂混凝土的组合开发

冯鹏等（2014）提出了一种创新的方法，将FRP材料与海砂混凝土结合来开发海砂资源，以应对我国沿海地区建筑用砂的紧缺问题。他们通过对比，分析了日本、荷兰等沿海发达国家的海砂使用经验，提出了一套具有可行性的海砂开发和利用方案。该研究不仅为海砂的有效利用提供了新思路，还在解决资源短缺问题的同时提高了混凝土的性能[36]。FRP材料的加入增强了混凝土的强度和耐久性，使其在恶劣环境下仍能保持良好的性能[37]。

（3）废砖与稻壳灰用于制备生态建筑材料

胡明玉等（2020）通过将废砖作为骨料，稻壳灰作为填充料，结合胶凝材料制备了一种新型的渗水蓄水生态建筑材料。他们的研究充分利用了废弃的建筑材料和农业副产品，制备出的材料不仅具备良好的渗水与蓄水功能，还能够有效地减轻废弃物对环境产生的负担。研究表明，这种生态建筑材料可以在建设过程中优化雨水管理，支持可持续建筑的实施，是解决废弃物处理问题和提升建筑生态性能的有效手段[38]。

（4）秸秆材料在建筑中的应用

罗清海等（2020）探索了将秸秆材料引入建筑领域的应用潜力，提出了这一材料符合可持续发展和建筑全生命周期节能要求的理念。研究表明，秸秆作为一种生物材料，不仅具有优良的隔热、隔声性能，还能够减少建筑材料的碳足迹。秸秆材料的应用不仅促进了农业废弃物的资源化利用，也响应了国家生态文明建设的战略目标，是实现绿色建筑和节能减排的有效途径[39]。

（5）废弃大理石粉用于混凝土中的碱与二氧化硅的反应控制

肖建庄等（2023）研究了如何利用废弃的大理石粉来控制混凝土中的碱与二氧化硅反应。实验结果表明，添加大理石粉可以有效抑制这种反应，改善混凝土的耐久性和性能。该研究为废弃大理石粉的再利用提供了新的方向，不仅实现了废弃材料的资源化，也为混凝土的长期稳定性提供了技术支持，是实现持久、可持续和经济建设的有效方法[40]。

（6）酿酒工业废弃硅藻土用于开发新型水泥砂浆

为了应对环境问题和降低建筑材料成本，Lee 等（2023）利用酿酒工业中产生的废弃硅藻土开发了一种新型水泥砂浆。通过对硅藻土进行水预处理、浸泡、干燥等处理，他们发现添加硅藻土可以显著提高水泥砂浆的强度。实验结果表明，这种新型水泥砂浆不仅性能优良，而且实现了对废弃硅藻土的回收利用，为水泥砂浆的绿色生产和资源节约提供了有效的解决方案[41]。

2. 自修复材料

（1）自修复混凝土的研究与应用

张家广等（2019）提出了一种在浇筑混凝土时加入碱性细菌孢子的创新方法，并使用两种不同类型的细菌来实现混凝土的自我修复功能。这种方法利用细菌在混凝土裂缝处的生物活动来填补裂缝，从而延长混凝土的使用寿命并提升其耐久性。这一技术不仅简单易行，还能有效提高混凝土的整体性能，是未来混凝土自修复技术的重要发展方向[42]。

（2）微胶囊自修复技术

林智扬等（2020）以九水硅酸钠为主要囊芯材料，以乙基纤维素为囊壁材料，成功制备了一种粒径在1000—1250微米的自修复混凝土微胶囊。他们研究了三种氟硅酸盐作为固化剂的效果，并探讨了不同固化剂和微胶囊掺量对水泥砂浆基本力学性能及自修复性能的影响。实验结果表明，以氟硅酸钠为固化剂的微胶囊自修复水泥砂浆具有显著的自修复性能，且当微胶囊掺量为1%时，水泥砂浆的抗压强度会有所增强。这项研究为混凝土自修复材料的开发提供了新的思路和方法[43]。

（3）渗透结晶型自修复材料

逄锦伟（2015）提出了一种将渗透结晶型混凝土裂缝自修复材料掺入混凝土中的方法，通过预留裂缝混凝土抗压强度试验和混凝土抗渗压力试验，验证了该材料的自修复效果。这种自修复材料能够在混凝土裂缝出现时，自动启动修复机制，有效提高混凝土的抗压强度和抗渗性能。这一研究为提高混凝土结构的耐久性和使用寿命提供了新的技术手段[44]。

（4）低碱胶凝材料负载微生物技术

徐晶和王志先（2019）研究了将低碱胶凝材料负载微生物用于混凝土裂缝自修复的技术。他们通过在低碱胶凝材料中引入微生物，实现了混凝土裂缝的自修复。这种方法不仅环保，还能够显著延长混凝土的使用寿命。该研究为生物自修复混凝土技术的发展提供了新的可能性，具有良好的应用前景[45]。

（5）水泥化学与纳米技术的协同作用

姚嘉诚（2020）利用水泥化学和纳米技术的协同作用，增强了钢筋的耐腐蚀性并改善了基质性能，从而实现了混凝土的自我修复。他们的研究表明，将水泥化学和纳米技术结合，可以有效地提高混凝土的整体性能，延长其使用寿命。这一研究为未来混凝土自修复技术的发展提供了重要的技术支持[46]。

3. 自监测建筑材料

（1）内置式水泥基传感器的开发

Hussain（2019）开发了一种创新型的内置式水泥基传感器，这种传感器不仅能够自动监测混凝土中的裂缝，还能增强混凝土的力学性能。将钢纤维、碳纤维和纳米碳黑作为双相和三相导电材料掺入混凝土中，证明了这种传感器的可行性和有效性。这项技术有助于实时监控混凝土结构的健康状态，提前预警潜在的结构问题，并提高混凝土的强度和耐久性[47]。

（2）水泥基碳纤维复合材料的应变传感特性

邓友生等（2017）对水泥基碳纤维复合材料的应变传感特性进行了深入研究。他们通过对带有预制裂缝的混凝土梁试件进行三点弯曲试验，发现可以通过监测水泥基智能表层电阻变化率来评估梁的平均应变。这种方法能够有效地检测裂缝宽度，为混凝土结构的健康监测提供了精确且可靠的手段。该研究不仅在应变传感领域取得了突破，还为实际工程应用提供了重要的技术支持[48]。

（3）碳纤维增强塑料的应用与研究

郑华升等（2017）提出，碳纤维增强塑料是一种具备轻质、高强度和高模量特性的先进复合材料。研究表明，碳纤维增强塑料具有力阻效应，即在受力变形时其电阻率会发生变化。利用这一特性，碳纤维增强塑料不仅可以作为结构材料使用，还能够将其应力和应变信息转化为电信号进行检测。这种自检测功能使得碳纤维增强塑料在应用中能够实时监测自身的变形与损伤状况。此外，这一特性也为其他结构的健康监测提供了新的技术路径，拓展了碳纤维增强塑料的应用前景[49]。

4.4 低碳建材的智慧设计

4.4.1 低碳建材的智慧设计步骤

①需求分析与目标设定：在选择低碳建材之前，首先需要进行详细的需求分析和目标设定。这包括确定建筑项目的环境目标（如减少碳排放、节能等）、功能需求（如隔热、保温、吸声性能等）以及预算和时间限制。明确的设计目标有助于指导后续的材料选择和设计。

②材料选择与优化：根据需求分析，选择合适的材料是智慧设计的核心。应优先选择环保、可再生、低碳排放的原材料，例如回收材料、天然材料或具有高效能特性的新型材料。通过材料的全生命周期评估，评估其从获取、生产、使用到废弃的全生命周期环境影响，确保选择的材料符合可持续发展的原则。

③设计优化与创新应用：运用创新技术和设计方法，优化建材的结构设计和功能特性。例如，采用3D打印技术制造形状复杂的建材、应用智能材料提升建筑的响应能力和能效，或者利用先进的仿生学设计原理提升建材的性能和可持续性。结合大数据分析和人工智能技术，优化建材的设计和生产过程，提升其质量和效率，同时减少资源消耗和对环境的影响。

④循环经济和资源效率：设计建材时要考虑其在使用阶段的资源效率和循环利用能力。设计建材以促进循环经济为目标，通过设计使建材易于分解、回收和再利用，最大限度地减少废弃物的产生和资源的浪费。推动建筑废弃物的再生利用，如将废弃建材重新加工成新材料或能源，有助于减少对原始资源的需求，延长建材的使用寿命，同时降低建筑行业对环境的负面影响。

⑤实施与监测：在设计阶段结束后，需要进行建材的生产、施工和安装，并对其性能进行监测和评估。应建立有效的监测系统，跟踪建材在使用阶段的实际表现和环境影响，及时发现问题并进行调整和改进。应通过监测数据，不断优化设计和工艺，提升建材的性能和环保水平。

4.4.2　低碳建材的发展趋势

在当代，建筑行业与时代的发展共同促进了人们精神需求的提升。在未来几年乃至更长的时间里，人们对身心健康的关注将持续增加。因此，在选择住宅区域和家装材料时，越来越多的人将倾向于选择低辐射、高品质而非低价格的产品。同时，他们也愿意尝试绿色低碳建筑材料，以保障自身健康并为保护生态环境贡献一份力量。以下是我国在绿色建筑材料方面出现的几种趋势。

1. 具有节约资源特性的材料

在生产材料环节，具有节约资源特性的材料拥有广阔的发展空间。建筑材料通常取自矿产资源，如果不加节制地开采或过度使用，将会破坏生态多样性，造成巨大损失。节约资源的材料通常由城市生活垃圾、工业固体废弃物制成，在一定程度上也能减少制造商和使用者的成本。此外，节约资源不仅体现在材料本身的制造工艺上，还体现在使用过程中的能源消耗降低上。

2. 具有环保特性的材料

随着经济的发展，许多公共建筑和家庭装修开始使用无毒害、低污染的建筑材料，使绿色低碳建筑材料在市场上占据有利位置。低碳建材中的环保特性材料主要包括生物表面活性剂、橄榄油渣、绿色建材产品、低碳水泥技术、固体废弃物资源化利用产品，以及通过二氧化碳矿化养护技术制成的混凝土。这些材料通过降低能源消耗、减少碳排放、促进废弃物循环利用，共同推动建筑行业向绿色、低碳发展转型。

3. 功能性的空间材料

物质需求的提升促使人们追求更舒适、有更高科技含量的生活。为了满足物质与精神的双重需求，许多建材企业开始研发更多安全性高、使用性能强且对环境影响小的材料。人口增多导致的全球气温上升问题也引起了建筑行业的反思，许多控制温度的材料因此被开发出来，如散热材料、防晒材料和隔热材料。在此期间，建筑外观设计也借鉴了空间光学建材，如可反射光材料和吸光材料，不仅充分利用了可再生光能源，也提升了建筑物的美感。

5

智慧能源与再生能源

在当今这个技术革新和环境意识日益增强的时代，智慧能源与再生能源正成为推动可持续发展的关键力量。智慧建筑通过整合能源互联网、数据信息技术、智慧太阳能利用技术、智慧风能利用技术和智慧地热能利用技术等，不仅优化了能源的管理和使用，而且大幅度提升了建筑的能源效率和环境友好性。

智慧建筑能源互联网构建了一个高效、互联的能源管理平台；数据信息技术则为这一平台提供了强大的数据支撑和技术支持；智慧太阳能利用技术的发展，让我们能够更高效地采集和利用这一无尽的清洁能源；同时，智慧风能利用技术使建筑能够智能响应自然风力，最大化风能的利用效率；智慧地热能利用技术的开发，则利用地球内部的稳定热能，为建筑提供了一种持续且可预测的能源供应[50]。本章将深入探讨这些技术的融合与应用，展现智慧建筑如何引领我们走向一个更加绿色、高效和可持续的未来。本章逻辑构架见图 5.1。

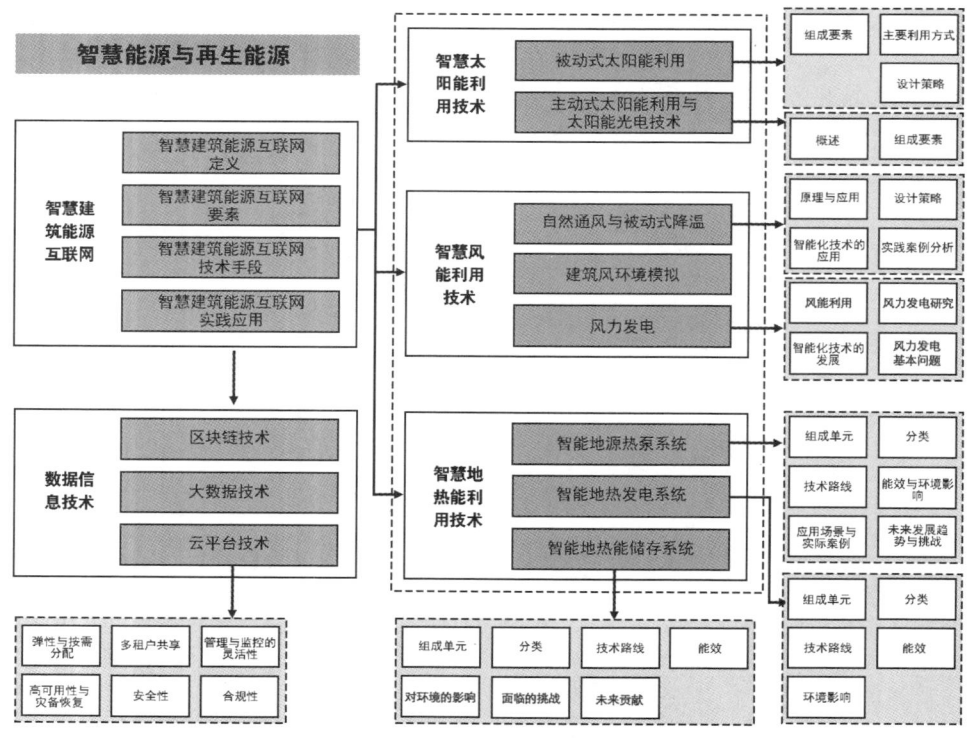

图 5.1　本章逻辑构架

5.1 智慧建筑能源互联网

5.1.1 智慧建筑能源互联网定义

智慧能源是将先进信息和通信技术、智能控制和优化技术与现代能源供应、储运、消费技术深度融合[51]，建筑能源互联网（BEI）是将互联网技术与能源系统相结合，形成一种智能化、集成化的能源管理和利用系统（图 5.2）。它是以建筑为节点的能源互联网，是一个以建筑为载体的能源闭环控制系统。它的核心理念是通过信息技术、物联网、大数据和人工智能等先进技术，实现能源生产、传输、分配、存储和消费的高度协同和优化管理[52]。

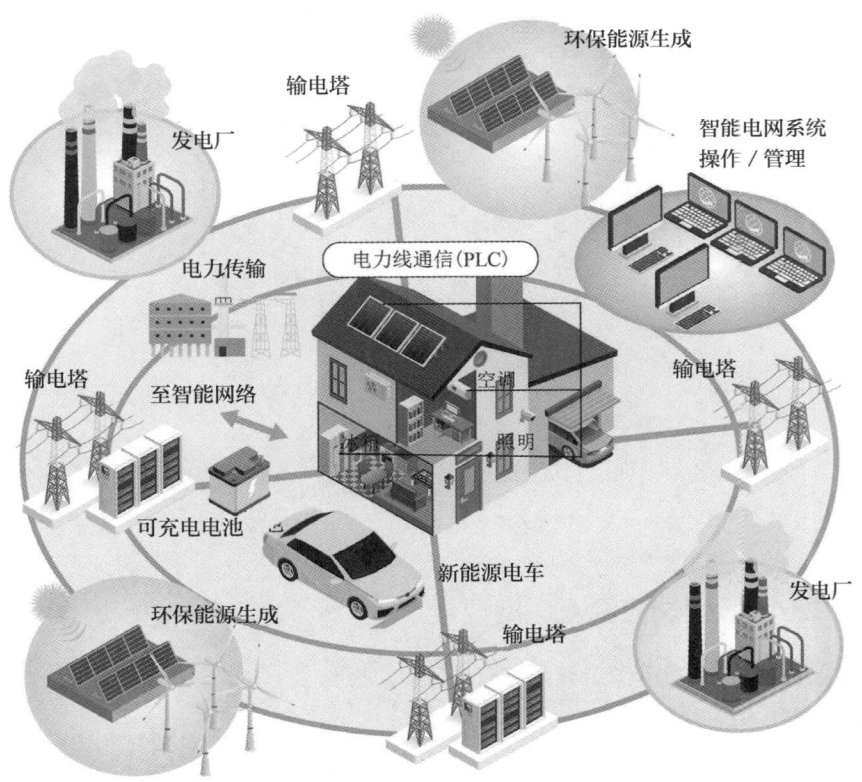

图 5.2　建筑能源互联网示意图

（作者自绘）

建筑能源互联网的特点是"源网荷储用"的全过程优化，与从生产环节出发，与供应和使用相对独立的传统能源产业不同，建筑能源互联网强调以用户为中心，由"源网荷储用"对应能源的供应、输配、需求、转移和交易，构成了一种环状结构，而不再是以供应为起点、使用结束为终点的单向线性结构。在环状结构当中，用户的冷热电需求即负荷，是基础环节，其余四个环节都是针对负荷开展的，从这个角度讲，负荷的数据准确性是非常重要的（图5.3）。

图5.3　建筑能源互联网的全过程

（图片来源：http://taihor.com.cn/EnergyInternet.aspx）

5.1.2　智慧建筑能源互联网要素

建筑能源互联网是一个集成先进信息技术、物联网、大数据和人工智能的综合能源管理系统，它的几个关键要素如下。

①智能电网：是建筑能源互联网的基础设施之一，它利用传感器、通信技术和数据分析，实现电力系统的智能化监控和管理。通过智能电网，能源供需可以实时调节，提高能源利用效率，减少能源浪费。

②分布式能源系统：包括太阳能光伏、风能、小型燃气轮机、微型水电等分散式能源生产单元。这些能源生产单元可以在建筑物内或附近安装，通过本地发电满足建筑物的部分或全部能源需求，减少对传统集中式能源系统的依赖。

③能源存储技术：如电池、飞轮、压缩空气储能等，在建筑能源互联网中起着关键作用。它们可以存储多余的可再生能源，在需求高峰期或能源供应不足时释放出来，从而达到平衡供需，提高系统的稳定性和可靠性。

④智能能源管理系统：是建筑能源互联网的"大脑"，通过收集、分析和处理各种能源数据，优化能源的生产、传输和消费。智能能源管理系统可以根据实时数据进行预测和决策，自动调节能源系统的运行状态，提高能源利用效率，降低运营成本。

⑤物联网技术：将各种能源设备（如光伏板、风力发电机、智能电表、储能设备等）连接起来，实现设备间的信息交换和协同工作。通过物联网，能源系统中的各个部分可以实时通信，及时响应变化，提高系统的灵活性和智能化水平。

⑥大数据和人工智能：大数据技术可以收集和处理海量的能源数据，揭示能源使用的规律和趋势。人工智能算法可以基于大数据进行智能分析和优化，提供精准的能源管理方案或预测未来能源使用结果，提高系统的整体效率。

⑦用户参与和互动：建筑能源互联网强调用户的积极参与，通过智能设备和应用程序，用户可以实时监控和管理自己的能源使用情况，参与需求响应，优化用能行为，实现能源的节约和成本的降低。

5.1.3 智慧建筑能源互联网技术手段

①智能电网技术：它不仅是传统电力系统的延伸，还通过集成先进的通信技术、智能传感器和数据分析，实现对电力系统的实时监控、快速故障定位和恢复，从而提升了电网的稳定性和可靠性。此外，智能电网还支持用户参与电力市场，通过实时电价和需求响应等机制，促进能源消费的智能化管理和节约。

智能电网是一个综合性的概念，涵盖了许多先进的技术和系统，旨在提高电力系统的效率、可靠性和可持续性。智能电网结合了先进的通信技术、数据分析和控制方法，将传统的电力系统转变为更加智能和响应式的网络。它不仅是对现有电网的扩展，还通过数字化、自动化和互联互通的方式，使电力系统具备更高效的管理和运行能力。

②能源数据分析技术：利用大数据技术和机器学习算法，对历史能源数据进行深入挖掘和分析，从而预测未来能源需求趋势和发电量，为能源生产和分配提供准确的决策支持。这种精准预测能力有助于优化电力系统的运行计划和能源市场的交易策略，提高能源利用效率和经济性。

③能源存储技术：这是解决可再生能源波动性和间歇性的关键。电池存储技术，如锂离子电池、液流电池等，以及热能存储技术，如熔盐储能系统，能够储存电力或热能，并在需要时释放能量。智能建筑通过部署先进的传感器网络、智能控制系统和预测分析软件，实现对建筑内部环境和能源使用情况的实时监测和优化管理，平衡能源的供需，提高系统的稳定性和可靠性。

5.1.4 智慧建筑能源互联网实践应用

建筑能源互联网在实践中的应用包括智能楼宇、智能社区和智慧城市等。通过智能化的能源管理和优化，建筑能源互联网不仅可以提高能源利用效率，降低能源成本，还可以减少碳排放，促进可持续发展。

①智能楼宇：通过智能传感器和控制系统，实现对楼宇内的照明、空调、通风和供暖等系统的智能管理，优化能源使用。例如，智能温控系统可以根据室内外温度自动调节暖气和空调，确保室内环境舒适，同时节省能源（图5.4）。

②智能社区：在社区范围内实现能源的协同管理和优化，利用分布式能源系统和储能技术，提高社区的能源自给率和系统弹性。例如，社区可以安装太阳能光伏板，为居民提供清洁能源，同时利用储能设备在夜间或阴天时提供电力支持。

③智慧城市：在城市层面实现能源系统的全面智能化管理，促进各类能源资源的高效利用和协同发展，提升城市的整体能源效率和可持续性（图5.5）。智慧城市中的建筑能源互联网可以通过中央管理平台实现对整个城市能源系统的实时监控和调度，确保能源的最优分配和使用。

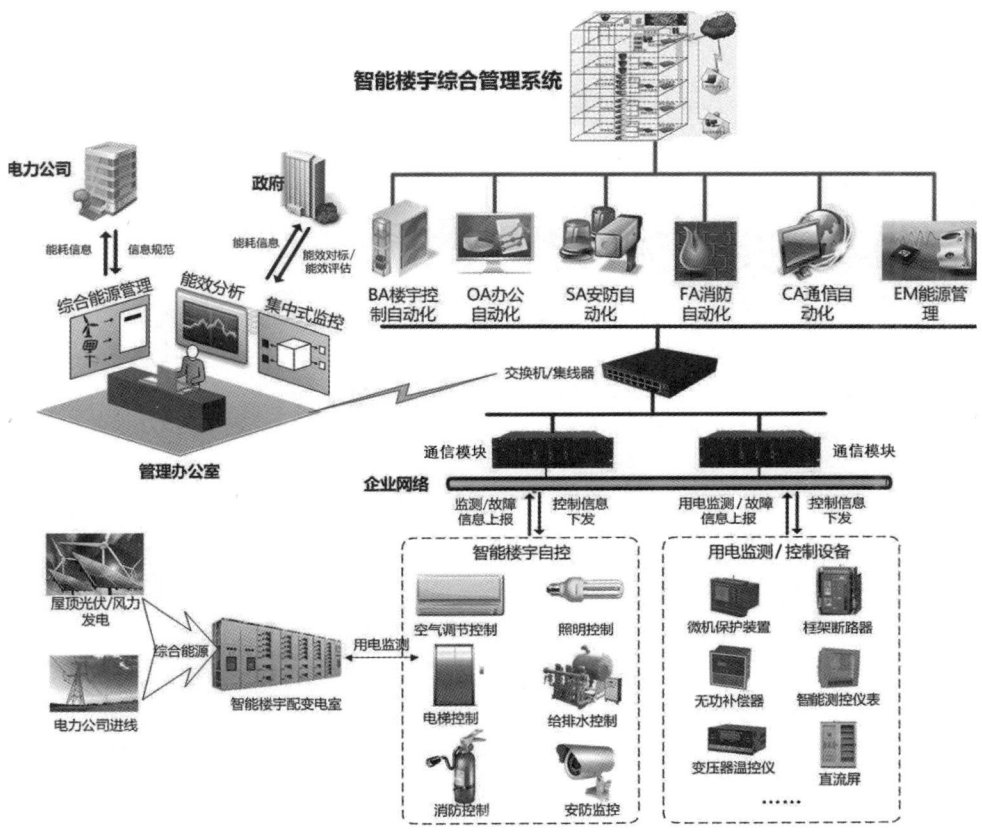

图 5.4　智能楼宇综合管理系统

（图片来源：https://hongyaokeji.com/data/upload/imge/
20200607/20200607094621_42528.jpg）

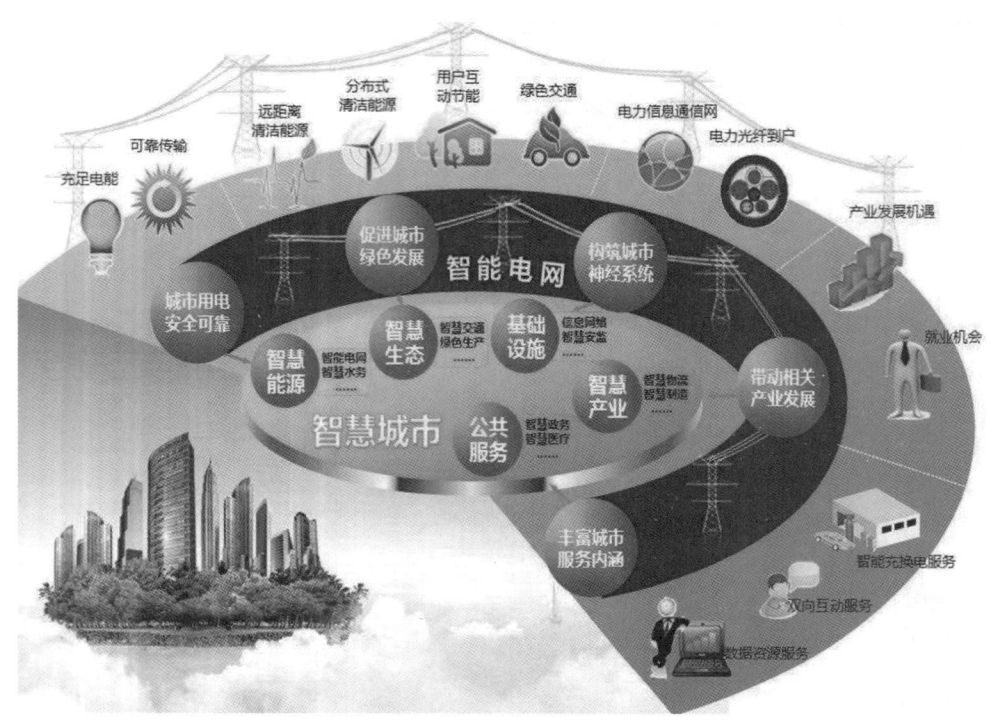

图 5.5　智慧城市管理系统

（图片来源：https://www.sohu.com/a/273419165_100014169）

5.2 数据信息技术

5.2.1 区块链技术

区块链技术在智慧能源领域的应用不仅涉及技术特性本身，还涉及其在推动能源转型和提升能源系统整体效率方面的具体作用。以下是区块链技术在智慧能源中的几个关键应用点。

①支持多主体协同和数据安全：区块链技术的去中心化和智能合约功能，可以使能源市场参与者之间实现直接交互和智能化合约执行。这不仅降低了能源交易的成本，还提升了交易的实时性和可靠性。此外，区块链技术的数据加密和信息共享特性，有效保护了能源数据的安全和隐私。

②推动综合能源服务的发展：在综合能源系统中，区块链技术的应用可以帮助实现能源追溯和管理的透明性。通过区块链的分布式记账和信息共享功能，各种能源形式可以实现高效互联，提升能源系统的整体效率和可持续性。

③智能化电力市场交易体系：区块链技术为电力市场提供了基于信任的分布式交易平台。智能合约可以自动执行市场规则和合同条款，提高市场的运行效率和透明度。此外，区块链的不可篡改性和信息可追溯性，有助于减少市场操纵和信息不对称问题，促进市场的公平竞争和提升参与度。

④提升市场监管水平和公平性：区块链技术通过分布式账本和透明的交易记录，提升了市场监管的可靠性和效率。监管机构可以实时监控市场交易和参与者行为，减少违规操作和欺诈行为的可能性，从而维护市场的公平和秩序。

⑤支持新型能源金融和绿色证书市场：区块链技术为绿色能源认证和可再生能源发展提供了新的商业模式。通过区块链的数字身份验证和智能合约，可以确保能源产品的来源和环境属性的真实性，促进绿色证书的交易和市场化。这种机制有助于吸引投资者和消费者参与绿色能源市场，推动其可持续发展。

⑥技术创新和应用场景拓展：区块链技术的不断创新和应用场景拓展，为智慧能源领域带来了更多可能性。例如，结合人工智能和大数据分析，可以实现能源需求

预测和优化调度，进一步提升能源系统的效率和可靠性。同时，区块链技术还促进了能源市场的国际化和标准化发展，推动了全球能源治理的协调和合作。

5.2.2 大数据技术

大数据技术是指用来处理和分析大规模数据集的技术和工具集合。随着互联网的发展和信息化进程的加速，全球范围内产生的数据量急剧增加，传统的数据处理方法和工具已经无法有效应对这种数据的规模和复杂性。大数据技术是一种综合的、涵盖多方面的技术体系，不仅涉及数据的采集、存储和处理，还包括数据分析、机器学习、实时数据处理等多个方面的应用，为企业、科研机构和社会带来了数据驱动的决策和创新能力。大数据技术主要包括以下几个方面。

①数据采集与存储：大数据技术涉及如何高效地采集和存储海量数据。传统的数据库系统可能无法处理如此庞大的数据，因此大数据技术采用分布式存储系统（如Hadoop、NoSQL 数据库等），能够将数据分散存储在多台服务器上，提高数据的存储容量和可靠性。

②数据处理与分析：大数据技术能够处理多种数据类型（结构化、半结构化和非结构化数据），并能够通过并行计算和分布式计算处理大规模数据。常见的技术包括MapReduce 编程模型和 Spark 分布式计算框架，能够快速分析和提取有用的信息。

③数据挖掘与机器学习：大数据技术广泛应用于数据挖掘和机器学习领域，通过分析大数据集来识别模式、趋势和关联性。机器学习算法可以利用大数据训练模型，预测未来的趋势或作出决策。

④实时数据处理：随着实时数据产生和需求的增加，大数据技术提供了处理和分析实时数据的能力。例如，流式处理技术（如 Apache Kafka）能够处理数据流，实时分析和响应事件。

⑤数据安全与隐私保护：大数据技术在处理大规模数据时，必须考虑数据安全和隐私保护的问题。可采用加密技术、访问控制和数据脱敏等手段，保障数据的安全性和隐私性。

⑥数据可视化与决策支持：通过数据可视化工具和技术，将复杂的数据分析结果以直观的方式展示，帮助决策者理解数据，并基于数据制定有效的战略和运营决策。

5.2.3 云平台技术

云平台技术是一种基于云计算架构的服务模型，旨在通过网络提供计算能力、存储空间和服务，以便用户能够按需访问和管理这些资源。以下是关于云平台技术的详细解释和补充。

①弹性与按需分配：云平台的弹性体现在其能够根据用户需求实时分配计算和存储资源。这意味着用户可以根据业务需求动态调整资源的规模和配置，而无须投入大量资金购买和维护自己的硬件设备。这种按需分配的特性可以使企业更高效地应对突发的业务需求变化，同时降低资源闲置和成本浪费的风险。

②多租户共享：云平台支持多租户模式，多个用户可以共享同一组物理资源，但彼此之间的应用程序和数据是隔离的。这种共享模式通过虚拟化技术实现，有效提高了硬件资源的利用率和经济性。企业可以根据自身需求调整资源的使用量，而不会受到其他租户活动的影响，保证了服务的稳定性和可靠性。

③管理与监控的灵活性：云平台提供了丰富的管理和监控工具，帮助用户实时管理其应用程序和数据。用户可以通过云平台的控制面板或 API 接口监控资源使用情况、性能表现和安全状态，从而及时调整配置以提升业务运行效率。这种灵活性不仅提升了操作和管理的效率，还支持了持续的服务优化和适应新的业务需求的能力。

④高可用性与灾备恢复：云平台通过分布式架构和自动化的备份机制保证了服务的高可用性和持续性。数据在云端的多个位置进行备份和存储，当某个节点或设备出现故障时，系统能够自动切换到备用节点，从而确保业务不受影响并实现快速恢复。此外，云平台还提供了灾备恢复服务，帮助企业在面对突发灾害或技术故障时快速恢复业务，保障业务的连续性和稳定性。

⑤安全性和合规性：云平台采用了多层次的安全措施和技术，保护用户数据的安全和隐私。这些措施包括数据加密、访问控制、身份认证、漏洞管理和安全监控等。同时，云平台供应商通常遵循各种行业标准和法规，确保服务的合规性，如 GDPR、HIPAA 等。通过这些安全性和合规性措施，企业可以放心将敏感数据和关键业务部署在云端，避免信息泄露和违规风险。

5.3 智慧太阳能利用技术

太阳能源自太阳辐射，可转化为电能、热能等，满足人类的能源需求，是可再生、无污染的重要能源。古埃及神庙就利用了阳光朝向进行设计，中国古代建筑也利用了太阳的光和热。20世纪初，建筑界重视通过利用阳光与空气流通，预防疾病。20世纪四五十年代，主动式太阳能技术蓬勃发展。20世纪70年代石油危机后，被动式太阳能技术独立发展，主动式太阳能技术及光电技术也取得突破。21世纪，太阳能技术因可持续发展理念而被广泛应用，现代建筑普遍采用太阳能技术提升能效、减碳，包括旧建筑改造，推动绿色建筑发展。太阳能的利用方式通常可分为三类：被动式太阳能利用技术、主动式太阳能利用技术与太阳能光电技术[53]。

5.3.1 被动式太阳能利用技术

1. 被动式太阳能利用技术的组成要素

被动式太阳能利用技术在不依赖机械设备和复杂控制系统的情况下，可实现对太阳能的收集、储存和输配，与建筑紧密结合。其利用方式包括直接获取系统、间接获取系统和混合式系统。无论采用哪种方式，系统都由五个基本要素组成（图5.6）：采光面或收集器、热吸收装置、蓄热材料、输配系统和控制装置。

这种设计不仅有效利用了太阳能资源，还显著降低了建筑的能源消耗，提高了建筑的舒适性和环保性能。通过合理的设计和布局，可以最大化太阳能的利用效率，减少对传统能源的依赖，推动绿色建筑的发展。

被动式太阳能系统的效率和实用性通过关键组件实现。①采光面或收集器：窗户是核心，其热工性能由 U 值衡量，U 值低表示绝热性好。太阳能得热系数（SHGC）高可提升热能利用效率。现代建筑采用低辐射和智

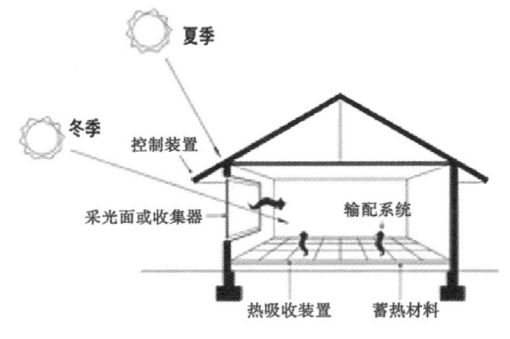

图 5.6 被动式太阳能利用技术系统的五个基本要素
（作者自绘）

能调光玻璃调节光照，同时减少热量损失。②热吸收装置：使用深色硬质材料，如地板和墙壁，有效吸收和储存太阳能。颜色和粗糙度会影响吸收能力，结合热吸收涂层和复合材料可提高效率。③蓄热材料：如砖石、混凝土、盛水容器和相变材料，都可以储存吸收太阳能。相变材料以高效储能能力见长，通常放置于热吸收装置下方，与高导热材料结合，提升传递效率。④输配系统：利用传导、对流和辐射模式传递太阳能。可能借助风扇、导管提高效率，智能控制系统优化了传递路径和速度。⑤控制装置：如挑檐板、百叶窗，调节太阳辐射量和空气流通，智能技术，如智能窗帘和传感器实时调节，提高了舒适度和能源效率。

2. 被动式太阳能的主要利用方式

（1）直接获取系统

直接获取系统通过允许太阳光直接进入室内，利用墙壁和地板蓄热，须精心设计以计算所需材料的面积和厚度，确保有效的热能储存。这种设计优点包括充足的阳光和开阔的视野，以及低额外建设成本和高效率。然而，它也存在缺点，如有室内温度波动和夏季过热风险，需要在装饰上进行限制，并采取夏季遮阳措施。该系统广泛应用于住宅、办公楼和学校（图 5.7）等，设计师通过优化窗户布局来最大化太阳能的利用效率，同时考虑室内环境的舒适度和建筑的美观度。

图 5.7 被动式太阳能应用实例
（图片来源：https://ts1.cn.mm.bing.net/th/id/R-C.b9e07ed64bfc36578d249528c6c4e07c?rik=vz0hr3b3%2fjrusA&riu=http%3e%2f%2f6862241.s21i.faiusr.com%2f2%2fABUIABACGAAg15azzQUo3fXb3QYwvAU42gM.jpg&ehk=IV3F6N¯DT0hNlxDk1GxcZ8QF3Y8IZ775V3Zl6q8ur7s%3d&risl=&pid=ImgRaw&r=0&sres=1&sresct=1）

（2）间接获取系统

间接获取系统将蓄热材料放置在采光面与采暖空间之间，常见的有罗兰斯墙（图5.8）和特朗勃墙（图 5.9）等蓄热墙体系统。以特朗勃墙为例，在南向的砖石砌筑墙体外侧约 3 cm 处安装单层或双层玻璃，阳光热能被墙体的深色表面吸收后储存在墙体中，并向使用空间辐射热量。优点是使用空间热舒适性高，温度波动小，成本适中，

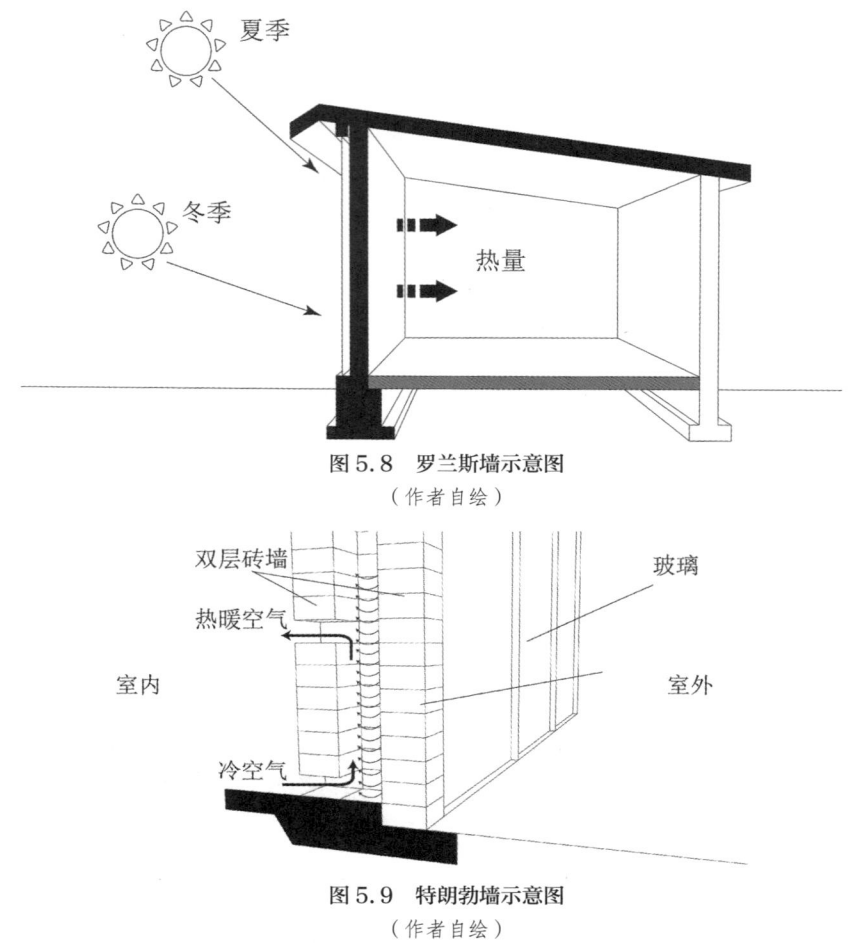

图 5.8　罗兰斯墙示意图

（作者自绘）

图 5.9　特朗勃墙示意图

（作者自绘）

特别适用于旧建筑改造。缺点是可能会限制景观和视野，在阴天情况下效果较差。为了提高热能利用效率，设计师常在蓄热墙体表面涂覆高吸热涂层，以增强吸热能力，该系统适用于医院、养老院等需要稳定供暖的场所，可确保室内的舒适性[54]。

（3）混合式系统

混合式系统综合了直接和间接获取系统的特点，典型的例子如阳光间。阳光间直接接受阳光直射，可作为舒适的起居空间。白天，通过门窗或通风口将阳光间收集的阳光热能输送到其他房间，同时，阳光间和其他空间之间的蓄热墙体储存热量，以备夜间使用，其优点是舒适性高，并能提供额外的起居空间或温室。缺点是投资成本高，在这三种系统中效率最低。为了提高热能利用效率，阳光间通常配备高性能窗户和遮阳装置，以调节室内的光照和温度，常用于需要多功能空间的建筑，如住宅和度假别墅。在这些建筑中，阳光间不仅提供额外的居住空间，还能作为温室或花房使用，提升建筑使用价值。

3. 建筑设计策略

（1）规划设计

规划被动式太阳能建筑时，建筑师需要了解太阳辐射量，并通过现场勘察了解周边建筑和植被的遮挡情况，这是设计的基础。采光面或收集器一般朝向南方，但具体朝向应根据采暖需求和气候特点因地制宜。开窗面积的设计要根据建筑在采暖季和制冷季的热平衡需求调整。建筑体形应紧凑，并控制体形系数以减少热损失。平面布置应合理分区，将日常活动区放在采光充足的方向，将辅助功能区如储藏室放在北侧，作为缓冲区。在选择系统类型时，应综合考虑造价、功能和建筑形态。研究表明，混合式系统中，开间大、进深小的设计性能更佳，而开间和进深都较大的设计可能需要更多辅助供热。这些设计原则和方法有助于提高建筑的能效，同时增强建筑的舒适性和可持续性，满足现代建筑设计的综合要求，达到环境保护的目标。

（2）材料与构造

对于太阳能建筑的采光面，正确的遮阳设计能有效避免夏季过热问题，这是至关重要的。在三种基本的被动式太阳能利用方式中，都需要仔细考虑保温隔热材料的种类、厚度和位置。为了增强被动式太阳能建筑的性能，可以采取一些辅助措施，如安装夜间隔热帘、使用反射板等。

要想使被动式太阳能建筑获得良好的综合性能，还需要提高建筑结构的整体热工性能，减少空气渗漏，从根本上降低采暖和制冷负荷。高效的辅助采暖和制冷系统也常常与被动式太阳能建筑的设计紧密整合。

5.3.2 主动式太阳能利用技术

1. 主动式太阳能利用技术的概述

主动式太阳能利用技术是指通过特定机械设备收集和储存太阳能以供热的过程，常用的工作流体为空气或水。主要应用包括太阳能热水供应、室内供暖、空气预热、室内制冷以及除湿等。

太阳能热水技术已相当成熟，许多太阳能热水器能够在冬季条件下与辅助热源切换，满足全年供热需求。太阳能供暖可与热泵结合使用，不仅能将不稳定的太阳能转化为稳定的高温热源，而且由于蓄热槽中的空气与采暖空间的循环空气是独立的，因此可以满足空气质量的要求。近年来，太阳能空调技术发展迅速，但成本仍较高，想要在我国大规模商业化应用还需要时日。利用建筑中的楼梯间、中庭等元素，结合太阳能技术，可对通风空气进行预热设计。

光伏集电器和主动式太阳能集热器在外观上通常非常相似，对朝向、位置和倾斜度的要求也相似，但前者生产的是高品质的电能。尽管光电能的成本高于传统电能，但在电网覆盖不到的地区，它已成为一种较为经济的选择。随着技术的进步和生产规模的扩大，光伏设备的成本正在显著下降。

2. 主动式太阳能利用技术的组成要素

主动式太阳能利用技术主要用于采集和利用太阳能进行热能转换和储存，其核心组成部分包括太阳能集热器、储热系统、工作流体、控制系统以及可选的热泵系统。

①太阳能集热器（图 5.10）是主动式太阳能系统的关键部分，主要用于吸收太阳辐射并将其转化为热能。常见的太阳能集热器类型包括平板集热器、真空管集热器和聚光集热器。平板集热器利用平板吸收器吸收太阳辐射，将其转化为热能，结构简单，适用于大规模应用的场景。真空管集热器通过真空管减少热损失，提高热效率，适用于需要高温热水的场景。而聚光集热器则使用反射镜或透镜将阳光聚集在一个小区域，提高温度，适用于工业用热。

图 5.10 太阳能集热器示意图
（图片来源：https://ts1.cn.mm.bing.net/th/id/R-C.74b8629b206763d0bd154eb2ef0a0129?rik=ljVyX%2fRR7FtDFQ&riu=http%3a%2f%2fpic.baike.soso.com%2fp%2f20140127%2f20140127091016-1284990076.jpg&ehk=H9WfoxPSwtj0KrtvUFWabfCfMip0kHFvG09EmFzn0n0%3d&risl=&pid=ImgRaw&r=0）

②储热系统在主动式太阳能系统中也至关重要。常见的储热系统包括水箱储热、相变材料储热和蓄热槽。水箱储热将热能储存在水中，供家庭或商业使用，适用于热水供应和低温供暖。相变材料储热利用相变材料在相变过程中吸收和释放的大量热能，

适用于需要长时间稳定供热的场景。蓄热槽则用于存储高温热能，通常与工业应用或大规模供热系统结合使用。

③工作流体是传递热能的介质，常见的工作流体包括空气、水和防冻液。空气用于太阳能空气集热器，适合通风预热和干燥应用。水则常用于家庭和商业热水供应以及低温供暖系统。防冻液则在寒冷地区使用，防止集热器和管道冻结。

④控制系统在主动式太阳能技术中起到监测和调节作用，确保系统高效运行。传感器和控制器用于监测温度、流量和压力，控制泵和阀门。智能控制结合物联网技术，可实现远程监控和自动化控制，提高系统效率和可靠性。

⑤可选的热泵系统可以与主动式太阳能系统结合使用，以提高整体能效。空气源热泵结合太阳能系统，可提高整体能效，适用于多种供暖和制冷应用。地源热泵利用地下热能，与太阳能系统协同工作，可提高能效和稳定性。

5.3.3 太阳能光电技术

1. 太阳能光电技术概述

太阳能光电技术是一种利用光伏效应将太阳光转换为电能的清洁能源技术。它基于半导体材料，如单晶硅、多晶硅和非晶硅等，通过太阳能电池实现光电转换。这些电池可以单独使用或组成太阳能光伏系统，被广泛应用于住宅、商业建筑、远程地区供电、农业、交通和太空探索等领域。

在建筑领域，太阳能光电技术的应用已经从最初的通信基站和人造卫星扩展到民用领域，如太阳能屋顶和荒漠电站，并且随着技术的发展，光伏系统的成本正在迅速下降，应用范围也在不断扩大，太阳能光伏发电逐渐成为一种越来越可行的清洁能源解决方案。

2. 太阳能光电技术的组成要素

太阳能光电技术通过光伏效应将太阳能直接转化为电能，其核心组成部分包括光伏组件、逆变器、电池储能系统、安装支架以及控制和监测系统。

①光伏组件是太阳能光电技术的核心部分，由光伏电池和组件封装组成。光伏电池是将光能转换为电能的核心组件，常见类型包括单晶硅、多晶硅和薄膜电池。单晶硅光伏电池具有高效率和长寿命的特点，多晶硅光伏电池成本较低，但效率稍逊一筹。

薄膜光伏电池具有轻质、柔性的特点，适用于特殊应用。组件封装可保护光伏电池免受环境影响，提高耐用性和延长使用寿命。

②逆变器在太阳能光电技术中起到将直流电转换为交流电的作用，以便电能可以直接供家庭或商业使用，或并入电网。常见的逆变器类型包括集中式逆变器和组串式逆变器。集中式逆变器适用于大规模光伏电站，将直流电转换为交流电并入电网。组串式逆变器则适用于分布式光伏系统，将每个组串的直流电转换为交流电，灵活性较高。

③电池储能系统用于存储光伏组件产生的电能，确保在阳光不足或用电高峰时也能提供稳定的电力。常见的储能系统包括铅酸电池和锂离子电池。铅酸电池成本较低，但寿命和能量密度有限。锂离子电池具有高能量密度和长寿命的特点，但成本较高。

④安装支架用于固定和支撑光伏组件，确保其在最佳角度和位置接收阳光。常见的安装支架包括固定式支架、可调节式支架和跟踪式支架。固定式支架安装简单，成本低，但无法随太阳移动调整角度。可调节式支架可以手动调整角度，提高光伏组件的发电效率。跟踪式支架则可以自动跟踪太阳，使光伏组件的发电效率最大化。

⑤控制和监测系统用于监测光伏系统的运行状态，确保系统高效、可靠地运行。该系统包括监测光伏组件的输出电力、逆变器的工作状态以及储能系统的电量水平，并通过智能控制优化系统运行，减少故障，提高整体效率。

5.4　智慧风能利用技术

5.4.1　自然通风与被动式降温

自然通风和被动式降温是绿色建筑设计中重要的节能措施，通过最大限度利用自然资源来调节室内环境，减少能源消耗。随着智能化技术的发展，这些传统技术得到了显著的优化和提升。

1. 自然通风的原理与应用

（1）风压差通风

风压差通风是利用建筑物两侧的风压差实现空气流通的一种方式。当风吹过建筑物时，迎风面产生正压力，背风面产生负压力，空气从高压区流向低压区，实现自然通风。这种方式适用于风力较强的地区，效果显著。当建筑物两侧存在风压差时，空气从迎风面进入，通过室内空间，从背风面排出，形成穿堂风。这种方式可以有效地带走室内热量和污染物，提高室内空气质量。

（2）热压差通风

热压差通风是利用室内外温度差异实现空气流通的一种方式。由于热空气比冷空气轻，会向上升，从而在建筑物顶部排出，冷空气则从下部进入，形成空气对流。这种方式在温度差较大的地区效果显著。利用烟囱效应，热空气上升后逐过建筑顶部的通风口排出，冷空气从下部通风口进入，形成自然对流。这种方式常用于高层建筑和公共建筑中。

2. 自然通风的设计策略

（1）窗户布置

窗户的布置是自然通风设计中关键的因素之一。通过合理安排窗户的位置、大小和形状，可以最大限度利用风力和热力，实现高效的自然通风。

对流窗设计：对流窗是指在建筑物两侧设置窗户，利用风压差形成空气流动，实现自然通风。对流窗是在建筑物的迎风面和背风面设置窗户，利用风压差形成穿堂风，增强空气流通。迎风面的窗户应较大，以便更好地捕捉风力，背风面的窗户应相对较小，以控制流量。跨楼层的窗户有助于利用垂直方向的热压差，增强空气对流效果。

高低窗设计：高低窗设计利用热空气上升的原理，通过在不同高度设置窗户，形成空气对流。其中有底层进风口和顶部排风口，在建筑物的底层设置进风口，让冷空气进入室内；在建筑物的顶部设置排风口，让热空气上升并排出室外，形成空气对流，带走室内热量和污染物。

（2）通风道设计

通风道设计在自然通风中起着重要作用。通过合理设计通风道，可以增强空气对流，优化通风效果。

中庭是指在建筑物内部设置的开放空间，通过中庭的热压差和风压差促进空气流动，实现自然通风。其中，有垂直中庭和水平中庭两种。设置垂直中庭，利用热空气上升的原理，形成自然对流。垂直中庭不仅可以提供良好的通风效果，还能引入自然光，改善室内环境。在建筑物的不同楼层之间设置水平中庭，通过水平中庭的空气流动，可增强通风效果。

通风井是指在建筑物内部设置的垂直通道，通过通风井热空气上升，增强了空气对流，改善了通风效果。设计多功能通风井，不仅可用于通风，还可兼顾采光和烟囱功能，提升建筑物的综合性能。利用自然抽风系统，通过通风井引导室内空气流动，实现自然通风。

（3）开窗控制

结合智能化控制系统，自动调节窗户的开闭状态，可以优化通风效果，确保室内环境的舒适性和健康性。

通过传感器监测室内外环境数据，如温湿度、风速和二氧化碳浓度，智能控制系统根据实时数据自动调节窗户的开闭状态，优化通风效果。传感器实时监测室内外环境数据，确保数据的准确性和即时性。

在智能化控制的基础上，保留手动控制功能，满足用户的个性化需求。用户可以根据自身需求手动调节窗户的开闭状态，实现个性化通风。结合智能化控制和手动控制，实现灵活的通风管理，提升用户体验。

3. 被动式降温的原理与设计策略

（1）被动式降温的基本原理

被动式降温是通过减少太阳辐射热量进入建筑内部和促进室内热量散失，实现建筑内部降温的一种方法。主要策略包括遮阳、自然通风、建筑热质等。在遮阳方面，可通过遮阳板、百叶窗等装置，阻挡直射阳光，减少太阳辐射热量进入室内。在自然通风方面，可利用空气流动带走室内热量，降低室内温度。在建筑热质方面，可通过选择具有良好热质性能的建筑材料，调节建筑内部热环境。

（2）被动式降温的设计策略

在外部遮阳方面，在建筑外立面安装遮阳装置，如遮阳板、百叶窗、绿化装置等，可有效阻挡太阳辐射。在内部遮阳方面，在窗户内部设置可调节的遮阳装置，如窗帘、卷帘等，可根据需要调节遮阳效果。在建筑材料选择上，选用具有高反射率和高热质的建筑材料，可减少热量吸收和传导。

4. 智能化技术在自然通风和被动式降温中的应用

随着科技的发展，智能化技术在建筑领域的应用越来越广泛，尤其在自然通风和被动式降温中，智能化技术不仅提高了系统的效率，还提升了居住的舒适度和节能效果。智能化技术在自然通风和被动式降温中的具体应用，包括传感器技术与数据采集、智能控制系统、数据分析与优化，以及集成系统与智能管理。

（1）传感器技术与数据采集

传感器技术是智能化自然通风和被动式降温系统的基础，通过传感器实时采集环境数据，为智能控制系统提供准确的数据支持。安装在建筑内外的温湿度传感器可实时监测环境温度和湿度数据。当室外温度较低且湿度适宜时，系统会自动开启窗户进行自然通风；当室外温度过高时，系统则会关闭窗户以保持室内凉爽。二氧化碳传感器用于监测室内二氧化碳浓度，确保空气流通良好，避免空气污染。高二氧化碳浓度会触发系统自动开启窗户进行通风，保持室内空气质量。外部环境的风速和风向传感器用于监测外部风速和风向，帮助优化自然通风策略。当风向有利于室内空气流通时，系统会自动调节窗户的开闭方向，最大限度提高通风效率。

（2）智能控制系统

智能控制系统通过自适应控制算法和智能遮阳系统，实现对通风和降温策略的自动调整，确保室内环境的舒适度和节能效果。基于环境数据，利用自适应控制算法动态调整通风和降温。根据室内外温湿度差异和二氧化碳浓度，系统自动调节窗户的开闭状态，确保最佳的通风效果和室内舒适度。智能遮阳系统通过光传感器监测阳光强度，智能控制系统可以自动调整遮阳装置的位置，减少进入室内的太阳辐射热量。当阳光强烈时，系统会自动降下遮阳帘，防止室内过热；当阳光减弱时，系统会打开遮阳帘，利用自然光源照明。

（3）数据分析与优化

智能化自然通风和被动式降温系统通过大数据分析和机器学习与预测模型法，可不断优化系统的运行策略，提高系统的响应速度和精度。大数据分析对长时间收集的环境数据进行分析，可识别最优的通风和降温策略，并预测未来的环境变化，提前调整系统设置。通过分析历史数据，系统可以识别出哪些时段需要加强通风，哪些时段需要减少通风，从而实现节能降温。机器学习与预测模型法利用机器学习技术，建立环境参数与室内舒适度之间的关系模型，优化系统对环境变化的响应速度和精度。系统可以通过学习不同环境条件下的用户偏好，自动调整通风和降温策略，提供个性化的舒适环境。

（4）集成系统与智能管理

智能化自然通风和被动式降温系统通过与其他智能系统的集成，可以实现统一管理和优化调度，整体提高能源利用效率和用户体验。将自然通风和被动式降温系统与智能家居系统集成，可以实现统一管理。用户可以通过智能手机应用程序远程监测和控制系统。用户可以在外出时，通过手机远程开启或关闭窗户，确保室内空气质量和安全。智能化的能源管理系统可以对建筑内的所有能耗设备进行统一管理和优化调度，结合太阳能光伏系统和地热能系统，最大限度提升节能效果。当太阳能光伏系统产生多余电能时，系统可以优先将电能提供给通风和降温设备，以此减少对电网的依赖。

通过智能化技术的应用，自然通风和被动式降温系统不仅提高了能源利用效率，还提升了居住环境的舒适度和健康性，为实现绿色建筑和可持续发展提供了有力支持。在未来，随着技术的不断进步，智能化自然通风和被动式降温系统将会更加智能、高效和人性化。

5. 实践案例分析

自然通风和被动式降温技术在建筑设计中已被广泛应用，以减少能源消耗并提高居住舒适度。智能化技术的引入，使这些传统技术的效率和效果得到了进一步提升。以下是对几个具体实践案例的分析。

（1）案例一：德国弗莱堡市被动房项目

弗莱堡市的被动房项目是欧洲大规模被动房之一，它集成了自然通风和被动式降温技术。其智能化应用如下：①智能窗户控制系统，根据室内外温度、湿度和风速，自动开关窗户以优化通风效果；②智能遮阳系统，通过传感器检测太阳辐射强度，自动调整遮阳板的位置，以应对夏季过热问题；③热回收通风系统，在排出室内空气的同时，利用热交换器回收空气中的热量，用于预热新鲜空气，减少冬季采暖需求。

（2）案例二：美国旧金山 Exploratorium 博物馆

Exploratorium 博物馆坐落在旧金山湾区，它利用自然通风和被动式降温技术实现了高效的环境控制。其智能化应用如下：①建筑管理系统，整合了自然通风和被动式降温的控制模块，通过分析气象数据和室内环境数据，智能调节通风系统和遮阳设备；②智能照明系统，结合自然光的强度，自动调节室内人工照明的亮度，以减少能源消耗；③实时环境监测系统，通过传感器网络，实时采集温度、湿度和空气质量数据，为通风和降温系统的智能化控制提供依据。

自然通风和被动式降温结合智能化技术，可以显著提高建筑的能源效率和居住舒适度。这些案例展示了通过智能控制系统、传感器网络和数据分析平台，可以实现对传统通风和降温策略的优化。未来，随着物联网和人工智能技术的进一步发展，智能化自然通风和被动式降温将在更多的建筑项目中得到应用和推广，其不仅可以提高建筑的能源效率和室内环境质量，还可以推动绿色建筑的发展，为实现可持续建筑目标作出更大贡献。

5.4.2　建筑风环境模拟

建筑风环境模拟是研究建筑周围空气流动情况的关键工具，旨在优化建筑设计、提高风能利用效率，并确保建筑物及其周围区域的安全性和舒适性。主要的研究方法包括现场实测、风洞试验和计算流体动力学 CFD 数值模拟。

对建筑风环境的研究是建筑风能利用技术中的关键环节。由于建筑风环境的现场实测无法在建筑施工前进行，因此不能为设计师提供参考，具有很大的局限性，通常被用作评估其他方法准确性的标准。早在 20 世纪 70 年代，学者们就已经利用风洞试验来研究建筑的风环境。CFD 数值模拟方法在 20 世纪 80 年代兴起，最初的研究主要集中于单体建筑，采用的湍流模型是相对简单的标准 $k\text{-}\varepsilon$ 两方程模型的 RANS 方法。随着计算机技术的发展，许多更为精确的模型被提出，模拟对象也从单体建筑扩展到多体建筑和建筑群。

现场实测能够提供真实的风环境数据，帮助验证和校准其他模拟方法的准确性，但由于其无法在建筑建造之前进行，因此在设计阶段的应用受到限制，主要用于后期评估。风洞试验则通过缩小比例的物理模型，在受控环境中模拟不同的风速和风向，提供直观的空气流动和压力分布数据，适用于评估单体建筑和建筑群的风环境特性。

CFD 数值模拟方法在计算机技术进步的推动下发展迅速，能够详细分析复杂建筑结构周围的空气流动、压力分布和湍流特性，为建筑设计优化、风能利用、室内外空气质量研究等提供了高度可视化的结果。目前，建筑风环境研究主要倾向于结合 CFD 数值模拟和风洞试验的方法，以提高模拟的准确性和可靠性。

这些模拟方法在学术研究和实际工程应用中具有重要意义，通过优化建筑物形状和布局，可最大限度提高风能利用效率，减少风灾风险，并提高建筑内部及周围的空气质量和热舒适性。总体而言，建筑风环境模拟为建筑设计和可持续发展提供了重要的科学支持和技术手段。

5.4.3 风力发电

随着全球能源与环境矛盾的加剧，对太阳能和风能等可再生绿色能源的开发变得越发迫切。风能作为一种无污染、可再生的清洁能源，具有无环境影响、开发成本低的优点，受到全球的高度关注。自 19 世纪末丹麦建成风力发电机以来，风力发电技术已逐步成熟并被广泛应用。发达国家特别重视风电开发，我国自 20 世纪 80 年代起也积极推进风电技术的发展，并将其纳入国家发展规划。

目前，风力发电机组多安装在旷野、沙漠或近海地区，增加了电能输送成本。随着城市化进程的加快，城市建筑数量和高度不断上升，建筑环境中的风能潜力显著提升。城市和建筑物的能源消耗急剧上升，环境问题和电力供应紧张问题日益严重，开发新型可再生清洁能源成为当务之急。建筑环境中的风能利用避免了电能输送损失，直接为建筑提供清洁能源，为绿色建筑发展开辟了新途径。

科技界对建筑环境中风能利用的研究和工程尝试已取得初步成果，并围绕此方向展开了广泛的研究。本书在探讨建筑环境中风能特性和利用方式的基础上，总结了相关研究成果，并提出了未来需要解决的问题，旨在推动建筑风能利用技术的进一步发展和应用。

1. 风能利用

建筑环境中的风能特性受到建筑物的影响，在大气边界层中有自然风流经过时，这些建筑物会引起复杂的风场变化。随着现代城市化的迅速发展，尤其是高层建筑和密集城区的增多，地面粗糙度的显著增大带来了更强的机械湍流效应，进一步加剧了局部风场的变化。相比于郊区和偏远地区，城市中的来流风速较低，紊流较大，风力也相对较弱。然而，由于建筑物的阻挡和改变，城市中也可能产生局部强风现象。例如，高层建筑的屋顶经常形成较大的风速区域，称为"屋顶小急流"，而建筑的通风口也可能形成穿堂风（图5.11）。城市街道和建筑之间的通道，由于"夹道效应"（图5.12），在无风或低风条件下也能产生局部强风现象。此外，风流经过高层建筑或建筑之间时，会形成涡流区，这些区域的风场不均匀、无规则且随机变化，有时甚至可能造成风害。因此，准确了解和评估建筑环境中风能的分布特性至关重要，这有助于有效利用和管理这些资源。

自然通风与排气优化了建筑内环境，主动式风力发电将风能转化为电能，为绿色建筑助力。建筑设计将风力发电机置入顶部或侧壁，直供建筑能源，减少输电损耗，推动零能耗发展。此举不仅提升了能效，还减少了对传统电力的依赖，促进了可持续

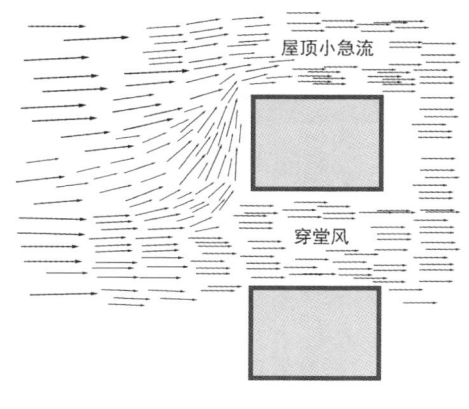

图 5.11　屋顶小急流和穿堂风
（作者自绘）

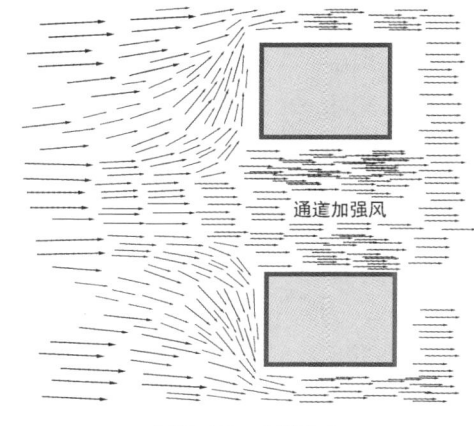

图 5.12　夹道效应
（作者自绘）

的能源利用，使建筑成为能源生产者。风力发电供电模式多样，包括独立储能、互补发电及与电网联合供电，确保稳定供应并可通过出售余电获利。这些模式高效节能，可降低运行与维护成本，经济性显著优于传统供电方式。

2. 风力发电研究

建筑环境中的风力发电机不同于传统的风力发电设备。建筑物对舒适度和结构抗风设计有着较高要求，因此建筑环境中风能的增强和集结受到一定限制。如何提高建筑环境中的风能利用效率，尤其是提升风力发电机的设计效率，显得尤为重要。

风力发电机是一种将风能转换成电能的设备。它通过风力驱动叶片旋转，叶片与转子连接的发电机则将机械能转化为电能。考虑到建筑环境中风能的特殊性，大型风力发电机的应用受到限制，因此研发适用于建筑环境的小型风力发电机成为当前的热门议题。研究重点集中在提升发电功率、减少噪声和振动，以及确保安全和美观等方面。风力发电机的发电功率与风速的立方成正比，因此提高风速和风力发电机的设计效率成为关键。

（1）风力发电机种类及技术

目前在建筑环境中广泛应用的风力机包括水平轴风力机（HAWT）、垂直轴风力机（VAWT）和建筑增强型风力机（BAWT）。其中，水平轴风力机的应用最为广泛，这种类型的风力发电机是最常见的。它的主要特点是叶片安装在水平轴上，类似于传统的风车结构，风从侧面吹来时，叶片旋转并驱动转子发电。与水平轴风力机不同，垂直轴风力发电机的叶片垂直于旋转轴。这种设计使得风从任何方向吹来时都能驱动发电机运转，增强了其适应性。

研究表明，安装在建筑物上的风力发电机，只有在转子直径不超过建筑直径的15%或采用垂直轴时，才能充分利用风能。针对顶部安装形式，研究人员对各种适用于建筑环境的风力发电机模型进行了优化设计，以提升风力发电机的发电性能并减少噪声和振动等影响。

（2）风力发电效益评估研究

相对于传统的电力供应方式，在建筑环境中采用风力发电具有显著的成本优势。根据1998年的WEBE项目研究，无论是新建筑设计还是旧建筑改造，装有风力涡轮机的建筑物，其风能发电应占总电力需求的至少20%，以确保投资的经济合理性。

国外学者们通过详尽的研究，深入评估了建筑环境中风能利用的实际效益。Peacock 等（2008）根据英国气候条件研究了屋顶所安装小型风力机的发电性能，强调其在减少二氧化碳排放方面的潜力。新西兰的 Mithrarne（2009）通过对全生命周期能耗和温室气体排放的深入分析，对比了屋顶风力发电与集中式风力发电的优劣势，结果显示，前者在净能耗和二氧化碳排放方面具有显著优势。

风力发电效益评估研究是对风力发电系统在不同环境条件下的经济、技术和环境影响进行分析和评估的过程。这种评估通常涉及以下几个方面：风力发电项目要进行经济性、技术性、环境影响和社会接受度评估。经济性评估关注投资、运营成本及发电收益，考虑市场价格、补贴、资本成本等，确保项目的经济可行性。技术性评估重视系统性能，如效率、叶片设计，确保稳定高效运行。环境影响评估考虑对生态、景观、土地使用的影响，确保合规并减少负面效应。社会接受度评估关注社区态度、经济影响、工作机会，促进项目顺利进行和可持续发展[55]。

3. 风力发电智能化技术的发展

（1）智能控制与优化

传感器技术：风速风向传感器优化风机角度与朝向，提升风能效率；温度传感器监控内外温度变化，预防过热问题；振动与声音传感器监测机械状态，预警潜在故障。

大数据分析：收集存储风力发电机运行数据，整合实时与历史数据，经清洗处理后，运用机器学习算法构建风速–功率模型，精准预测风能利用。

智能化决策：实时数据监控与反馈助力优化决策；预测性维护减少停机时间，提升设备可靠性，降低成本。

（2）安全、环境保护和生物多样性保护

设备安全监控系统利用传感器监测风力发电机组关键部件，通过实时数据反馈预警潜在故障。工作环境安全管理包括安全培训、操作规程、定期检查和维护，确保设备安全可靠运行；环境保护措施包括环境影响评估，以数据分析技术评估风力发电的环境影响；生物多样性保护，通过合理规划减少对生态的干扰；资源可持续利用，优化土地利用和风力发电系统设计，减少能源消耗和环境破坏。

4. 风力发电基本问题

风能作为一种清洁和可再生能源具有巨大潜力，风力发电是指把风的动能转换为

电能，目前仍存在一些问题，应综合考虑技术、环境、经济和社会因素，以实现可持续发展和广泛应用。

①风速不稳定和不可预测性：风速的不稳定性是风力发电面临的主要挑战之一。风速随时随地都在变化，风力发电机组的输出也随之波动。准确预测风速对优化发电机组运行策略至关重要。当前的技术挑战包括如何更精确地预测风速变化，以及如何利用先进的控制系统来应对突发的风速变化，从而提高发电效率和稳定性。

②空间占用和环境影响：随着风力发电规模的扩大，对土地和海域的需求也相应增加。这可能对当地的生态环境产生不利影响，特别是对野生动物的栖息地和迁徙路线产生影响。因此，必须在项目规划和设计阶段进行详尽的环境影响评估，并采取措施减少对生态系统的负面影响，同时提高社区的参与度和接受度。

③视觉和声音影响：风力发电机组在运行时可能产生视觉上的影响，尤其是在风景秀丽的地区或文化遗产保护区域。此外，机组运行时产生的噪声也可能影响周围居民的生活质量。因此，项目的选址和设计需要综合考虑风机布局、屏蔽措施以及声学设计，以减少对周边社区的不良影响。

④输电和接入网络困难：大部分风力资源分布在偏远地区或近海海域，需要建设长距离的输电线路来将电力输送到消费中心，这就增加了电网的复杂性和运行成本。此外，将分散的风力发电项目接入现有电网也面临技术上的挑战，需要制定有效的接入政策和技术解决方案，以确保电网的稳定性和安全性。

⑤技术成熟度和维护难题：尽管风力发电技术已经相对成熟，但长期运行中仍面临机械部件的磨损和故障问题。特别是在恶劣的气候条件下，如强风、极端温度等，会对风力发电机组的运行可靠性有更高的要求。因此，有效的维护策略和预防性维护计划是确保风力发电项目长期稳定运行的关键。

⑥经济性和政策支持：尽管风力发电的发电成本在过去几十年中显著下降，但其初期投资仍然较高。政府的支持和激励政策对推动风力发电的发展至关重要，包括补贴、税收优惠和市场准入政策等。此外，随着技术的进步和规模经济效应的显现，风力发电正逐步提高其经济竞争力。

5. 风力发电智能化技术的应用——西电东送

我国西部地区地广人稀，并拥有丰富的能源资源，如水力资源、煤炭资源和风力资源。"西电东送"战略通过建设跨区域输电通道，将西部的风能等可再生资源输送至东部，满足其日益增长的电力需求。"西电东送"战略不仅促进了电力产业的跨区域协作与发展，还有助于优化全国能源结构，提升可再生能源在国家能源供应中的比重，推动能源的合理配置和高效利用。这为东部地区缓解能源压力，同时为西部地区的经济发展提供了新的机遇[56]。

"西电东送"战略优化了电网，将西部风电资源输往东部需求区，促进了风电资源开发。东部地区可利用西部的稳定风电，平衡供需波动。政策支持和市场机会激励投资者开发西部风电，通过输电提高市场竞争力，实现经济效益。未来，南方区域的能源发展也将呈现清洁化、分散化和多能融合的特征和趋势[57]。

目前一些问题直接关系到风力发电与电网集成的关键技术和运行安全，要研究电网接受外送风力发电的极限值，确保安全稳定运行，尤其关注大电网，如广东、京津唐的最大风电容量比例。电力系统分析需要精确的数学模型，随着系统规模的扩大，需要对动态稳定和电压控制问题进行深入研究，优化负荷模型和参数。电网规划设计要协调稳定计算标准与调度运行规程，统一二次系统与一次电网规划，提高稳定性和输电容量。同时，还要分析点对网、网对网输电方式下风力发电的安全可靠性及技术经济性，提升电力系统的运行效率。

5.5　智慧地热能利用技术

地热能是一种广泛分布的可再生能源，分为浅层地热能和深层地热能。浅层地热能来自地下 200 米内的岩土，深层地热能则来自更深处的地壳。地热能过去被用于两种系统，一种是从地球深处采集的热能，另一种是利用地表下的土层作为冬季热源和夏季热库的系统，现将地表下的热源系统称为"地源热"。地源热泵利用低温热能，通过热泵提取热量用于供暖和热水，夏季建筑物将热量排放到土地或水中，电能仅用于提取热量，能耗低。技术进步和成本降低促进了地源热泵系统的发展，尤其在美国、加拿大、瑞士、瑞典等国，我国也在加速对其的应用。这种系统可减少温室气体排放，提高能效，对可持续发展有重要贡献。地热能以其环保、稳定、高效的特点，被广泛应用于发电、供暖和农业。

5.5.1　智能地源热泵系统

1.智能地源热泵系统组成单元

智能地源热泵系统关键组成单元包括以下几种。

①蒸发器：通过地下热交换，将制冷剂从液态蒸发为气态，利用地热能量，减少对外部能源的依赖。优化设计提升系统能效，降低能耗。

②压缩机：用于提升制冷剂温度和压力，是释放热量的关键。现代压缩机具备变频控制和智能调节功能，可根据需求调整运行，提升能效。

③冷凝器：通过热交换使制冷剂释放热量，用于加热或制冷室内空间。设计须适应环境温湿度变化，保持高效热交换。

④膨胀阀：控制制冷剂流入蒸发器，调节流速和压力，确保系统稳定高效运行。智能膨胀阀根据负载和环境动态调整，提升能效，延长设备寿命。

2.地源热泵的分类

地源热泵包括地埋管地源热泵（土壤耦合热泵）、地表水源热泵、地下水源热泵等（图 5.13）。

①地埋管地源热泵：利用土壤作为其热源或热汇。该系统由热泵机组和埋设在地下的热交换器组成，这些热交换器通常采用高密度聚乙烯管或聚丁烯管。通过使循环

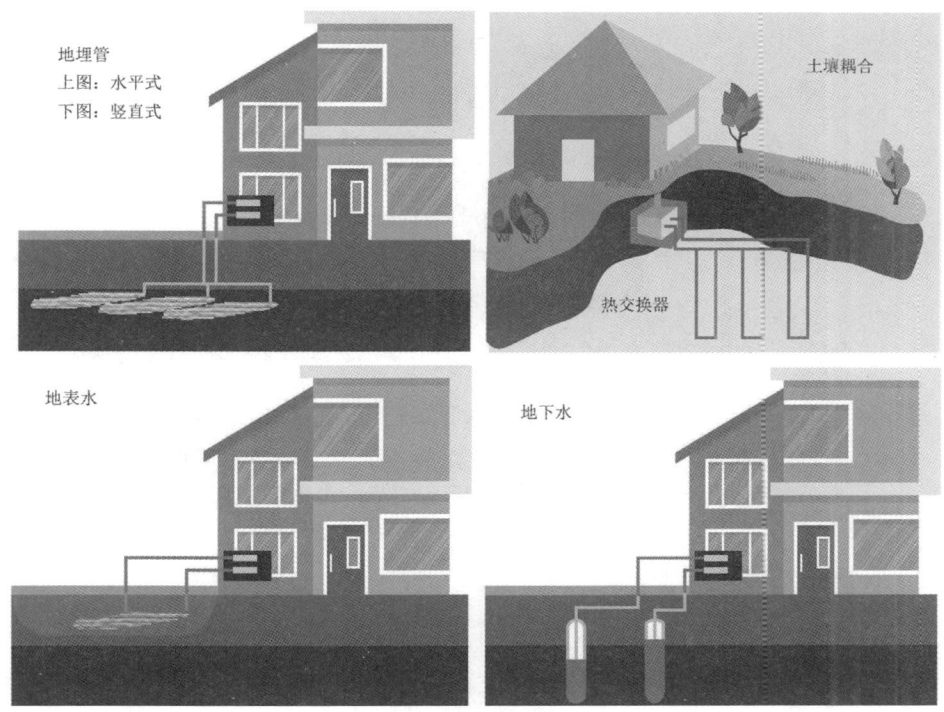

图 5.13 地源热泵的分类

（作者自绘）

流体（如水或防冻液）在封闭的地下管道中流动，系统实现与地下的热能交换。这种技术不仅有效利用了地球内部稳定的温度资源，还能在供热和制冷过程中显著提高能源效率。

在地埋管地源热泵系统运行过程中，建筑负荷的动态变化与地下土壤的热交换密切相关且相互耦合。因此，这种热泵系统也被称为土壤耦合热泵，它利用埋设在地下的热交换器与地球的稳定温度进行热能交换，以满足建筑物的供热和制冷需求（图 5.14）。

埋地热交换器的安装方式主要分为水平埋管和竖直埋管两种。水平埋管通常浅埋，施工方便，初期投资低于竖直埋管。然而，它需要较大的土地面积，且受地表气温波动影响较大，因此单位长度的换热量相对较少。竖直埋管的初期投资较高，但深层土壤的温度整年较为稳定，有利于热泵系统的稳定运行，因此竖直埋管是常见的选择。在竖直埋管热泵系统中，如果冬季取热与夏季放热的量不平衡，可能会破坏地下的热平衡，导致地下土壤温度逐渐升高或降低，从而影响埋地热交换器的换热效果。

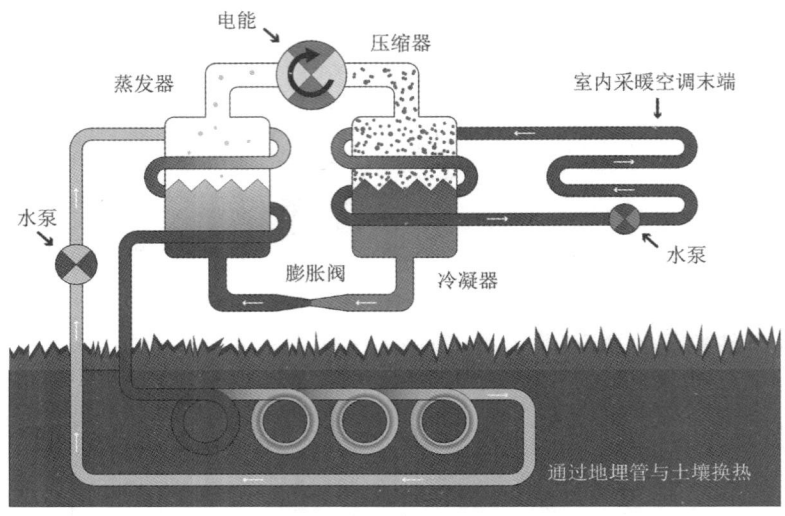

图 5.14　埋地热交换器示意图

（作者自绘）

②地表水源热泵：利用地球表面的淡水和海水进行能源交换的一种地源热泵系统（图 5.15）。根据所利用水源的类型不同，可以将地表水源热泵分为淡水源热泵和海水源热泵。此外，一些学者还将污水源热泵归类为地表水源热泵。

根据地表水循环环路的结构，地表水源热泵可分为开式和闭式两种形式。开式系统投资初期较低，适用于大规模系统，例如区域供冷供热系统。闭式系统则将换热盘管置于地表水中，利用盘管内的循环介质与地表水进行热能交换，通常采用聚乙烯管

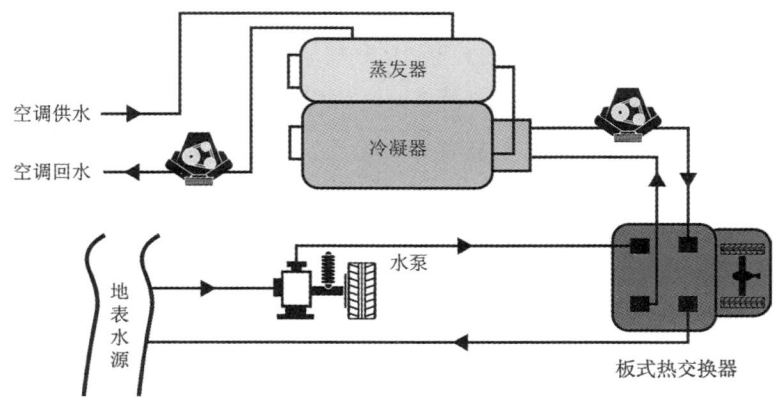

图 5.15　地表水源热泵工作原理

（作者自绘）

材料。实际上，这种闭式系统与地埋管地源热泵系统相似。

开式系统对水质有严格要求，否则热交换器可能会面临结垢、腐蚀、藻类或微生物滋生等问题。闭式系统能够有效避免热泵机组内部热交换器或中间热交换器的腐蚀和结垢，但是换热盘管外表面容易受地表水水质影响而结垢，导致外部换热效率降低，需要定期维护和清洗。在冬季寒冷地区，为了防止在制热过程中循环介质冻结，闭式系统通常需要使用防冻液作为循环介质。

③地下水源热泵：从水井抽取的地下水进行换热后，将通过回灌井重新注入原来的地下含水层（图5.16）。这种技术需要充足且稳定的地下水资源。在决定采用地下水源热泵之前，必须进行详尽的水文地质调查和打勘测井工作，以获取地下水的温度、深度、水质和出水量等数据。

地下水源热泵系统面临的主要问题在于地下水回灌技术的成熟度。如果回灌速度低于抽水速度，那么从地下抽取的水经过换热后可能无法完全回灌到含水层中，导致地下水资源的流失。如果不加以规范管理，这将不可避免地导致地下水水位下降，引发地面沉降、海水入侵以及突发性岩溶坍塌等一系列环境和地质问题。此外，即使成功回灌抽取的全部地下水，如何有效防止地下水层受到污染也是一个极具挑战性的问题。

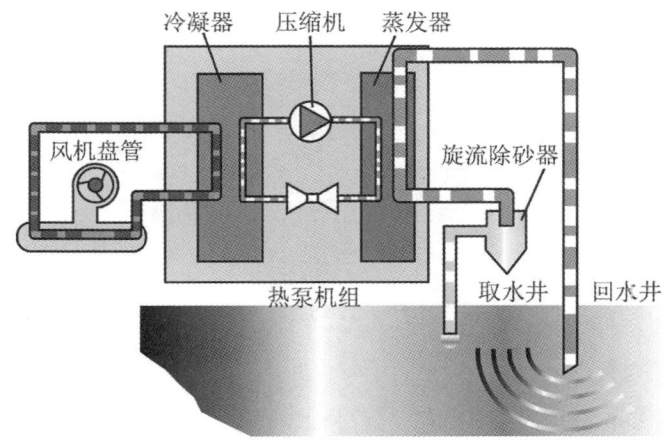

图5.16 地下水源热泵工作原理
（作者自绘）

3. 地源热泵技术路线

地源热泵的技术路线分为两种：土-气型地源热泵技术和水-水型地源热泵技术。

（1）土-气型地源热泵技术

土-气型地源热泵技术，是一种利用地下浅层土壤热能来为建筑物供暖和制冷的可再生能源技术。与传统的地源热泵技术相比，土-气型地源热泵技术通过使用空气作为热交换介质，实现了更高效的能量传输和更广泛的应用，从浅层土壤或地下水中取热和排热，通过分散布置于各个房间的热泵机组直接转换成热风或冷风。

地热交换：土-气型地源热泵通过地下埋设的管道系统，将空气送入地下土壤中进行热交换。冬季，通过地下管道将冷空气引入，经过地下热交换管道后，热泵系统增温，空气吸收地下土壤释放的热量，然后将温暖的空气送入建筑物内部供暖。夏季，热泵系统将建筑物内的热量通过空气传输至地下土壤中，这时系统进行反向操作，将建筑物内部的热量通过空气传输至地下，利用地下土壤的较低温度将其冷却，然后将冷空气送回建筑物内部，实现制冷。

空气循环：空气在封闭的管道系统内循环，通过地下土壤进行热交换。利用风机使空气在地表和地下管道之间进行循环，确保热量的有效传递。土-气型地源热泵系统通过地下埋设的管道网络将空气引入地下，通过与地下土壤的热交换来获取或释放热能。这些管道系统通常布置在地下几米深的地层中，利用地下土壤的相对稳定温度来调节空气的温度。空气循环系统依赖于内置于系统中的风机和管道网络，它们共同作用以实现空气在地下和地表之间的循环。这些风机推动空气在管道中流动，确保空气在地下热交换管道中流动，从而实现热量的传递。

智能控制：通过传感器监测系统的运行状态，包括温度、压力和流量等参数。智能控制系统根据监测数据，自动调节风机和热泵的运行模式，确保系统在最佳状态下运行，智能控制系统可以预测系统的潜在故障，安排预防性维护，减少停机时间和维护成本。利用大数据分析和人工智能算法，根据建筑物的供暖和制冷需求，优化系统的运行调度，确保能源的高效利用。通过智能监控平台，用户可以实时监控和控制系统，进行远程操作和故障诊断，提高系统的运行效率和用户的便利性。

（2）水-水型地源热泵技术

热交换过程：水-水型地源热泵技术利用地下水体作为热交换介质，从地下水中取热和向地下水中排热，经过热泵机组将水转换成热水或冷水，然后再经过布置在各房间的风机盘管形成热风或冷风为房间供暖或制冷。通过埋设在地下的双井或管道系统，将地下水引入地表，经过热泵系统中的热交换器进行热量的传递。冬季时，热泵系统从地下水中提取热量，加热建筑物内部空气；夏季则进行反向操作，将建筑物内部的热量通过热泵系统排放到地下水体中，实现制冷。

地下水循环：系统中的水泵通过管道将地下水体引入和排到地下，这些管道系统通常是水平布置在地下的，根据地质条件和建筑物的需求进行设计和布置。应选择水质良好、流量稳定的地下水体作为热交换介质，以确保系统稳定运行。

抽水井（热水井）和回水井（冷水井）：水-水型地源热泵系统通过抽水井将地下水抽到地表，并将其作为热交换介质。抽取的地下水具有稳定的温度，通常比地表水温度更稳定，适合作为热泵系统的能量来源；经过热交换后，冷却过的地下水经由回水井回输到地下，以保持地下水体的循环和温度稳定。这种循环系统通过不断地循环利用地下水体中的热能，实现了高效的能源利用。抽水井和回水井的深度通常根据地下水体的位置和地表地质条件进行选择，以达到最佳热交换效果。

抽水泵和回水泵：系统中的抽水泵和回水泵负责将地下水抽出和回输至地下，通过管道系统进行输送。这些水泵需要根据系统设计和地下水体的深度、流量要求进行选择和安装。

管道网络：水-水型地源热泵系统中的管道网络通常采用耐腐蚀、耐压和导热性能良好的材料，如聚乙烯或者金属管道。管道的设计和布置根据地质条件和建筑物的需求进行，旨在最大化热交换效率。

智能控制：通过智能控制系统监测地下水体和建筑物内部的温度、流量和能源消耗等数据。系统根据监测数据实时调节水泵和热泵系统的运行模式，以提高能量利用效率和降低运行成本。利用大数据分析和人工智能算法，系统优化运行调度，根据建筑物的供暖和制冷需求智能地调控水-水型地源热泵系统的运行。

4. 能效与环境影响

智能地源热泵系统在能效方面具有明显的优势，相比传统的供暖与制冷方法，其主要体现在以下几个方面。

①能源利用效率高：地源热泵系统利用地下稳定的温度进行热能交换，无论是

冬季的供暖还是夏季的制冷，都能显著提高能源利用效率，这种稳定的性能确保了用户在全年范围内都能享受到稳定且经济高效的能源利用。根据统计，地源热泵系统的能效比远高于传统的供暖设备。

②减少能源消耗：与传统燃煤或燃气设备相比，地源热泵主要使用电能，减少了能源消耗和对化石燃料的依赖，减少了碳排放，降低了对环境的影响，对全球温室气体减少具有积极作用。

③自然资源保护：地源热泵系统的运行不会影响水资源，避免了传统冷却系统对水的消耗和污染。它无燃烧废气，提高了空气质量，尤其在城市区域，对生态保护和可持续发展贡献显著。

5. 应用场景与实际案例

智能地源热泵系统被广泛应用在不同场所。在住宅区，地源热泵系统可以为整个社区稳定而高效地供暖和制冷，满足居民的需求，同时降低运行成本和能源消耗。商业建筑通常有较大的能耗需求，地源热泵系统通过其高效能量转换和管理功能，可以有效降低能源支出，并提升建筑的绿色认证水平。在工业领域，地源热泵系统可以在生产过程中供热或制冷，提高生产效率和能源利用效率，减少运营成本。

瑞士日内瓦国际学校和美国华盛顿州立大学均采用地源热泵系统供暖和制冷，利用地下稳定温度高效调节室内环境，降低能耗和运营成本，提升舒适度，支持可持续发展。瑞典斯德哥尔摩市中心的公共和商业建筑也广泛应用了该技术，通过地热井提取能量，减少碳排放，提高空气质量，成为城市可持续能源利用的典范。

6. 未来发展趋势与挑战

智能地源热泵系统通过物联网和人工智能实现对能耗和设备状态的实时监控，预测需求，自动调整运行策略以提高能效和舒适度。AI技术还支持快速故障诊断和自修复，增强了系统的可靠性。

技术发展和规模经济降低了地源热泵系统成本，减少了安装和运行费用。技术创新和经验积累在设备制造和系统集成中带来成本效益。虽初始投资较高，但从长期来看，系统的稳定性和节能性确保了良好的投资回报。

市场推广政策支持，如税收优惠、补贴、贷款，对降低地源热泵技术投资成本至关重要。进行公众教育和提升公众意识，通过宣传、培训、示范项目提高公众的技术接受度。系统设计须适应不同条件，以降低成本，简化流程，推动普及。

地源热泵系统的初期投资较高，特别是对于需要进行大规模改造的老旧建筑和"小而破"的建筑，这可能会成为推广的主要障碍。老旧建筑结构复杂，可能不具备安装地源热泵系统的条件，且现有建筑的改造空间有限。此外，老旧建筑和"小而破"建筑往往缺乏适当的施工条件，地下管网复杂，施工难度较大。不同地质条件和气候环境对地源热泵系统的效率有较大影响，老旧建筑所在地区可能不具备理想的地质条件。

5.5.2 智能地热发电系统

1. 智能地热发电系统组成单元

智能地热发电系统主要组成单元有以下几种。①钻井设备：钻机，如旋转、冲击、顶驱钻机，是地热开发的基础，影响钻井速度和成本。钻具包括钻杆、钻头和套管，决定钻井的顺利性与安全性。②井口设备：井口装置控制流体进出，如防喷器和采油树，保障地热井安全，防止井喷漏油；生产管柱高效提取地热流体。③泵：地热井泵提取地热流体，注水泵维持热储层压力和循环，选择依据包括流体温度和压力。④热交换设备：热交换器传递地热流体热量，不同类型的热交换设备，如板式和管壳式，会影响热能利用率；蒸发器与冷凝器在有机朗肯循环中会提升资源利用率。⑤发电设备：蒸汽轮机和发电机是地热发电核心，将机械能转化为电能，决定发电量和系统稳定性。⑥管道与阀门：管道输送地热流体，阀门控制流量方向，如球阀、闸阀，影响系统的安全性和调节功能。⑦控制与监测设备：传感器监测参数，可编程逻辑控制器实现自动化操作，数据采集系统远程监控分析。⑧辅助设备：冷却塔散发多余热量，保持热平衡；分离器和过滤器分离固体颗粒和杂质，保护设备运行。

2. 智能地热发电系统的分类

（1）按照热源类型分类

干热岩地热发电系统：以地下高温干热岩层作为热源。通过向地下岩层注入高压水，利用岩石中的热量将水加热成蒸汽，再驱动涡轮机发电。智能技术在这一系统中的应用包括地下岩层热特性的实时监测、注水量和压力的智能控制以及热能利用效率的提升。水热地热发电系统：以地下热水或蒸汽作为热源，直接将热水或蒸汽引导至地面发电设备中进行发电。智能化的应用包括对地热井温度、压力和流量的实时监测，预测性维护系统以及基于数据分析的优化运行策略。

（2）**按照发电技术分类**

干蒸汽地热发电系统：直接利用地热蒸汽驱动涡轮机发电。这类系统主要分布在地热资源丰富且地下蒸汽温度高的区域。智能化技术的应用包括蒸汽质量监控、涡轮机运行状态监测和发电效率提升。闪蒸发电系统：通过给高压地下热水减压，使其部分闪蒸为蒸汽，用来驱动涡轮机发电。智能技术在闪蒸系统中的应用包括减压过程控制、蒸汽量预测和蒸汽-水分离优化。双循环地热发电系统：利用地热流体的热量对另一种低沸点的工作流体（如异丁烷、异戊烷）加热蒸发，驱动涡轮机发电。智能化应用包括热交换器性能监测、工作流体循环优化和系统整体热效率提升。

（3）**按照智能化程度分类**

基础智能化地热发电系统：具备基本的自动化控制和监测功能，包括地热井参数监测、发电机组自动化控制和简单的数据分析功能。这类系统主要依赖基础的传感器和控制器进行运行管理。高级智能化地热发电系统：结合了大数据分析、机器学习和物联网技术，能够实现复杂的实时监测和预测性维护。系统能够自动调整运行参数，以提升发电效率和降低运行成本。智能算法用于分析地热资源的长期变化趋势，并提供优化建议。全智能地热发电系统：全面集成了人工智能、云计算和智能控制技术，具备高度自动化和自我优化能力。系统能够自主学习和适应环境变化，实时优化发电过程。全智能系统还包括全方位的安全监控和应急响应机制，以确保系统的稳定和高效运行。

（4）**按照应用场景分类**

工业地热发电系统：工业应用的地热发电系统主要为工厂和工业园区提供稳定的电力和热能。智能化技术在工业应用中的主要目标是提高能源利用效率，降低生产成本，并实现绿色生产。商业和住宅地热发电系统：商业和住宅应用的地热发电系统通常规模较小，主要用于为办公楼、商场和住宅小区提供电力和热水。智能技术的应用侧重于系统的可靠性和用户友好性，包括智能家居集成和能耗管理。远程和偏远地区地热发电系统：适用于远离电网覆盖范围的偏远地区，提供独立的电力和热能供应。智能技术在这些系统中的应用包括远程监控和控制、故障诊断和维护支持，以及基于人工智能的资源评估和利用优化。

3. 智能地热发电系统的技术路线

智能地热发电技术的实施是一个融合了勘探、钻井、发电和智能控制的复杂系统工程。它通过科学的规划、精确的施工、高效的运行维护和严格的环境管理，实现地热资源的高效利用和可持续发展，在提升经济效益的同时减少对环境的影响，推动清洁能源应用。资源勘探与评估：结合地球物理和地球化学勘探技术，如三维地震勘探，以及地表热异常区调查，确定地热储层的位置和规模。钻井开发：设计钻井方案，采用耐高温技术和设备，完成井筒测试，获取地热参数数据。发电系统设计与建设：根据地热流体特性选择合适的发电工艺，安装高效设备，集成智能控制系统，提升发电效率。运行与维护：通过智能系统实时监测和控制发电设备，利用大数据和机器学习分析运行数据，进行预测性维护。环境保护与管理：实施地热水回灌技术，维持地热储层稳定，进行环境影响评估，调整开采方案，减少对环境的影响。

4. 智能地热发电系统的能效

（1）资源利用效率高

地热能是一种可再生且稳定的能源，地热发电通过地下热水或蒸汽驱动涡轮机来产生电力。智能地热发电系统通过以下方式提高资源利用效率：实时监测，利用先进的传感器技术，实时监测地下温度、压力和地热流体的流量，确保地热资源的最佳利用；数据分析法，通过大数据分析和机器学习算法，优化钻井位置和深度，确保最大限度提取地热能；自动化控制，智能控制系统能够自动调整地热流体的流量和压力，避免能源浪费，确保系统在最佳工况下运行。

（2）减少能量损失

能量损失主要来源于系统泄漏和设备故障，智能地热发电系统通过以下方式减少能量损失：漏检系统利用声波检测、温度监测等技术，及时发现并修复管道泄漏，减少能量损失；预防性维护通过机器学习算法预测设备故障，进行预防性维护，减少停机时间和能量损失；高效换热采用高效热交换器，提高地热流体与工作流体之间的热能转化效率，减少热损失。

（3）热能回收利用

一些智能地热发电系统结合热电联产技术，将发电过程中产生的废热用于其他用途：区域供暖，利用发电后的低温地热流体为周边社区提供供暖服务，提高能源利用效率；废热可用于工业过程中的加热需求，如食品加工、化工生产等，进一步提高整体能效。

5. 智能地热发电系统对环境的影响

（1）减少碳排放

地热发电过程中几乎不产生二氧化碳和其他温室气体，相对于传统化石燃料发电，显著减少了碳排放：地热发电过程中的二氧化碳排放量远低于燃煤、燃气发电，有助于减缓全球气候变化；地热资源是一种可再生资源，长期利用不会导致资源枯竭，具有可持续性。

（2）水资源管理

智能地热发电系统通过优化地热流体的使用和再注入过程，有效管理水资源。采用闭环地热系统，将使用后的地热流体重新注入地下，避免对地下水资源的过度消耗。实时监测地热流体的水质，防止有害物质污染地下水资源。

（3）地面沉降监测

地热资源的开发可能导致地面沉降，智能地热发电系统通过以下方式监测和减轻地面沉降影响：沉降监测，布设地面沉降监测点，实时监测地面变化，将数据上传至智能系统进行分析；流体调节，根据沉降监测数据，调整地热流体的抽取和再注入量，减少对地面沉降的影响。

（4）噪声和视觉影响

地热发电站运行过程中噪声较小，对周边环境的影响较低；地热发电站不需要高大的烟囱和冷却塔，视觉影响较小，能够更好地与周围环境融合。

（5）生态系统保护

智能地热发电系统通过环境监测和数据分析，保护当地生态系统：实时监测地热开发对周边生态环境的影响，及时发现和应对潜在的生态问题；在开发过程中采取措施，如植被恢复、栖息地保护等，减少对当地动植物的影响。

5.5.3 智能地热能储存系统

1. 智能地热能储存系统组成单元

智能地热能储存系统的组成单元有以下几种。①地热井设备：钻井设备（钻机、钻头、钻杆）用于地热井钻探；井口设备（阀门、装置、密封）控制井口；井下工具（温度计、压力计、流量计）监测地热参数。②地热流体输送设备：耐高温、耐腐蚀的输送管道（不锈钢、合金钢、高密度聚乙烯）；泵站设备包括地热泵（离心泵、潜水泵）和增压泵，以及阀门和控制器，调节流量和压力。③地热能存储设备：储热罐（耐高温钢材）储存地热流体，热交换器（壳管式、板式）传递热能，隔热材料（岩棉、玻璃棉、硅酸铝纤维）减少热量损失。④热能转换设备：蒸汽涡轮机和二元循环发电设备用于发电，热泵系统（压缩机、蒸发器、冷凝器）转化地热能用于供暖或制冷。⑤智能控制与监测设备：温度、压力传感器和流量计监测关键参数，控制器自动调整运行，数据采集与处理系统分析数据，远程监控平台实现系统远程管理。

2. 智能地热能储存系统的分类

智能地热能储存系统是一种结合了地热能和智能控制技术的能量储存和管理系统。根据储存方式、应用领域和控制技术的不同，可对智能地热能储存系统进行分类，以实现高效、可持续的能源利用。

（1）按照储存方式分类

地下储热系统：通过深井或浅井，将循环流体注入地下岩层或土壤中进行热量储存。该系统利用地层的热容量来实现能量的长时间储存。

水储热系统：使用含水层作为热储存介质（图 5.17）。在夏季将热水注入含水层，在冬季则从含水层中抽取热水，以满足调节季节性温度的需求。

地热热泵系统：利用地下浅层地热能，通过热泵系统进行能量的提取和释放，适用于供暖和制冷。

（2）根据地热资源类型分类

干热岩系统：利用地壳深处的干热岩体，通过注水形成人工地热储层，适用于高温地区，多用于高温地热区的发电和供热。地热水系统：利用天然的地下热水或蒸汽资源，资源获取方便，开发成本较低，广泛用于发电、供热和工业应用。

（3）根据热能存储介质分类

水热储能系统：利用水作为储热介质，通过热交换器将热能存储在水中，水的比热容高，储热效率高，常用于短期和中期储热系统。岩石储能系统：利用岩石作为储热介质，通过热交换器将热能存储在岩石中，岩石储热容量大，适用于长期储热，适

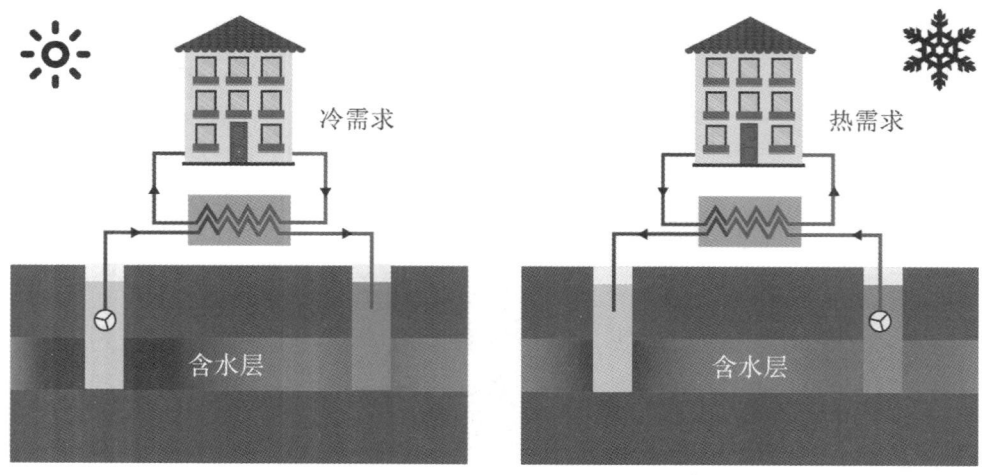

图 5.17　含水层储能技术原理
（作者自绘）

用于需要长期储热的应用场景。熔盐储能系统利用熔盐作为储热介质，熔盐在高温下具有良好的储热性能，熔盐的热稳定性好，适用于高温储热系统（图 5.18）。

（4）按照控制技术分类

基于传感器的智能控制系统：通过温度、湿度等传感器实时监控环境变化，并通过智能算法优化系统运行，提高能效。人工智能和机器学习优化系统：利用 AI 和机器学习技术，对历史数据进行分析，预测未来能量需求并优化系统调度。互联网和物联网集成系统：通过互联网和物联网技术，实现系统的远程监控和控制，提升系统的智能化水平和用户体验。

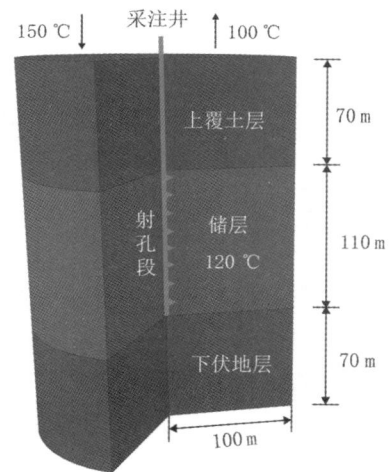

图 5.18　熔盐储能模型示意图
（作者自绘）

3. 智能地热能储存系统的技术路线

智能地热能储存系统通过先进的技术和智能化管理，实现地热能的高效提取、存储和利用。下面将详细介绍该系统的主要技术路线。

①地热资源开发：干热岩通过深井钻探和水力压裂形成人工储层，循环系统实现热能提取。地热水开发利用生产井和回注井技术，实现热流体的抽取和回注。②热能提取与传输：直接或间接热交换技术用于地热流体与工作介质的热量交换。高温耐腐蚀管道和保温技术确保地热流体安全、高效传输。③热能储存：水热储能技术使用大型保温储热水箱，多级储热，提高效率。岩石储能通过热交换器将热量存储于岩石堆，岩石储热堆是在地下或地上构建岩石储热堆，通过热交换器将热量传递给岩石（图5.19），实现热能存储；热循环系统是利用泵送系统实现热流体与岩石之间的循环交换，它可以提高热能存储和释放效率，实现注、采热阶段的强迫对流过程（图5.20）。④热能转换与利用：干蒸汽、闪蒸发电、二元循环发电技术将地热能转化为电能。区域供暖和地源热泵技术将地热能用于供暖和制冷。⑤智能控制与监测：传感器技术监测温度、压力和流量，智能控制系统，如可编程逻辑控制器和分布式控制系统，可自动调整运行参数。数据采集与分析结合大数据和人工智能技术，提供预测性维护和系统优化，提高性能。

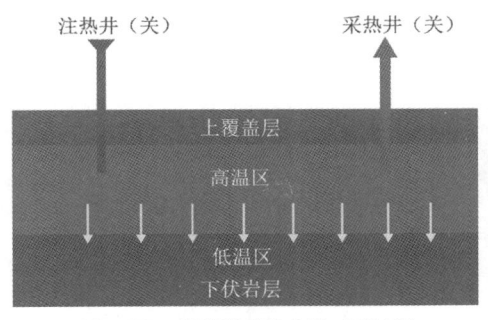

图5.19　储热阶段的自然对流过程
（作者自绘）

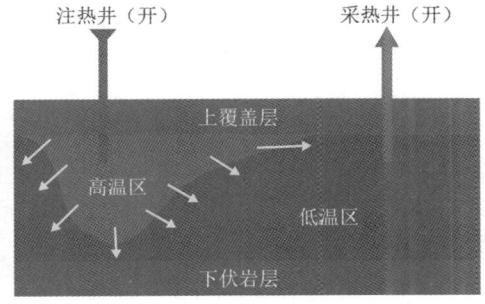

图5.20　注、采热阶段的强迫对流过程
（作者自绘）

4. 智能地热能储存系统的能效

智能地热能储存系统通过关键技术和管理实现高效能源利用，支持可持续能源发展。①能效指标：热能提取效率反映地热资源转化为热能的效率；热能储存效率指实际储存热能与输入热能的比例；热能转换效率是地热能转成电能或其他能量的效率。②热能提取：优化井网布置和采用先进钻井技术提高提取效率。水力压裂技术增加裂隙，提升地热流体流动性。③热能储存：选择高比热容储热材料，如熔盐，优化储热罐设计和保温技术，减少热量损失，提高储存效率。④热能转换：根据地热资源特性选择合适的发电技术，使用高效工作介质和设备，如涡轮机和发电机，提高转换效率。⑤智能控制与管理：布置传感器监测系统状态，采用 PLC、DCS 等控制系统实现自动化管理，通过大数据和 AI 技术优化运行，提升能效。

5. 智能地热能储存系统对环境的影响

（1）对温室气体排放的影响

智能地热能储存系统在运行过程中，主要依靠地热能这一可再生能源，直接排放的温室气体非常少。然而，在地热资源开发过程中，可能会释放一些天然气体，如二氧化碳和甲烷等，可采用气体捕集与处理措施，在地热井口安装气体捕集装置，捕集并处理释放的天然气体，减少温室气体排放；也可采用密封技术，加强对井口和管道的密封，防止气体泄漏。

（2）对水资源的影响

地热能储存系统的运行需要大量的水资源用于注水和冷却。如果处理不当，可能会导致地下水位下降、水资源污染等问题。可采用回注技术，将使用后的地热水重新注入地下，维持地下水位，减少对地表水资源的消耗；也可对水质进行监测与处理，定期监测地热水和回注水的水质，采用水处理技术，确保水质符合环保要求。

6. 智能地热能储存系统面临的挑战

地热能储存系统在工程实践中面临的问题主要包括化学反应引起的储层矿物溶蚀和沉淀，以及由此对设备造成的损害。储层中流体温度的快速变化可导致溶解碳酸盐的过饱和沉淀，堵塞孔道，而硅酸盐矿物，如石英的溶解，则可能增加储层渗透。这些矿物的溶蚀和沉积会改变储层特性，影响其储热能力。

此外，溶解矿物在地面设备（如管线和热交换器）中的沉淀，会造成堵塞和传热效率下降。二氧化硅等硬质沉淀一旦形成，便难以清除，可能需要更换管道。热交换器上的辉锑矿沉淀也会降低传热能力。在压缩空气储能技术中，压缩空气携带的二氧化碳可导致设备腐蚀，而除垢过程中添加的硫酸如果过量，同样会腐蚀管道。这些问题需要通过技术创新和改进管理来解决，以确保地热储能系统的高效和可持续发展。

7. 智能地热能储存系统在采油领域的贡献

智能地热能储存系统在采油领域具有显著贡献。首先，通过利用地热能进行能量储存和回收，可以有效地提高采油效率。智能地热能储存系统利用地下热储层的自然热能来提供稳定的热源，减少对传统化石燃料的依赖，降低采油过程中的碳排放（图5.21）。此外，智能控制技术使得能量的储存和释放更加精准，提高了热能的利用效率，减少了能源浪费。其次，这些系统能够在能源需求较低时储存能量，在需求高峰时释放能量，平衡供需，保证采油作业的连续性和稳定性。智能地热能储存系统还通过实时监测和数据分析，提供对地热资源的全面了解和管理，提高了采油过程的安全性和可控性。因此，智能地热能储存系统不仅促进了采油效率的提升，还推动了采油行业的绿色转型和可持续发展。

图 5.21　地源热泵采油技术

（作者自绘）

第三篇

智慧建筑碳排放核算与新路径

智慧建筑碳排放核算

在全球气候变化和能源危机日益严峻的背景下，建筑业作为碳排放的重要领域，面临着巨大的挑战。低碳智慧建筑碳排放核算已成为实现"双碳"目标的关键手段之一。本章旨在探讨低碳智慧建筑的碳排放核算原则与步骤，通过全面分析建筑全生命周期碳排放理论，首先确定核算边界，其次确定碳排放源以及碳排放因子，提出精准的包括物化、运行、拆除和建筑材料固碳四个方面的碳排放核算模型的核算步骤和改进措施，并对低碳智慧建筑业碳排放进行分析和预测，通过引入先进的技术手段和管理模式，可以在运营、设计、建造等各个环节实现对碳排放的有效控制，推动建筑行业向绿色、可持续方向发展。本章逻辑构架见图6.1。

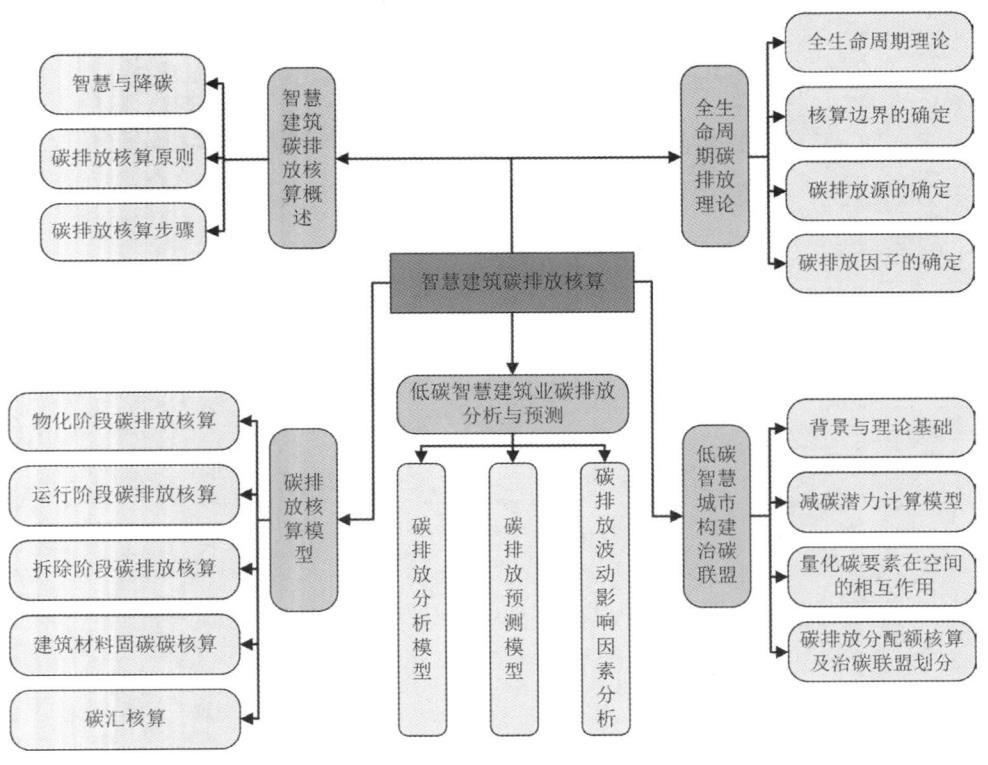

图6.1　本章逻辑构架

6.1 智慧建筑碳排放核算概述

6.1.1 智慧与降碳

随着全球气候变化和环保意识的提升，低碳智慧建筑成为建筑行业的发展趋势。这类建筑不仅重视能源高效利用和减少碳排放，还利用先进智能技术，实现智慧化管理。以下是对低碳智慧建筑的定义及其类别的探讨，以及各类型建筑在碳排放方面的特点和应对措施。

1. 低碳智慧建筑的定义

智慧建筑是指利用物联网、云计算、大数据和人工智能等技术，逐过自动感知、泛在连接、信息传递和整合，具备自学习、自诊断、辅助决策和执行能力的建筑。其目标是实现安全、绿色、高效、经济的环境。

低碳智慧建筑在智慧建筑的基础上，强调在建筑全生命周期内，通过集成先进的信息技术和智能系统，实现能源和资源的高效利用，减少对环境的影响，从而实现低碳排放。具体包括以下几个方面。

①能源效率：通过优化设计和高效能源系统，显著降低能耗，减少对化石燃料的依赖。

②可再生能源利用：优先使用太阳能、风能等可再生能源，减少传统能源消耗。

③智慧系统：集成先进技术和智能算法，实现环境监控、资源配置、安全保障等全方位自动化和动态优化，提高系统效率和响应速度，增强用户体验，确保可持续发展和安全性。智慧系统不仅涵盖建筑管理，还包括城市、交通和医疗服务等领域，通过大数据分析、物联网和人工智能实现全面智能管理。

④绿色材料：优先使用环保、可回收或低环境影响的建筑材料。

⑤生态设计：采用生态设计原则，如绿色屋顶、雨水收集系统等，提高建筑的生态效益。

⑥碳排放管理：通过监测和管理建筑碳排放，制定减排策略，实现低碳运行。低碳智慧建筑不仅提升了智能化水平，还通过减少能源消耗和碳排放，助力可持续发展目标的实现。

2. 智慧建筑的分类标准

《智慧建筑评价标准》（T/CREA 002—2023）包括信息基础设施、数据资源、安全与防灾、能源与资源、环境与健康、服务与管理、智能建造 7 类指标，每类指标均包括基本项和评分项。评价指标体系还统一设置加分项（创新应用）。

基本项的评定结果为达标或不达标。评分项、加分项的评定结果为分值。当评分项、加分项中包含若干评分子项时，应根据各子项的评分规则，逐项评价并累计得分。对于多功能的综合性单体建筑，应逐条对适用的区域进行评价，确定各评价条文的得分。7 类指标按参评建筑该类指标的评分项实际得分值除以适用于该建筑的评分项总分值再乘以 100 分计算。

低碳智慧建筑采用创新技术，满足实现空间变换、全生命期管理和高效能耗利用三个要求可得分。建筑应具备以下特点。

①数据化运营：组建专业的数据资源管理与应用团队，形成可持续的数据运营能力。（2 分）

②智慧平安住区：综合使用 5G、物联网、无人机、机器人、人工智能和数字孪生等新一代信息技术，整体提升社区的安全性和管理效率。（1 分）

③智慧用能：采用创新性的方式或技术，实现能源高效利用。（1 分）

④电力交互高效建筑：建筑基于电力交互高效建筑理念进行提前设计和施工。（1 分）

⑤绿色性能评估：具备建筑绿色性能动态评估功能，对建筑绿色性能进行实时评估。（1 分）

⑥空间变换：采用可移动的围护结构、室内设施，实现建筑空间、功能的变换。（1 分）

⑦数字孪生：建筑数字孪生达到智能优化、动态推演的应用水平。（2 分）

⑧数字化空间：通过数字空间延伸，扩展建筑内人员的使用空间和功能。（1 分）

⑨智慧建筑大脑：设置智慧建筑大脑，具备自学习、自诊断、自修复能力。（2 分）

⑩建筑品质健康指标系统：建立建筑品质健康指标管理体系。（2 分）

⑪机器人应用：采用机器人，并具有明显效益。（1 分）

⑫专业领域大模型：建立基于行业需求和企业需求的大模型，利用建筑运行和

企业管理的历史数据、实时数据，进行垂直模型的训练，结合建筑应用场景，提供客户服务、预测分析等功能。（1分）

⑬未来技术预设计：针对无人驾驶、无人机等未来技术进行提前设计。（1分）

⑭体系选择：采用至少1种适用于智能建造的结构体系、设备管线体系、装修体系。（1分）

⑮结构安全监测：设置建筑结构安全监测系统，实现对建筑结构安全耐久性能的实时监测与报警。（1分）

⑯BIM建模创新：采用创新性的方式或技术，建立BIM模型。（1分）

⑰智慧建筑咨询师：项目业主、设计、咨询等项目团队内，至少有1名人员具有智慧建筑评价专业认证资格。（1分）

⑱先进技术应用：结合场景创新性地应用先进技术，并取得明显效益。（3分，每项技术得1分）

智慧建筑评价的总得分应按下式进行计算：

$$\sum Q = \alpha_1 Q_1 + \alpha_2 Q_2 + \alpha_3 Q_3 + \alpha_4 Q_4 + \alpha_5 Q_5 + \alpha_6 Q_6 + \alpha_7 Q_7$$

其中，Q_1为信息基础设施得分，Q_2为数据资源得分，Q_3为安全与防灾得分，Q_4为能源与资源得分，Q_5为环境与健康得分，Q_6为服务与管理得分，Q_7为智能建造得分，这7类指标评分项的权重$\alpha_1 \sim \alpha_7$根据建筑功能和智慧性能需求不同有所区别，可按表6.1取值[58]。

表6.1 智慧建筑评价指标的权重

建筑类别	评价阶段	信息基础设施权重 α_1	数据资源权重 α_2	安全与防灾权重 α_3	能源与资源权重 α_4	环境与健康权重 α_5	服务与管理权重 α_6	智能建造权重 α_7
办公建筑	设计评价	0.33	0.16	0.18	0.10	0.09	0.09	0.05
	运行评价	0.20	0.19	0.20	0.14	0.12	0.10	0.05
商场建筑	设计评价	0.33	0.17	0.20	0.09	0.07	0.09	0.05
	运行评价	0.21	0.21	0.19	0.14	0.09	0.11	0.05
旅馆建筑	设计评价	0.32	0.16	0.19	0.09	0.10	0.09	0.05
	运行评价	0.18	0.17	0.24	0.12	0.12	0.12	0.05
教育建筑	设计评价	0.33	0.15	0.23	0.09	0.09	0.06	0.05
	运行评价	0.20	0.19	0.22	0.12	0.12	0.10	0.05
医疗建筑	设计评价	0.33	0.17	0.19	0.08	0.09	0.09	0.05
	运行评价	0.20	0.20	0.21	0.12	0.12	0.10	0.05

建筑类别	评价阶段	信息基础设施权重 α_1	数据资源权重 α_2	安全与防灾权重 α_3	能源与资源权重 α_4	环境与健康权重 α_5	服务与管理权重 α_6	智能建造权重 α_7
居住建筑	设计评价	0.36	0.14	0.16	0.09	0.11	0.09	0.05
	运行评价	0.24	0.15	0.18	0.12	0.15	0.11	0.05
其他建筑	设计评价	0.34	0.16	0.19	0.09	0.09	0.08	0.05
	运行评价	0.21	0.19	0.20	0.12	0.12	0.11	0.05

智慧建筑分为一星级、二星级、三星级和三星先锋级，评价与等级划分应符合下列规定：各等级的智慧建筑均应满足本标准全部基本项的要求，且除智能建造指标外，其他各类指标的评分项得分率不应小于30%。当符合现行国家标准《绿色建筑评价标准》（GB/T 50378—2019）中针对绿色建筑基本级的相关规定，以及项目所在地区对绿色建筑的相关规定，智能化系统配置应符合现行国家标准《智能建筑设计标准》（GB 50314—2015）、《智能建筑工程质量验收规范》（GB 50339—2013）的相关规定，且总得分分别达到50分、65分、80分、90分时，智慧建筑等级分别为一星级、二星级、三星级、三星先锋级。

低碳智慧建筑更是一个综合性的描述，旨在确认建筑物在能源效率、环境影响、智能化管理、可持续材料使用、水资源和废物管理、生态保护、用户参与度以及创新技术应用等方面的表现。建筑物在达到智慧建筑的标准时，应通过集成先进的智能化系统实现能源和资源的优化利用，减少碳排放，同时提升室内空气质量和用户的健康舒适度，鼓励采用绿色建材和循环经济原则，以及促进生物多样性和城市绿色发展。应确保建筑物不仅在设计和建设阶段符合低碳标准，而且在运营和维护过程中持续展现其低碳智慧的特性。

低碳智慧建筑是实现可持续发展和应对气候变化的重要途径。通过合理分类和科学管理，低碳智慧建筑可以在不同领域和全生命周期阶段实现对碳排放的有效控制。

6.1.2 碳排放核算原则

低碳智慧建筑碳排放核算原则主要涉及碳排放核算和低碳成本及收益核算的多个方面，以确保核算的全面性、准确性、科学性、可比性和可操作性。表6.2是对这些原则的简要概括。

表 6.2　低碳智慧建筑碳排放核算原则

核算标准	说明
全面性	范围应覆盖所有碳排放源，包括直接与间接排放，确保数据完整无遗漏
准确性	数据与方法应准确可靠，避免误差，须采用可信的监测手段和数据来源
科学性	方法应基于科学原理与公式，确保结果可靠
可比性	结果应具备可比性，便于不同主体之间横向比较，须采用统一标准与方法
可操作性	方法应简便易行，适合实际操作和推广，同时兼顾科学性与便利性

这些原则对于推动低碳经济的发展和企业的可持续发展具有重要意义。

6.1.3　碳排放核算步骤

在全球气候变化和环境保护日益受到重视的背景下，建筑行业作为能源消耗和碳排放的主要领域之一，正面临着严峻的挑战。建筑的碳排放不仅源自其运营阶段的能源消耗，还包括其整个生命周期内的材料生产、施工和废弃物处理等各个环节。因此，精准地核算建筑碳排放，是实现建筑可持续发展和减少环境影响的关键步骤。

下面将提供建筑碳排放核算的系统化步骤，帮助建筑设计师、工程师、运营管理者及相关专业人员全面了解并有效实施碳排放核算。通过确定核算边界、识别排放源、收集数据、计算排放量、进行数据验证与审核、编制报告，以及分析结果与提出改进建议，可以为建筑碳排放管理提供科学依据，支持建筑行业朝着低碳、可持续的方向发展。

有效的碳排放核算不仅有助于建筑业应对日益严格的环境法规和市场要求，也为建筑项目的环境绩效评估、绿色建筑认证及碳减排目标的实现奠定了基础。建筑碳排放的核算步骤见表 6.3。

表 6.3　碳排放核算步骤

步骤	说明
确定核算边界	明确核算范围，包括直接排放、间接排放及其他相关排放
识别排放源	识别直接、间接及其他排放源
收集数据	收集能源消耗量、活动数据及碳排放因子等相关数据
计算排放量	使用数据和排放因子计算各类碳排放量
进行数据验证与审核	验证数据准确性和完整性，进行内部和必要的外部审核
编制报告	汇总核算结果，编制包括边界、数据来源、方法和结果的报告
分析结果与提出改进建议	分析排放来源，提出减排措施，制定管理计划并定期评估

通过这些步骤，可以系统、全面地核算和管理建筑的碳排放，为实现低碳建筑目标提供科学依据和有效工具。

6.2 全生命周期碳排放理论

6.2.1 全生命周期理论

应对全球变暖和能源危机，减少以二氧化碳为主的温室气体排放已成为全球关注的焦点。我国作为主要碳排放国，2017 年在《巴黎协定》中承诺，到 2030 年单位 GDP 的温室气体排放比 2005 年减少 60%~65%，并提出四项自主贡献承诺。2022 年 9 月 22 日，我国进一步承诺力争于 2030 年前达到二氧化碳排放峰值，努力争取在 2060 年前实现碳中和的"双碳"目标愿景。

建筑业是我国能源消耗和二氧化碳排放的重要来源。根据《中国建筑能耗与碳排放研究报告（2022）》数据，2020 年我国建筑全过程碳排放为 50.8 亿吨，约占全国碳排放的 50.9%。自 2006 年《绿色建筑评价标准》发布以来，绿色建筑在我国迅速发展。截至 2022 年底，全国累计建成绿色建筑总面积超过 100 亿平方米，城镇新建绿色建筑占新建建筑的比例约为 90%。

建筑在其全生命周期及相关行业活动中造成了诸多环境问题，如温室气体排放。因此，我国于 2019 年 12 月 1 日实施了《建筑碳排放计算标准》（GB/T 51366—2019），采用排放系数法基于全生命周期理论计算民用建筑的碳排放。

全生命周期评价方法用于评估建筑各阶段的环境影响。全生命周期评价起源于 20 世纪 70 年代，最初用于评估饮料容器的全生命周期影响。20 世纪 90 年代起，全生命周期评价被应用于建筑领域，帮助量化碳排放并减少材料和部件对环境的影响，成为建筑行业可持续发展的重要工具。

全生命周期评价是一种系统性方法，用于评估产品或服务从生产到废弃的整个生命周期内对环境的影响，包括资源和能源消耗以及碳排放等。其核心思想是将各阶段的环境影响综合起来，为决策者提供全面信息，以支持可持续发展。

全生命周期评价的步骤包括目标与范围界定、全生命周期清单分析、全生命周期影响评价和解释等。这些步骤相互关联，缺一不可。

目标与范围界定：首先明确评估的目标，确定研究的范围和边界，明确评估对象和目的。在建筑物碳排放核算中，目标通常是评估建筑物的整体碳排放量，范围包括建筑物的设计、施工、使用和拆除等阶段。

全生命周期清单分析：收集和整理建筑物全生命周期内的数据，包括材料生产、施工过程、能源使用情况等，形成全生命周期清单。数据的准确性和全面性是关键，须覆盖所有碳排放源。

全生命周期影响评价：根据清单分析结果，评估各阶段对环境的影响，包括能源消耗、碳排放、土地和水资源利用等。通过数学模型量化环境影响，评价建筑物的整体环境性能。

解释：对评估结果进行解释和分析，提出建议和改进措施，为建筑物碳排放管理和减排提供科学依据。

在建筑物碳排放核算中，全生命周期评价可识别主要碳排放源和影响因素，为减排策略提供科学依据。Wu，Peng & Lin（2017）[59] 将建筑全生命周期考虑为建材生产、建材运输、施工、运行以及废弃阶段，并构建了各个阶段的碳排放计算模型。全生命周期评价可比较不同材料和技术的环境性能，指导建筑设计和施工选择低碳材料和技术，降低建筑物碳排放量。全生命周期评价还可评估建筑物运营和维护阶段的碳排放，包括能源使用效率、设备维护和管理措施等，监测和分析建筑物能源消耗和碳排放数据，及时发现问题和改进空间，提高建筑物能效和减少碳排放[60]。

6.2.2 核算边界的确定

绿色建筑全生命周期可划分为建材生产与运输阶段、施工阶段、运行阶段和拆除及废料处理阶段。在各阶段内，相关活动消耗的能源、材料等引起的温室气体排放和可再生能源及绿地系统的"减"碳影响均被纳入碳排放计算范围。

6.2.3 碳排放源的确定

随着全球气候变化的加剧，二氧化碳等温室气体的排放已成为全球关注的焦点。为了有效减少气候变化的影响，世界各国纷纷采取措施，致力于减少碳排放量。作为实现碳减排的重要一环，确定碳排放源并对其进行有效管理和控制是关键环节。

碳排放源指的是各种活动或任何过程所产生的二氧化碳和其他温室气体的来源。这些排放源可以分为直接排放源和间接排放源。直接排放源是指在活动或过程本身中直接排放的温室气体，例如化石燃料的燃烧。间接排放源则是指因能源使用而间接产生的温室气体，例如电力生产所导致的排放。识别这些排放源的关键在于全面、科学地评估各类活动对温室气体排放的贡献，以便制定相应的减排措施和政策。

1. 碳排放源的确定方法

为了有效地管理和减少建筑行业的碳排放，须准确确定碳排放源。目前，碳排放源的确定主要采用以下几种方法。

（1）实测法

它通过规范的监测设备，实地测量能源和资源的消耗以及气体排放量。用这种方法获取的数据具有很高的代表性，可以科学地计算碳排放总量。然而，由于建筑施工过程复杂，监测设备易受到干扰，对数据的准确性和代表性要求高，且成本较高。实测法适用于关键环节的精确排放监测，但在大规模应用上存在一定局限性。

（2）物料衡算法

它基于环境输入和输出的定量分析方法，遵循质量守恒定律，将排放源的排放、资源能源的综合利用、生产技术和管理与环境保护方式相结合，系统研究排放源的产生和排放。这种方法假设了许多条件，存在细节缺失的局限性，但仍是目前估算碳排放量的主要方法之一。物料衡算法通过大数据分析和模型计算，提供了宏观层面的排放估算。

（3）排放系数法

它也称为排放因子法或联合国政府间气候变化专门委员会（IPCC）清单法，依据不同活动过程的排放系数来计算碳排放量。该方法由 IPCC 提出，并在其《国家温室气体清单指南》中应用。基本思路是以过程为出发点，详细分析整个周期中温室气体排放的各个活动过程，将活动数据汇成清单列表，将活动量和排放因子相乘，量化各活动过程温室气体排放。我国的《建筑碳排放计算标准》（GB/T 51366—2019）也是采用这一方法。排放系数法具有操作简便、数据易得的优点，适合广泛应用。

碳排放源的确定是实现建筑行业碳减排的基础。通过准确识别和量化碳排放源，结合科学的管理和减排策略，可以有效减少建筑行业的碳排放，为应对全球气候变化和实现碳中和目标作出积极贡献。建筑行业作为能源消耗和碳排放的重要领域，其碳排放源涵盖了从材料生产到建筑使用和最终拆除的全过程。

2. 建筑材料的碳排放源

不同建筑材料的不同阶段的碳排放见表6.4。

表6.4 建筑材料全生命周期碳排放

建筑材料	碳排放阶段	说明
水泥	生产阶段	石灰石在高温下分解为石灰和二氧化碳，能源消耗大，伴随化石燃料燃烧，碳排放显著
钢铁	生产阶段	高温冶炼过程中，铁矿石通过焦炭还原成铁，释放大量二氧化碳
砖	原材料采集	黏土、砂石等原材料的开采和运输会产生碳排放
	生产阶段	黏土混合、压制、干燥和烧制阶段，特别是在高温炉中烧制时碳排放显著
	运输阶段	从生产厂到施工现场的运输过程产生碳排放
	使用阶段	不直接产生额外碳排放，但影响建筑能效和维护需求
	废弃物处理阶段	包括拆除、处理和运输废料，碳排放量较大
玻璃	原材料采集	硅砂、石灰石、长石等原料的开采和运输产生碳排放
	生产阶段	在高温炉中熔融原料需要大量能源，碳排放显著
	运输阶段	从生产厂到施工现场的运输过程产生碳排放
	使用阶段	不直接产生碳排放，但影响建筑的能效
	废弃物处理阶段	包括拆除、处理和运输废料，回收过程相对环保
陶瓷	原材料采集	黏土、长石、石英等原料的开采和运输产生碳排放
	生产阶段	原料处理和高温烧制，特别是烧制阶段碳排放显著
	运输阶段	从生产地到使用地的运输过程产生碳排放
	使用阶段	不直接产生额外碳排放，但影响建筑的能效
	废弃物处理阶段	包括拆除、处理和运输废料，回收复杂，但有效回收可减少影响

建筑材料的碳排放过程都涉及多个阶段，其中生产阶段，尤其是高温烧制过程中的碳排放最为显著。优化生产工艺、采用低碳能源、改进运输和废弃物处理方式，是减少这些材料碳排放的重要策略。

3. 运输阶段碳排放源

建筑材料和设备的运输使用的燃料会导致碳排放。长途运输特别是质量大的材料，燃料消耗和碳排放显著，主要燃料包括以下几种。

（1）柴油

柴油广泛用于卡车和拖车，燃烧产生大量二氧化碳和污染物，但柴油是建筑材料运输中最常见的燃料。

（2）汽油

汽油用于轻型运输车辆，如小型货车。尽管汽油燃烧的二氧化碳较少，但仍对碳排放有影响。

（3）煤炭

煤炭用于一些国家的铁路货运列车，燃烧产生的碳排放量大，对环境影响大。

（4）天然气

天然气用于一些货车和列车的动力系统。虽然燃烧产生的碳排放较少，但仍释放二氧化碳。

优化运输路线、使用高效工具和选择低碳能源可以减少碳足迹。

4. 建筑施工阶段碳排放源

施工中使用的挖掘机、起重机、混凝土搅拌机等机械设备消耗大量燃料，导致能耗和碳排放多。劳动者产生的碳排放相对较少。施工中的运输环节也会增加碳排放。

5. 建筑运营阶段碳排放源

（1）采暖和制冷

供暖系统和空调在冬夏季消耗大量能源，产生二氧化碳。北方冬季采暖需求大，热带地区则有制冷需求。

（2）照明

日常照明设备消耗能源，LED灯的用量虽有所增加，但照明仍是主要的碳排放源。

（3）电器和设备

电梯、计算机、厨房设备等电器设备消耗电力，产生碳排放。通风和空调系统也占建筑能耗的一部分。

（4）热水供应

提供生活热水的系统在家庭和商业建筑中占有一定的能耗比例。

6. 建筑维护和修缮阶段碳排放源

建筑物需要定期维修和更换设施，维修材料的生产和运输会产生碳排放，增加材料消耗和运输能耗。

维修过程中使用的机械设备和工具（如电钻、电锯）也会消耗能源，产生碳排放。

7. 建筑拆除阶段碳排放源

拆除建筑物使用的各种机械设备在操作过程中会消耗燃料，产生二氧化碳。拆除过程中的爆破、破碎等作业也会带来显著的能源消耗和排放。Yu 等（2019）[61] 系统地总结了现有的拆除废弃物产生量的预测方法，并提出了利用单位建筑面积产量法来有效预测大规模城市更新过程中拆除废弃物的产生量。同时，构建了基于单位建筑面积产废率和总建筑面积的预测模型，并通过实地调研和访谈厘清了拆除废弃物资源化的主要路径和关键环节。此外，还建立了基于"经济效益"和"质量守恒"的资源化潜力估算模型，最终通过深圳市 509 个城市更新项目的案例，预测了拆除废弃物的产生量及其资源化潜力。Dong 等（2018）[62]对特大城市上海废弃物循环利用的节能减排效果进行分析，同时进一步研究了通过提高废物回收率和采用废弃塑料及纸张燃料技术实现节能减排的潜力。

建筑废弃物的处理和运输过程也会导致碳排放，尤其是废弃物不能被有效回收再利用时，大量的建筑垃圾需要处理，若处理不当，将进一步增加碳排放和环境负担。

6.2.4　碳排放因子的确定

碳排放因子是指某一特定活动或过程所产生的温室气体排放量与该活动或过程的活动数据之比。具体来说，它是用来表示每单位活动量（如燃料消耗、生产量、运输距离等）所排放的二氧化碳或其他温室气体的量。碳排放因子通常以"千克二氧化碳当量（$kgCO_2e$）"或"吨二氧化碳当量（tCO_2e）"为单位。碳排放因子是指单位活动量所产生的温室气体排放量，它为计算和管理碳排放提供了科学依据。

碳排放因子的确定涉及多种方法（表 6.5）。

表 6.5　碳排放因子确定方法

方法	说明
实验测量法	现场实验和监测设备直接测量排放量，数据准确，但成本高，需要专业设备
统计分析法	通过历史数据和统计模型分析平均碳排放量，适用于大规模数据分析
物料衡算法	基于质量守恒定律，通过输入和输出数据计算碳排放，广泛用于工业生产
模型模拟法	使用计算机模型模拟碳排放情况，适合复杂系统和未来情景分析

碳排放因子在碳管理中至关重要，但确定过程面临挑战。数据获取和准确性是关键，缺乏高质量数据会影响因子的可靠性。此外，不同行业和地区的因子差异较大，统一和标准化是难点。随着技术进步和数据积累，碳排放因子的确定将更科学、精确。大数据和人工智能的发展为因子分析提供了新手段，国际合作和标准化推动了全球

一致性。碳排放因子为温室气体排放核算和管理提供了重要支持。尽管 IPCC《国家温室气体清单指南》鼓励本土化因子，但当前我国尚无统一数据库，因子数值多来自学术研究和官方数据，存在时效性问题。因子确定应按以下优先等级进行确定。

1. 建材碳排放因子

采用《建筑碳排放计算标准》（GB/T 51366—2019）附录表 D 提供的推荐值。

采用《中国产品全生命周期温室气体排放系数集（2022）》，该系数集是中国生态环境部联合北京师范大学等研究机构编制的，公开免费为组织、机构和个人等准确快速地计算碳足迹的数据库。

2. 能源碳排放因子

（1）化石能源碳排放因子

采用《建筑碳排放计算标准》（GB/T 51366—2019）附录表 A 提供的推荐值。

（2）电力碳排放因子

电力在生产过程会产生碳排放，而在使用过程中不产生碳排放。因此，电力碳排放因子等于生产每单位电力所产生的碳排放量。我国地域辽阔，不同省市的各种电力占比不完全相同，我国各区域、各省市的电力碳排放因子数值见表 6.6。

表 6.6　我国各区域电网电力碳排放因子

电网区域	覆盖省市	碳排放因子 / （kgCO$_2$e/kWh）
华北区域电网	北京市、天津市、河北省、山西省、山东省、内蒙古自治区	0.8843
东北区域电网	辽宁省、吉林省、黑龙江省	0.7769
西北区域电网	陕西省、甘肃省、青海省、宁夏回族自治区、新疆维吾尔自治区	0.7035
华东区域电网	上海市、江苏省、浙江省、安徽省、福建省	0.5257
华中区域电网	河南省、湖北省、湖南省、江西省、四川省、重庆市	0.6671
南方区域电网	广东省、广西壮族自治区、云南省、贵州省、海南省	0.5271

注：电网区域不是按照我国传统分区方式划分的。

6.3 碳排放核算模型

6.3.1 物化阶段碳排放核算

根据建筑全生命周期的内容和我国对建设工程项目的划分，建筑全生命周期包括建材生产与运输阶段、施工阶段、运行阶段和拆除及废料处理四个阶段。相较于其他阶段，物化阶段持续时间仅为1~2年，其建筑材料、运输及施工阶段的机械能耗数据易采集，不可控因素相对较少，故物化阶段减排潜力大。因比，立足于建筑的物化阶段，分析影响碳排放主要因素的作用机制与减排潜力，对推动建筑业的绿色可持续发展具有重要意义。

物化阶段是建筑从无到有的重要阶段，是指在建筑物的全生命周期中，从材料生产、运输、施工等各个阶段，对由此产生的碳排放进行全面统计和评估的过程。过程旨在了解建筑在各个阶段对环境造成的影响，并为减少建筑业对气候变化的影响提供数据支持。

建筑材料在生产和运输过程中会消耗能源，释放温室气体，因此需要对材料在生产和运输过程中的碳排放进行统计。施工阶段包含建筑施工过程中所使用的机械设备、运输工具等产生的碳排放，需要对施工阶段的碳排放进行统计。整个物化阶段碳排放统计的目的是全面了解建筑物的碳排放增量，并估算减少碳排放的潜在机会。这可以通过针对性地采用低碳材料、建筑能效、降低能源消耗等措施来实现。

目前大多采用碳排放系数法对建筑业物化阶段碳排放进行计算，各阶段的计算公式如下：

$$C_{JW}=C_1+C_2+C_3$$

式中：C_{JW}为建筑业物化阶段碳排放；C_1为建材生产阶段碳排放；C_2为建筑材料运输阶段碳排放；C_3为建筑施工阶段碳排放。其中：

$$C_1=\sum_{i=1}^{n} M_i F_i$$

式中：C_1为建材生产阶段碳排放（$kgCO_2e$）；M_i为第i种主要建材的消耗量（t）；F_i为第i种主要建材的碳排放因子（$kgCO_2e$/单位建材数量）。

$$C_2 = \sum_{i=1}^{n} M_i D_i T_i$$

式中：C_2 为建材运输过程碳排放（$kgCO_2e$）；M_i 为第 i 种主要建材的消耗量（t）；D_i 为第 i 种建材平均运输距离（km）；T_i 为第 i 种建材的运输方式下，单位质量运输距离的碳排放因子[$kgCO_2e/$（$t \cdot km$）]。

$$C_3 = \sum_{i=1}^{n} E_i B_i$$

式中：C_3 为建筑施工阶段碳排放（$kgCO_2e$）；E_i 为第 i 种主要能源的消耗量；B_i 为第 i 种主要能源的碳排放因子（tCO_2e/t；tCO_2e/MWh；$tCO_2e/10^4m^3$）；

计算这些排放量需要精确的数据和标准化的方法，关键因素包括数据准确性、评估方法以及区域和时间的差异。未来，低碳材料使用、绿色设计、政策支持和技术进步可以有效降低建筑行业的碳排放。

6.3.2 运行阶段碳排放核算

1. 运行阶段的建筑能耗

建筑能耗指的是建筑物在使用过程中消耗的能源总量，包括设备、供暖、通风和空调系统消耗的能源。在我国工业化和城市化快速发展的情况下，建筑能耗逐渐成为能源消耗的重要部分。高能耗建筑包括大型商业综合体、高档写字楼、高速铁路站点、高端酒店等。为应对建筑能耗问题，推动建筑行业向低碳、绿色、节能方向发展，国内已对此进行了大量研究，政府也出台了相关法规和措施，包括加强能源法规、推广节能技术及提高公众能源意识等。

我国城镇化推动了经济转型，2023 年，全国建筑企业房屋施工面积 151.3 亿平方米，比 1980 年约增长 66.5 倍，年均约增长 10.3%。我国成为拥有先进建筑技术和丰富经验的国家，是全球主要的建筑材料生产国之一，生产制造业全球领先。然而，建筑业面临环境保护和可持续发展的挑战，未来将通过技术和制度改革实现更好的发展。

截至 2020 年，我国建筑全生命周期碳排放总量约为 50.8 亿吨，其中建筑运行和材料生产阶段的碳排放量占 98% 以上，这导致建筑部门终端能源消耗和碳排放量的增长。政府推广绿色建筑技术以降低运行和材料生产阶段的碳排放，还需要加大对绿色技术研发的支持，以实现可持续发展目标。

随着居民物质需求的增长，家庭能源消费上升。2021 年我国建筑运行阶段二氧化碳排放量约为 23.0 亿吨，但人均建筑用能仅为美国的 1/5，不及德国的 1/3。如果到 2030 年人均建筑用能达到德国当前水平，二氧化碳排放量将达到 66 亿吨，占我国能源总量控制目标的 45% 左右，会对碳减排目标造成严重的负面影响。因此，须采取有效措施降低建筑运行阶段的能源消耗，实现低碳可持续发展。

2. 建筑运行阶段能耗统计方法

建筑运行阶段的能耗是指在建筑的日常维护和维修过程中所消耗的能源。此外，建筑在日常使用中消耗的能源也被视为建筑运行阶段能耗的一部分。我国特色能源终端消费部门是按照"工厂法"的要求填报的，此种填报方式令研究人员无法将建筑日常使用与维护维修所产生的能源消耗从终端消费部门中分项统计出来。为解决这一问题，研究人员提出了用于计算建筑运行阶段能耗的三种间接核算方法，以更全面地评估建筑的能源利用效率。这些方法提供了一种可行的途径，使研究人员能够对建筑运行阶段的能耗进行准确评估，从而更好地了解建筑的能源使用情况（表6.7）。

表 6.7　建筑运行阶段能耗计算模型

模型	说明
宏观模型	这是基于我国统计年鉴数据的数学计算模型。建筑能耗被分散统计在多个部门中，计算方法存在争议。研究者提出了不同的计算公式，包括剔除交通油品消耗和关注常用能源消耗等
微观模型	通过抽样调查代表性建筑记录其运行阶段的能耗，推算建筑总能耗量
终端电器使用模型	基于电器和照明情况推算建筑用电量，从而推算总能耗。须假设多个条件，如电器拥有量、工作时长、功率等，准确性难以保证，实际应用较少

3. 建筑碳排放与能耗统计的区别

能耗统计和碳排放统计虽然都是针对能源消费的，但在数据来源、统计方法和结果上存在显著差异。能耗统计多基于宏观数据，缺乏利用效率等信息，而碳排放统计更关注能源使用的环境影响，并区分一、二次能源。碳排放统计更能反映能源消费与环境影响的关系。

城市建筑碳排放统计面临挑战。由于数据不足或设备老旧，研究人员难以独立完成统计，且微观模型的合理性和代表性难以保证。宏观模型依赖官方数据，广泛用于区域建筑能耗计算。建筑碳排放核算应考虑建筑活动的季节性变化和功能用途，以年度为单位统计。

在建筑日常使用中，能源消耗是碳排放的主要来源。评估城镇公共建筑碳排放时，须按能源类型分类计算，包括集中采暖、分散采暖、炊事热水、电气设备照明和油品消耗。不同能源类型应采用不同的计算方法，如终端热力消费、煤炭消费和电力消费等，并应修正油品消耗量以确保准确性。

城镇居住建筑的能耗数据来自能源平衡表的"城镇生活消费"，油品消耗量计算包括全部煤油消耗及 5% 的柴油消耗。乡村居住建筑的碳排放计算以煤炭和燃气为主，油品消耗量计算与城镇类似，但数据来源于"乡村生活消费"。研究人员应区分能耗来源和消费方式，以准确计算城镇和乡村居住建筑的碳排放量。

建筑运行阶段碳排放计算范围应包括暖通空调、生活热水、照明、电梯、可再生能源等在建筑运行期间的碳排放量。

（1）暖通空调系统

暖通空调系统能耗应包括冷源、热源、输配系统及末端空气处理设备的能耗。计算方法要求：使用月平均法计算年累计冷负荷和热负荷；分别设置工作日和节假日的室内人员数量、照明和设备功率、温度，以及系统运行时间，根据负荷计算供暖和空调的起止时间；反映建筑外围护结构热惰性对负荷的影响；计算至少 10 个建筑分区的负荷；考虑系统间歇运行对负荷计算结果的影响；评估能源系统形式、效率及部分负荷特性对能耗的影响；结果应包括负荷计算和按能源类型输出的系统能耗；在建筑碳排放计算中，应考虑物理分隔、暖通空调系统、采光情况等。

年供暖（供冷）负荷包括围护结构的热损失和新风处理的热（冷）需求，应扣除排风中回收的热量（冷量）。建筑碳排放计算应符合现行标准，气象参数选取应遵循《建筑节能气象参数标准》（JGJ/T 346—2014）。计算应定义围护结构，确保其热工性能和构造与设计文件一致，并分别计算累计冷负荷和热负荷。

累计冷热负荷包括围护结构传热、太阳辐射热量、人体散热、照明和设备散热、食品或物料散热、渗透空气热量，以及散湿过程的潜热量。计算应考虑气密性、风压、热压、人员密度、新风量、热回收系统效率对通风负荷的影响。冷负荷和热负荷应按分区的空调系统分别求和。

终端能耗计算应考虑：供冷供暖系统类型；冷源和热源效率；泵与风机能耗；末端设备类型；系统控制策略；冷热抵消情况；能量输送介质影响；冷热回收措施。暖通空调系统中由于制冷剂使用而产生的温室气体排放，应按下式计算：

$$C_r = \frac{m_r}{y_e} \, GWP_r / 1000$$

式中：C_r 为建筑使用制冷剂产生的碳排放量（tCO_2e/a）；r为制冷剂类型；m_r 为设备的制冷剂充注量（kg/台）；y_e 为设备使用寿命（a）；GWP_r 为制冷剂r的全球变暖潜值。

建筑物碳排放计算采用的冷热源及相关用能设备的性能参数应与设计文件一致。建筑冷热源的能耗计算应计入负载、输送过程和末端的冷热量损失等因素的影响。输送系统的能耗计算应计入水泵与风机的效率、运行时长、实际工作状态点的负载率、变频等因素的影响。

（2）生活热水系统

建筑物生活热水年耗热量的计算应根据建筑物的实际运行情况，并按下列公式计算：

$$Q_{rp} = 4.187 \, \frac{mq_r C_r (t_r - t_1) \rho_r}{1000}$$

$$Q_r = TQ_{rp}$$

式中：Q_r 为生活热水年耗热量（kWh/a）；Q_{rp} 为生活热水小时平均耗热量（kW/h）；T 为年生活热水使用小时数（h）；m 为用水计算单位数（人数或床位数，取其一）；q_r 为热水用水定额（L/人），按现行国家标准《民用建筑节水设计标准》（GB 50555—2010）确定；ρ_r 为热水密度（kg/L）；t_r 为设计热水温度（℃）；t_1 为设计冷水温度（℃）。

（3）照明系统

建筑碳排放计算采用的照明功率密度值应同设计文件一致。照明系统能耗计算应将自然采光、控制方式和使用习惯等因素影响计入。照明系统无光电自动控制系统时，其能耗计算可按下式计算：

$$E_1 = \frac{\sum\limits_{j=1}^{365}\sum\limits_{i} P_{i,j} A_i t_{i,j} + 24P_\mathrm{p}A}{1000}$$

式中：E_1为照明系统年能耗（kWh/a）；$P_{i,j}$为第j日第i个房间照明功率密度值（W/m²）；A_i为第i个房间照明面积（m²）；$t_{i,j}$为第j日第i个房间照明时间（h）；P_p为应急灯照明功率密度（W/m²）；A为建筑面积（m²）。

（4）电梯系统

电梯系统能耗应按下式计算，且计算中采用的电梯速度、额定载质量、特定能量消耗等参数应与设计文件或产品标牌一致。

$$E_\mathrm{e} = \frac{3.6Pt_\mathrm{a}VW + E_\mathrm{standby}t_\mathrm{s}}{1000}$$

式中：E_e为年电梯能耗（kWh/a）；P为特定能量消耗（mWh/kgm）；t_a为电梯年平均运行小时数（h）；V为电梯速度（m/s）；W为电梯额定载质量（kg）；E_standby为电梯待机时能耗（W）；t_s为电梯年平均待机小时数（h）。

（5）可再生能源系统

该系统包括太阳能生活热水系统、光伏系统地源热泵系统和风力发电系统。

太阳能生活热水系统提供能量可按下式计算：

$$Q_\mathrm{s.a} = \frac{A_\mathrm{c} J_\mathrm{T} (1-\eta_L)\eta_\mathrm{cd}}{3.6}$$

式中：$Q_\mathrm{s.a}$为太阳能生活热水系统的年供能量（kWh）；A_c为太阳集热器面积（m²）；J_T为太阳集热器采光面上的年平均太阳辐照量（MJ）；η_cd为基于总面积的集热器平均集热效率（%）；η_L为旧管路和储热装置的热损失率（%）。

太阳能生活热水系统提供的能量不应计入生活热水的耗能量。地源热泵系统的节能量应计算在暖通空调系统能耗内。光伏系统的年发电量可按下式计算：

$$E_\mathrm{pw} = IK_\mathrm{E}(1-K_\mathrm{S})A_\mathrm{p}$$

式中：E_pw为光伏系统的年发电量（kWh）；I为光伏电池表面的年太阳辐射照度

（kWh/m²）；K_E为光伏电池的转换效率（%）；K_S为光伏系统的损失效率（%）；A_p为光伏系统光伏面板净面积（m²）。

6.3.3 拆除阶段碳排放核算

①建筑拆除阶段的碳排放虽然相对较少，但仍需要关注。其主要来源包括以下阶段。

机械设备使用：拆除大型机械，如挖掘机和推土机，消耗燃料，直接产生碳排放。

废弃物处理：在拆除所产生废弃物的运输、处理和处置过程中，燃料消耗和废弃物降解也会产生碳排放。

②核算建筑拆除阶段的碳排放步骤如下。

数据收集：收集机械设备使用时间、燃料消耗量、废弃物种类及数量、运输距离等数据。

排放因子选择：选择适当的碳排放因子，计算燃料消耗和废弃物处理过程中的碳排放量。

碳排放计算：利用数据和碳排放因子，计算各环节碳排放量。

结果分析：汇总各环节的碳排放量，分析主要排放来源和影响因素。建筑拆除阶段的单位建筑面积的碳排放量应按下式计算：

$$C_{cc} = \frac{\sum_{i=1}^{n} E_{cc,i} EF_i}{A}$$

式中：C_{cc}为建筑拆除阶段单位建筑面积的碳排放量（kgCO₂/m²）；$E_{cc,i}$为建筑拆除阶段第i种能源总用量（kWh或kg）；EF_i为第i类能源的碳排放因子（kgCO₂/kWh）；A为建筑面积（m²）。

建筑物人工拆除和机械拆除阶段的能源用量应按下列公式计算：

$$E_{cc} = \sum_{i=1}^{n} Q_{cc,i} f_{cc,i}$$

$$F_{cc,i} = \sum_{j=1}^{m} T_{B-i,j} R_j + E_{j,i}$$

式中：E_{cc}为建筑拆除阶段能源用量（kWh或kg）；$Q_{cc,i}$为第i个拆除项目的工程量；$f_{cc,i}$为第i个拆除项目每计量单位的能耗系数（kWh/工程量计量单位或kg/工程量计量单位）；$T_{B-i,j}$为第i个拆除项目单位工程量第j种施工机械台班消耗量；R_j为第i个项目第j种施工机械单位台班的能源用量；i为拆除过程中的项目序号；j为施工机械序号。

建筑物的爆破拆除、静力破损拆除和机械整体性拆除的能源用量应根据拆除专项方案确定。建筑拆除后垃圾外运的能源用量应按建材运输的规定计算。

建筑拆除阶段的碳排放对环境影响显著，主要包括以下几个方面。

温室效应：增加大气中的温室气体浓度，导致全球气温升高，引发气候变化。

空气污染：机械设备和运输排放产生 PM2.5 和氮氧化物（NOx），影响空气质量和人类健康。

资源浪费：不合理的拆除和废弃物处理增加资源浪费和环境负担。

减少建筑拆除阶段碳排放的策略包括以下几种。

优化拆除方案：合理规划，减少机械设备使用时间和燃料消耗，提高效率。

资源回收利用：推动废弃物回收和再利用，减少填埋和焚烧。

采用低碳技术：使用电动或混合动力设备替代燃油设备，减少碳排放。

加强管理和监测：建立碳排放监测和管理体系，控制各环节碳排放。

科学核算和有效减排策略对低碳发展至关重要。通过技术创新和管理优化，可降低拆除过程中的碳排放，减少对环境的影响，助力应对气候变化。

6.3.4 建筑材料固碳核算

1. 固碳政策推动

建筑材料固碳指的是通过使用特定的建筑材料来吸收和存储大气中的二氧化碳，从而减少温室气体排放并帮助应对气候变化。

为实现环境保护的目标，各国纷纷出台政策，支持低碳和固碳建筑材料的研发和应用。我国在"十四五"规划中加大了对绿色建材产品和关键技术的研发投入，以推动固碳建筑材料的应用。具体措施包括：①推广高性能建材，在政府投资的工程中率先采用绿色建材，显著提高城镇新建建筑中绿色建材的应用比例；②优化选材，提升建筑健康性能，开展面向提升建筑使用功能的绿色建材产品集成选材技术研究，推广新型功能环保建材产品与配套应用技术；③通过政策支持和市场激励，固碳建筑材料在未来将得到更广泛的应用和推广。

许多国家和地区也很早就开始推动绿色建筑认证，如美国在 1998 年推出了绿色建筑认证体系 LEED，英国在 1990 年推出了 BREEAM，鼓励使用低碳和固碳建筑材料。

2. 固碳材料类别

①混凝土：混凝土与 CO_2 反应生成碳酸钙，不仅可以固碳，还可以提升其强度和耐久性。现代技术通过引入 CO_2 可加快固化，增加 CO_2 吸收量。

②碳化砖：利用工业废弃物与 CO_2 反应生成碳酸钙，环保且实现废弃物资源化。

③木材和竹子：通过光合作用吸收 CO_2，每立方米木材储存约 1 吨 CO_2，具有可再生和美学价值。用木质产品替代能源密集型材料可显著减排。木材的碳储存与使用寿命相关，技术创新可延长固碳周期。木结构材料在固碳方面具有显著优势，但须综合考虑性能、成本和环保性。未来可能出现更多新型固碳建筑材料。

④生物基复合材料：植物纤维与聚合物复合，结合了碳储存与优良的力学性能，用于桥梁和建筑结构，降低碳排放。

⑤纳米材料：较大的比表面积和独特的化学性质，提高 CO_2 吸附和材料性能。

⑥回收混凝土：废旧混凝土粉碎再利用，减少对新材料的需求并吸收 CO_2，用于新混凝土骨料或道路基础设施。

⑦建筑废料：处理建筑废料后重新将其用作建筑材料，降低资源消耗和 CO_2 排放。

3. 固碳材料发展

发展循环利用技术，通过开发高效的回收和再利用技术，可提高废料利用率和材料性能。例如，混凝土回收技术通过机械粉碎和化学处理，可将废旧混凝土转化为再生骨料和粉料，用于新混凝土的生产。

随着纳米技术、先进材料科学和生物技术的发展，固碳建筑材料的种类将增加，性能也将不断提升，这样可降低生产成本，推动更高效的固碳材料研发。建筑行业也将形成完整的低碳和固碳产业链，涵盖原材料供应、制造、施工和回收利用。但应加强各环节协同创新，优化技术和工艺。在环境保护方面，固碳建筑材料通过吸

收和固定 CO_2，可减少温室气体排放，减缓气候变化，并减少对自然资源的过度开采，保护生态环境。政府应制定支持固碳建筑材料发展的政策，如财政补贴、税收优惠和市场激励，支持固碳材料的研发和应用，并建立市场准入和质量标准。固碳建筑材料将在新建和改造建筑中得到广泛应用。技术进步和政策支持将推动固碳材料在交通基础设施和城市景观建设中的大量运用，实现全球建筑行业的绿色转型。

4. 固碳材料核算

（1）基于全生命周期评估的固碳建筑材料碳评估

全生命周期评估用于评估固碳建筑材料的碳排放和固碳量，涵盖以下阶段。

原材料阶段：计算原材料在开采、加工和运输中的碳排放。

生产阶段：计算材料在制造过程中的碳排放，包括能源消耗和废弃物处理。

施工阶段：计算材料从运输到施工现场及施工过程中的碳排放。

使用阶段：计算材料在建筑使用期间的碳排放和固碳量，包括耐久性和保温性能对能耗的影响。

废弃和回收阶段：计算拆除、处理和回收过程中的碳排放和固碳量。

（2）固碳建筑材料的碳足迹计算

定义边界：明确生产、运输、施工、使用及废弃回收阶段的边界条件。

数据收集：收集各阶段的碳排放和固碳量数据。

计算碳排放：使用碳排放因子计算碳排放量，包括燃料燃烧、用电和运输等。

计算固碳量：使用固碳因子计算固碳量，根据材料的化学性质和应用环境进行计算。

（3）固碳建筑材料的碳减排核算

选择对比材料：选择具有代表性的传统建筑材料，如普通混凝土和钢材。

计算对比材料的碳排放：计算对比材料的碳排放量，确保方法一致。

计算碳减排量：比较固碳材料与对比材料的碳排放量，得出碳减排效益。

（4）固碳建筑材料的环境效益评估

选择环境指标：选择如温室气体排放、能源消耗、水资源利用等指标。

计算环境指标：使用全生命周期评估和碳足迹计算方法评估环境指标。

综合评估：将各环境指标加权综合，得出环境效益，使用如层次分析法（AHP）等综合评价方法。

固碳建筑材料的核算应综合全生命周期评估、碳足迹计算和环境效益评估方法，确保数据的可靠性和一致性。通过优化核算方法，可以支持固碳建筑材料的发展与推广，助力建筑行业碳中和目标的实现。

6.4 低碳智慧建筑业碳排放分析与预测

6.4.1 碳排放分析模型

碳排放分析模型是一种用于评估和量化各类活动、产品或系统在其全生命周期内产生的碳排放量的工具。它通过分析不同阶段的能源消耗、原材料使用和废弃物处理等数据，帮助识别和减少碳排放。目前应用最广泛的包括对数平均迪氏指数法（LMDI）模型，通过对数平均值分解，准确分析碳排放变化的驱动因素，如经济增长、能源结构和技术进步。Kaya 公式，通过将碳排放分解为人口、GDP、能源强度和碳强度等因素，帮助理解不同因素对总碳排放的贡献。这些模型为政策制定者提供了分析碳排放变化的工具，支持更精确的减排目标的设定。这些模型在不同领域和应用场景中提供了科学和系统的碳排放评估方法。详细模型见表 6.8。

表 6.8　碳排放模型

模型	核心概念	基本公式	应用领域	优势	劣势
LMDI	指数分解分析方法，用于量化不同因素对总量变化的贡献	$$\Delta Y = \sum_i \left(L\left(Y_i^t, Y_i^{t-1}\right) \times \ln\frac{X_i^t}{X_i^{t-1}} \right)$$ 其中，ΔY 是总量的变化，Y_i^t 和 Y_i^{t-1} 分别表示时间 t 和时期 $t-1$ 的分量，X_i^t 和 X_i^{t-1} 分别表示影响因素的值，$L(Y_i^t, Y_i^{t-1})$ 是对数平均值，定义为： $$L\left(Y_i^t, Y_i^{t-1}\right) = \frac{Y_i^t - Y_i^{t-1}}{\ln Y_i^t - \ln Y_i^{t-1}}$$	能源消耗、碳排放、经济增长、环境影响分析	分解能力强，无偏差，灵活性高	数据要求高，解释复杂

模型	核心概念	基本公式	应用领域	优势	劣势
Kaya	分解二氧化碳排放为人口、经济活动、能源强度和碳强度四个因素的乘积	$CO_2 = P \times \dfrac{GDP}{P} \times \dfrac{E}{GDP} \times \dfrac{CO_2}{E}$ 其中，各个变量的含义如下： CO_2 为二氧化碳排放量； P 为人口数量； $\dfrac{GDP}{P}$ 为人均国内生产总值（人均GDP）； $\dfrac{E}{GDP}$ 为能源强度，即单位 GDP 的能源消耗； $\dfrac{CO_2}{E}$ 为碳强度，即单位能源消耗的二氧化碳排放量	温室气体排放分析、气候政策评估、能源战略制定、国际比较研究	简单直观，便于政策制定，数据需求低	缺乏深度
STIRPAT	扩展 IPAT 模型，引入随机性和回归分析，研究人口、财富和技术对环境影响的作用	$I = aP^b A^c T^d e$ 其中： I 为环境影响（例如二氧化碳排放、能源消耗）； P 为人口数量； A 为人均财富（例如人均 GDP）； T 为技术水平（例如能源强度）； a 为常数项； b，c，d 为回归系数，表示各因素对环境影响的弹性； e 为随机误差项，用于捕捉模型中的随机性和未解释部分	用于定量分析人口、经济富裕程度和技术发展对环境影响的贡献	多维分析，统计支持灵活性	数据要求高，模型复杂
Tapio	分析经济增长与环境影响之间的脱钩关系，通过计算脱钩弹性量化两者的关系	$\Delta GDP = \dfrac{GDP_t - GDP_{t-1}}{GDP_{t-1}} \times 100\%$ $\Delta E = \dfrac{E_t - E_{t-1}}{E_{t-1}} \times 100\%$ $\varepsilon = \dfrac{\Delta E}{\Delta GDP}$ 其中，GDP_t 和 E_t 分别表示第 t 年的 GDP 和环境影响（如碳排放），ε 表示脱钩弹性	专门用于分析经济增长与环境压力（如碳排放、资源消耗）之间关系的模型	结构化分析，适用于政策制定和评估，综合性强	实施复杂，需要详细数据

这些模型各有千秋，可以根据具体的研究目标和数据条件选择最合适的模型。

6.4.2　碳排放预测模型

系统动力学（SD）模型用于研究复杂系统的行为和动态变化。它通过模拟变量之间的相互作用和反馈机制，帮助理解系统动态特性和预测未来行为，被广泛应用于社会、经济、生态和工程等领域。

1. 系统动力学模型的构成

①库存：表示系统中可以积累的资源或状态变量，如人口、资本存量、资源量等。

②流量：表示库存之间的变化速率，如出生率、死亡率、投资、消耗等。

③辅助变量：定义流量或库存的计算关系，通常是中间变量。

④反馈回路：表示变量之间的相互影响，分为正反馈和负反馈。

2. 系统动力学建模步骤

①问题定义：明确研究问题，确定模型边界和范围。

②系统描述：识别关键变量和关系，绘制因果关系图。

③模型构建：将因果关系图转化为系统动力学模型，定义库存、流量和辅助变量的关系和公式。

④模型验证：通过历史数据验证模型的准确性，进行敏感性分析。

⑤情景分析：模拟不同情景下系统的动态变化，预测趋势，评估政策效果。

⑥结果解释：分析模拟结果，提出政策建议或改进措施。

系统动力学的优势在于其整体性和动态模拟能力，能够全面考虑变量间的相互作用和反馈关系，适应不同领域和规模的建模需求。应用领域包括社会经济（如人口增长、经济发展）、环境生态（如资源管理、污染控制）、工程管理（如项目管理、供应链优化）等。通过系统动力学模型，研究者和决策者可以更好地理解复杂系统，制定科学有效的政策和措施。

6.4.3　碳排放波动影响因素分析

1. 基于 LMDI 的影响因素分析

为了更好地理解 LMDI 模型的实际应用，此处将提供笔者团队使用 LMDI 模型，分析 2011—2019 年影响江苏省建筑业二氧化碳排放（CEBS）波动因素的案例具体步骤[63]。

①引入变量：模型中引入了与建筑业相关的技术因素，包括能源结构、能源强度、研发效率、研发强度、投资强度、经济产出和建筑业从业人口。

②通过模型分析得出以下结论。

抑制因素：能源结构、能源强度、研发效率和投资强度对 CEBS 的增长起到了抑制作用，其中投资强度对 CEBS 增长的抑制作用最为显著。

促进因素：研发强度、经济产出和人口参与对 CEBS 的波动起到了促进作用，研发强度、经济产出和人口参与对碳排放的增加有最积极的推动作用，尽管碳排放对经济产出和人口的促进作用较小。

关键变量：研发效率、研发强度和投资强度是影响 CEBS 的三个关键变量，但它们的波动性较大，这可能与国家和地方的政策干预有关。

③政策建议具体如下。

优化能源结构：减少对化石燃料的依赖，增加非化石能源、可再生能源和新型能源的使用，如太阳能、风能和生物质能等。政府应大力支持清洁能源的发展，并加强对建筑业企业的监督和执法。

提升绿色研发：增加绿色研发在所有研发投入中的比重，促进节能减排和清洁能源的利用。政府应为绿色碳减排技术的发展提供激励机制，如碳捕集、利用与封存技术，BIM 技术，预制装配式建筑和绿色施工。

推动产业升级：促进建筑业向技术密集型转型，实现可持续发展。利用互联网、大数据和人工智能，实现建筑业的现代化和智能建造。同时，加强对研发人员的培养，提升建筑设计和施工水平，鼓励企业提升从业人员的专业素质。

通过这些步骤，笔者团队使用 LMDI 模型有效地揭示了不同因素对江苏省建筑业碳排放的影响，并为相关政策的制定提供了科学依据。

综上所述，LMDI 模型在研究能源消耗、碳排放、经济增长等领域具有显著优势。其优良的数学特性和便捷的计算过程，使得 LMDI 模型在学术研究和实际应用中都具备较高的实用价值。

2. 基于 Kaya 公式的影响因素分析

为了更好地理解 Kaya 公式的实际应用，下面提供一个具体的示例。假设要分析某国在 2000—2020 年的二氧化碳排放变化，主要考虑以下四个因素：人口数量（P）、人均 GDP（A）、能源强度（EI）和碳强度（CI），具体步骤如下。

①数据收集：收集 2000—2020 年的二氧化碳排放、人口数量、GDP 和能源消耗数据，数据来源包括国家统计局、能源部门和环境保护部门。

②数据处理：处理数据以确保准确性和一致性，包括统一货币单位和排除异常值。

③计算各因素变化：计算 2000—2020 年人口数量、人均 GDP、能源强度和碳强度的变化，得到相应的变化率。

④分解计算：利用 Kaya 公式，将二氧化碳排放的变化分解为人口增长、人均 GDP 增长、能源强度变化和碳强度变化的贡献。具体公式如下：

$$\Delta CO_2 = CO_2^{2020} - CO_2^{2000}$$

$$CO_2^{2000} = P^{2000} \times A^{2000} \times EI^{2000} \times CI^{2000}$$

$$CO_2^{2020} = P^{2020} \times A^{2020} \times EI^{2020} \times CI^{2020}$$

$$\Delta CO_2 = (P^{2020} - P^{2000}) \times A^{2000} \times EI^{2000} \times CI^{2000} + P^{2020} \times (A^{2020} - A^{2000}) \times EI^{2000} \times CI^{2000} + P^{2020} \times A^{2020} \times (EI^{2020} - EI^{2000}) \times CI^{2000} + P^{2020} \times A^{2020} \times EI^{2020} \times (CI^{2020} - CI^{2000})$$

⑤结果分析：分析分解结果，确定人口增长、人均 GDP 增长、能源强度变化和碳强度变化对二氧化碳排放的贡献。例如，人口增长和经济发展（人均 GDP 增长）是主要驱动因素，而能源强度和碳强度降低在一定程度上抵消了排放增加。

⑥政策建议：根据分解结果，提出建议，如提高能源效率、优化能源结构、推广低碳技术等，以进一步减少二氧化碳排放。

Kaya 公式是一种强大且灵活的分解分析工具，被广泛应用于能源、环境和经济领域。它通过科学分解二氧化碳排放量，揭示各因素的具体贡献，为决策提供支持。随着数据分析技术的进步，Kaya 公式将在未来继续发挥重要作用，支持可持续发展目标的实现。

3. 基于 STIRPAT 的影响因素分析

为了更好地理解 STIRPAT 模型的实际应用，下面提供一个具体的示例，具体步骤如下。

①数据收集：收集 2000—2020 年的二氧化碳排放、人口数量、人均 GDP 和能源强度数据，这些数据可以从国家统计局、能源部门和环境保护部门获取。

②数据处理：处理数据以确保准确性和一致性，包括统一货币单位，排除异常值。

③模型设定：设定 STIRPAT 模型，将二氧化碳排放作为因变量，人口数量、人均 GDP 和能源强度作为自变量，加入时间变量。具体模型如下。

$$\ln(CO_2)=\ln(a)+b\ln(P)+c\ln(A)+d\ln(T)+Time+\ln(e)$$

④参数估计：使用最小二乘法或回归技术估计模型参数，通过统计软件（如 R、Stata）进行回归分析。

⑤结果分析：分析回归结果，确定人口增长、人均 GDP 增长、能源强度变化和时间变量对二氧化碳排放的贡献。例如，人口增长和经济发展是主要驱动因素，而能源强度降低在一定程度上抵消了排放增加。

⑥政策建议：根据结果，建议通过提高能源效率、优化能源结构、推广低碳技术等手段进一步减少二氧化碳排放。

STIRPAT 模型在能源、环境和经济领域应用广泛。高欣悦等（2024）利用 STIRPAT 模型分析了甘肃省的碳排放，分析和预测了 2020 至 2035 年的排放趋势。结果显示，GDP、碳排放强度和能源强度是主要因素。在低碳情景下，甘肃省预计 2030 年实现碳达峰并逐年下降；在高碳情景下，甘肃省预计 2035 年前难以碳达峰。建议提高经济发展质量、优化产业结构、推进能源绿色清洁发展。

STIRPAT 模型的灵活性、定量分析和扩展性使其在研究温室气体排放、资源消耗和环境政策评估中具有显著优势，为应对环境挑战和实现可持续发展提供科学支持。

4. 基于 Tapio 脱钩模型的影响因素分析

为了分析某国 2000—2020 年 GDP 增长与二氧化碳排放的脱钩关系，可按照以下步骤进行。

①数据收集：获取 2000—2020 年的 GDP 和二氧化碳排放数据，这些数据可以从国家统计局和环保部门获取。

②数据处理：确保数据的准确性与一致性，例如统一货币单位，排除异常值。

③计算增长率：计算每年的 GDP 增长率和二氧化碳排放增长率，得到 ΔGDP 和 ΔE。

④计算脱钩弹性：使用公式 $\varepsilon=\dfrac{\Delta E}{\Delta GDP}$ 计算每年的脱钩弹性。

⑤分析脱钩类型：根据 ε 值确定脱钩类型（如强脱钩、弱脱钩等）。

⑥结果分析：总结分析结果，评估该国经济增长与二氧化碳排放的脱钩状况。

Tapio 脱钩模型可有效地评估经济增长与环境影响之间的关系。通过脱钩弹性和分类方法，模型可以精确量化经济活动对环境的影响。杨钊和曹广喜（2022）[64]结合 LMDI 分解法与 Tapio 模型分析了江苏省的碳排放与经济增长的脱钩关系，结果显示江苏省从弱脱钩向强脱钩发展，主要驱动力为经济活动，建议通过发展新能源和进行产业升级进一步减排。

综上所述，Tapio 脱钩模型在温室气体排放研究、资源消耗研究、环境污染研究和可持续发展评估等领域具有广泛的应用前景。通过对具体示例的分析，我们可以更好地理解和应用 Tapio 脱钩模型，为实现经济与环境的协调发展提供科学支持。

6.5 低碳智慧城市构建治碳联盟

6.5.1 背景与理论基础

随着我国经济的快速发展，碳排放问题也日益严重，这成为可持续发展的核心挑战。由于经济水平、产业结构和能源消费的差异，各区域碳排放存在显著不均衡性，这对实现"双碳"目标构成了挑战。"双碳"目标不仅是国际承诺，也是推动我国高质量发展的内在需求，但地区间碳排放额度分配不均的问题亟待解决，跨行政区减碳规划研究至关重要。

区域碳排放的不均衡主要表现在东部沿海与中西部的显著差异。东部经济发达，碳排放量大；中西部资源丰富，但碳排放基数小，承担生态安全职责。单纯根据历史排放量分配碳排放额度难以体现公平，也不利于调动中西部的积极性。

为实现"双碳"目标，就要突破行政区划壁垒，制定全国性的减碳规划，控制碳排放总量，建立碳排放权交易市场，推动低碳技术研发。跨区域合作可优化碳排放资源配置，促进经济与环境协调发展。

在实施中，可借鉴国内外碳市场经验，探索适合我国国情的碳排放分配机制。"中央、地方两级管理"模式确保政策一致性与地方灵活性，结合历史法与基准线法分配配额，激励技术创新和减排升级。同时，加强跨区域碳市场建设，确保市场规范运行，促进减排目标达成。

总之，面对碳排放分配不均与"双碳"目标的要求，制定跨行政区的减碳规划方案是当务之急，需要各界共同努力，推动全国碳排放管理向更科学、更高效的方向发展[65]。

在探讨碳排放权分配机制时，应始终遵循一系列核心原则，这些原则构成了分配策略的基本框架。方恺等（2020）[66] 提出的分配策略各具特色，通过整合这些原则，我们可以清晰勾勒出该领域研究的发展轨迹。

1. 公平性原则的深化

公平性，作为现代社会价值的基石，自然成为碳排放权分配研究的首要考量。它对于构建全球碳减排责任框架及实现减排目标具有不可估量的价值。鉴于发达国家与发展中国家在历史碳排放累计上的显著不均衡，学者们围绕公平性展开了广泛探讨，提出了诸如人均排放趋同化、人均累计排放趋同化等具体方案，旨在通过不同维度（过程与结果）的公平性实现，来平衡全球碳减排的责任分担。表 6.9 是对这些不同理解维度的概览。

表 6.9　碳排放分配的主要原则

原则		内涵
公平性原则	主权原则	所有主权国家都有平等排放温室气体和不被污染的权利
	祖父原则	按照当前排放格局进行分配
	产值原则	按所在区域生产总值占总 GDP 的比重进行分配
	人均平等	每个人都享有平等的排放权
	污染者付费	历史碳排放量越多，减排责任越大
	支付能力	经济实力越强，减排责任越大
	趋同原则	不同国家的人均碳排放量在某一时间点趋同
	协商一致	只要分配方案获得多数赞同就是公平的
	市场正义	用市场的调节机制自动实现资源配置最优
	罗尔斯最大最小原则	为最不发达国家提供较多排放权以实现净收益最大化
	补偿准则	补偿分配中受到净损失的国家
	水平公平	要求分配后各国净福利变化占 GDP 的比例相等
	垂直公平	人均 GDP 高的国家从分配中获得的收益低，反之则高，最终使各国的福利水平趋于一致
效率性原则		将排放权作为一种稀缺资源，使有限投入尽可能产生最大产出
可行性原则		要考虑经济社会发展状况，包括经济水平、产业结构、能源结构等因素，减排成本要在可承受范围内
可持续性原则		要考虑减排主体的经济、社会和环境状况能否承受减排的代价，实现可持续发展

2. 效率性原则的引入与平衡

尽管公平性原则至关重要，但单纯追求公平性可能导致分配结果偏离最优状态，甚至会抑制部分区域减排的积极性。因此，效率性原则被纳入考量范围，它强调资源分配的最优投入产出比，旨在通过高效利用碳排放权来使社会整体福祉最大化。然而，效率优先可能会加剧碳排放的不平等性，故多数方案都致力于在公平与效率之间寻找平衡点，力求在提升减排效率的同时，缩小区域间的差距。

3. 多元原则的融合与创新

鉴于碳排放权分配的复杂性及其对多方利益的深刻影响，学者们不断探索并引入更多原则以增强分配的科学性、合理性、可行性和社会接受度。例如，结合公平性、效率性、可行性及可持续性等多维度原则，对各尺度层级碳排放权进行精细化分配；通过为不同原则赋予差异化权重，制定更为灵活的分配策略；或是将公平性、效率性与可行性紧密结合，设计出具有地区特色的区域碳排放权分解方案。这些尝试不仅丰富了碳排放权分配的理论体系，也为实践提供了宝贵的参考。

6.5.2　减碳潜力计算模型

地区减碳潜力的计算涉及多个方面的考虑，包括碳排放权分配、历史排放数据、区域经济发展、生态功能等因素。

首先，根据碳排放权的公平性和效率性原则，构建碳排放权区域分配模型。公平性指标包括人口数量和国内生产总值，效率性指标通过碳生产力来体现。此外，还可以加入保障性指标，如林木蓄积量和农作物播种面积，以反映地区的碳汇能力和农业生产活动对碳排放的影响。

碳排放权分配可通过熵值法确定各指标的权重，并利用 k 均值聚类对省级行政区进行聚类分组，以区分不同区域的特点。最终，通过区组间碳排放权分配方法和影子价格模型，计算出各地区的碳排放权初始空间余额，识别出盈余地区和欠缺地区。

碳排放核算方法依据其设计理念可划分为宏观与微观两大范畴；同时，依据数据处理的手段，又可细分为碳计量与碳监测两大类别。宏观计算模型倾向于在大范围内提供碳排放核算的概念框架与基本方法，而微观核算则直接针对各类具体排放源，精确计算其碳排放量。当前，结合宏观与微观特性的主流碳排放核算方法主要包括排放因子法、质量平衡法及实测法，前两者属于碳计量范畴，后者则属于碳监测范畴。

确定各减碳要素的指标后，在评估碳排放权分配地区的碳减排潜力时，可以主成分分析法作为核心工具。该方法通过构建线性组合的方式，高效压缩并解析原始变量中的方差与协方差结构，从而实现对碳减排潜力多维度指标的整合量化评估。

主成分分析的基本逻辑在于，从一组给定的指标 $(x_1, x_2, \cdots, x_p)$ 中提炼出少数几个综合指标 $(F_1, F_2, \cdots, F_m)$，这些综合指标不仅相互独立，而且能够最大限度地保留原始数据中的信息。具体而言，首先确定第一个综合指标 F_1，它是原始变量的线性组合，且其方差 Var（F_1）最大化；随后，继续寻找第二个综合指标 F_2，确保 F_2 与 F_1 不相关且其方差最大化；此过程迭代进行，直至提取出 m 个综合指标，这些指标共同覆盖了原始数据集的主要信息[67]。

6.5.3 量化碳要素在空间的相互作用

空间相互作用模型是城市内部、城市之间、区域之间研究的经典模型，用于描述和预测不同区域或实体之间的相互作用关系。这些模型在多个领域都有广泛应用，如交通规划、城市规划、区域经济分析等，可用于碳要素空间关联计算。

1. 引力模型

引力模型又称重力模型，是一种基于牛顿万有引力定律的空间相互作用模型。它认为两个区域之间的相互作用强度与它们各自的"质量"（如人口、经济总量等）成正比，与它们之间的距离成反比。计算公式为：

$$T_{ij}=K\frac{O_iO_j}{f(d_{ij})}$$

式中：T_{ij} 为从区域 i 到区域 j 的相互作用强度；K 为经验常数；O_i 和 O_j 分别为区域 i 的碳潜力和区域 j 的碳潜力；$f(d_{ij})$ 为距离函数，表示区域 i 和 j 之间的距离对相互作用强度的影响。

引力模型具有广泛适用性，可用于分析多种类型的空间相互作用，如人口迁移、贸易流动、旅游活动等。模型形式简单直观，易于理解和应用。通过调整参数和分量定义，引力模型可以适应不同的研究问题和数据情况。但是，模型中的经验常数 K 和距离函数 $f(d_{ij})$ 的确定需要依赖大量数据和经验判断，具有一定的主观性。

2. 潜力模型

潜力模型用于评估一个区域对周围区域的综合影响力或吸引力。与引力模型类似，潜力模型也考虑了距离衰减效应，但更注重于描述一个区域对外的综合影响能力。

潜力模型强调区域的整体影响力，有助于理解区域在更大范围内的地位和作用。但是基于潜力模型的数据获取和处理较为复杂，需要详细的区域间相互作用数据。

3. 介入机会模型

介入机会模型考虑了除距离外，其他因素（如中介区域的吸引力）对空间相互作用的影响。它认为，区域间的相互作用不仅受到距离的限制，还受到中间区域提供的"介入机会"的影响。

在空间相互作用模型的应用下，还需要经常进行要素联系的社会网络分析，并运用 GIS 系统对社会网络分析结果进行可视化处理。

（1）点度中心度

点度中心度用于反映地区在整个碳要素联系网络中的集聚与扩散程度，该节点数值越大，说明该节点地区对其他地区碳要素的影响力越大。

（2）中介中心度

中介中心度表示某个节点作为中间者对其他地区的控制能力，其值越大，说明其充当中间者的次数越多，对其他城市的控制能力强度越强，其他地区对该地区的依赖程度越高。

（3）接近中心度

接近中心度可以用来衡量一个地区和其他地区之间的联系紧密程度，接近中心度值越高，说明该地区与其他地区在碳要素方面的联系越紧密。

（4）网络密度

网络密度通常在 0 和 1 之间，网络密度值越大，说明网络内部碳要素联系越紧密。

（5）核心边缘分析

核心边缘结构是按照核心与边缘地区进行的划分，此方法可以区分碳要素联系网络中的核心与边缘地区。该方法也可以衡量它们之间的联系紧密程度。

（6）凝聚子群分析

凝聚子群用于解释整个网络中各小团体的联系紧密程度[68]。

6.5.4 碳排放分配额核算及治碳联盟划分

常用三类方法确定区域碳排放权额度，分别是指标法、数据包络分析法和合作博弈法。

1. 指标法

指标法衡量区域碳排放权常用多标准决策分析模型配合加权 Russell 方向距离模型，量化各区域的碳排放效率，通过比较区域碳排放表现与理想状态之间的距离，来确定碳排放权分配的合理性。

首先，明确碳排放权分配的核心标准，包括效率、责任和潜力等，并设定相应的评估指标。其次，收集各区域碳排放、经济发展、能源结构等相关数据，进行清洗和预处理，确保数据准确可靠。然后基于加权 Russell 方向距离模型，构建碳排放权分配模型，并输入处理后的数据进行计算。分析模型输出结果，比较不同区域的碳排放权分配情况，讨论分配方案的合理性和可行性。最后，根据模型结果，提出相应的政策建议，如调整碳排放权分配比例、促进节能减排等，并收集反馈意见，不断完善模型和政策建议[69]。

2. 数据包络分析法

数据包络分析法（DEA）是一种非参数效率评估方法，广泛用于衡量包括区域碳排放权在内的多种资源利用效率。

DEA 不需要预设生产函数或效率前沿的具体形式，避免了函数设定偏差，使得评估结果更加客观。DEA 是能够处理多个投入（如能源消耗、资本投入等）和多个产出（如 GDP、碳排放量等）的复杂系统，适用于评估区域碳排放权的综合效率。DEA 通过构建由所有有效决策单元组成的效率前沿面，评估各决策单元相对于前沿面的效率水平。

首先确定评价对象与输入输出指标，明确研究区域及投入（如能源、资本等）和产出（如 GDP、碳排放量等）指标。其次收集各评价对象的历史数据，并进行必要的预处理，如数据清洗、标准化等。然后根据研究目的选择适当的 DEA 模型进行构建，如超效率 SBM 模型，并设置模型参数。利用专业软件（如 DEAP、MaxDEA 等）对 DEA 模型进行求解，得到各评价对象的效率值。最后对求解结果进行解释和分析，评估各区域的碳排放权综合效率水平，并探讨效率产生差异的原因[70]。

3. 合作博弈法

也可采用合作博弈理论分配区域碳额，确保公平与效率，同时促进整体利益最大化。合作博弈强调联盟内部成员间的信息共享和强制执行的契约，通过合作剩余的产生与合理分配，激励各方积极参与减排行动。这种分配方式不仅能让技术先进、减排成本低的区域获得更多排放权，还能通过转移支付机制，补偿技术落后、减排成本高的区域，实现区域间的互利共赢。此外，合作博弈理论还有助于建立长期稳定的合作关系，推动区域间在碳排放管理上的协同努力，共同应对气候变化挑战。

合作博弈理论下的碳额分配计算模型有：Shapley 值法、核心分配法、谈判解、比例分配法等。

（1）Shapley 值法

1953 年，Shapley 值法由 Lloyd Shapley 提出，用于解决多个局中人在合作过程中因利益分配而产生的矛盾问题。按照成员对联盟的边际贡献率进行利益分配，避免了分配上的平均主义，体现了各成员对联盟总目标的贡献程度。它普遍被应用于经济活动中的利益合理分配问题，如价值链利益分配、财产分配、合作企业利润分配等。

（2）核心分配法

在合作博弈中，所有满足个体理性和集体理性的分配方案的集合都被称为博弈的核心。每个成员从合作中获得的收益至少不低于其单独行动时的收益。合作产生的总收益在所有成员间进行分配，且没有成员能够通过脱离合作而增加自己的收益。用于确定合作博弈中稳定且公平的分配方案。

（3）谈判解

谈判解（bargaining solution）是由约翰·福布斯·纳什（John Fcrbes Nash）提出的，用于解决两个或多个谈判者在合作中的利益分配问题。基于谈判者的威胁点（即谈判破裂时各自能获得的最低收益）和合作产生的额外收益（即合作剩余）来确定最终的分配方案。适用于需要双方或多方谈判达成合作的情况。

（4）比例分配法

根据各成员在合作中的投入比例或贡献比例来分配收益。它简单直观，易于操作，但可能无法完全反映成员的边际贡献。适用于投入或贡献相对容易量化的合作场景。

（5）其他方法

除了上述主要方法外，合作博弈理论下的分配方法还包括但不限于以下几种：最小核心法，在核心为空集时，寻找最接近核心的分配方案；市场模拟法，通过模拟市场机制来确定合作收益的分配；权力指数法，如班扎夫权力指数（Banzhaf Power Index），用于衡量成员在合作中的影响力或权力大小，并据此进行收益分配。

需要注意的是，不同的分配方法适用于不同的合作场景和条件。在选择分配方法时，需要综合考虑合作的具体情况、成员的诉求和博弈的规则等因素。同时，分配方法的选择也应遵循公平、合理、可操作等原则。

在构建"治碳联盟"的进程中，首先要审慎选择一种既适合当前数据量规模又符合研究细致程度的资源分配策略。这一策略应紧密关联先前研究中关于碳要素流动与联系的深刻洞察，确保我们能够在新的规划与实践中精准对接，避免信息断层。

随后，从战略规划的高度出发，超越传统行政边界的束缚，对区域进行科学合理的空间划分。这种跨行政区的划分方式，旨在打破壁垒，促进不同区域在碳治理上的无缝对接与高效协同。通过这样的空间重构，我们可以更加灵活地调配资源，优化碳要素的流动路径，确保其在整个区域内的循环利用与减排效果最大化。

同时，在联盟框架下发展低碳社区与低碳城市。这些示范项目将作为低碳生活实践的先行者，通过创新性的城市规划、绿色建筑、绿色交通以及居民参与机制等手段，展示低碳发展的可行路径与美好前景。低碳社区与低碳城市的成功实践，不仅将为当地居民创造更加宜居、健康的生活环境，还将为其他地区提供宝贵的经验与借鉴，推动全社会向低碳转型的步伐不断加快。

根据丁乙宸等（2023）[71]的研究，近年来，城市区域碳排放的协同研究成为学术界关注的焦点，其核心议题涵盖了区域间及区域内部碳排放的互动机制探索、空间相互作用的效应分析，以及区域层面碳减排策略的成效评估等多个维度。郭琳，吴玉鸣，鲍曙明（2024）[72]利用覆盖 2003 至 2019 年时段的城市面板数据，深入探讨了区域空间结构对城市碳排放强度的复杂影响路径及内在作用机制，构建并应用多元化的计量经济模型进行分析，研究发现单中心空间结构对城市碳排放强度的影响经历了从初步抑制到后续促进的显著转变。张娜等（2024）[73]探讨了长江经济带土地利用碳排放的区域差异及其协同减排路径，对促进区域可持续发展至关重要，研究显示，长江经济带土地利用碳排放呈现先增后减、东高西低态势，建设用地排放显著增长，而碳汇吸收相对稳定。城市群间碳排放差异显著，但均趋于条件收敛，提示通过优化产业结构、提升城镇化质量及加强环境规制等措施，可实现区域协同减排目标。

进行跨尺度的国土空间规划区域碳排放协同研究，对科学布局绿色低碳发展区域、加速推进区域碳减排工作具有至关重要的战略意义。跨越传统研究中单一尺度的局限，全面而深入地剖析不同空间、时间乃至物理尺度下碳排放的复杂特性与相互关联，为实现绿色低碳发展和精准有效减排提供了科学依据和策略指导。

首先，跨尺度研究揭示了碳排放的多层次、多维度特征。从微观到宏观，从城市街区到跨区域，碳排放的来源、强度和分布差异显著。通过跨尺度分析，可以识别高排放区域和热点行业，为制定精准的减排政策提供依据。

其次，跨尺度研究有助于理解碳排放的空间相互作用与区域协同机制。国土空间规划下，不同区域在经济发展、产业结构和能源消费方面存在紧密联系。这种互动不仅涉及碳排放的直接转移，还包括技术扩散和政策影响。跨尺度研究揭示了这些复杂的空间相互作用，为构建区域间碳排放协同治理体系提供了理论支持。

再者，跨尺度研究为政策制定提供了科学依据。传统减排政策基于宏观数据或单一尺度，难以满足区域和行业的差异需求。跨尺度研究综合多种因素，为政策制定者提供全面的信息和建议。例如，在绿色低碳发展区域布局中，可以优先支持低碳、高效益的产业，促进区域经济的绿色转型和可持续发展。

最后，跨尺度研究实现了阶梯式精准减排。通过分析不同尺度下碳排放的特点，可以制定更具针对性的减排目标和计划。这些目标和计划可以根据实际情况进行调整，确保措施符合整体战略且具有操作性。同时，跨尺度研究还支持动态监测和评估，提供实时反馈，用于政策调整。

进行跨尺度国土空间规划区域碳排放协同研究，是连接理论与实践、指导政策制定的关键。

7

低碳智慧建筑数据关联方法

在全球气候变化和资源约束的双重压力下，低碳智慧建筑成为建筑行业实现可持续发展的关键路径。本章将深入探讨低碳智慧建筑如何通过多维技术的深度融合、数据的精准关联、标准化接口的设计及人工智能的创新应用，构建一个全方位、多层次的碳排放核算与管理体系。首先，参数化工具，如 BIM 及 CIM 及 GIS 的交互、物联网技术、电力行业数据集成、VR 与激光扫描技术等将协同作用，推动建筑全生命周期内的碳排放精确测量。接着，通过全生命周期数据的协同创建与共享，实现低碳智慧建筑数据的高效关联与整合。数据交换标准及接口设计将确保不同系统间的数据流通与安全管理，提升整体协同效能。最后，人工智能通过数据挖掘、机器学习、自然语言处理、多目标数据自动化分析及大数据可视化等技术，进一步优化碳排放核算流程，助力低碳智慧建筑在实现绿色建筑推广与"双碳"目标中发挥更大作用。本章逻辑构架见图 7.1。

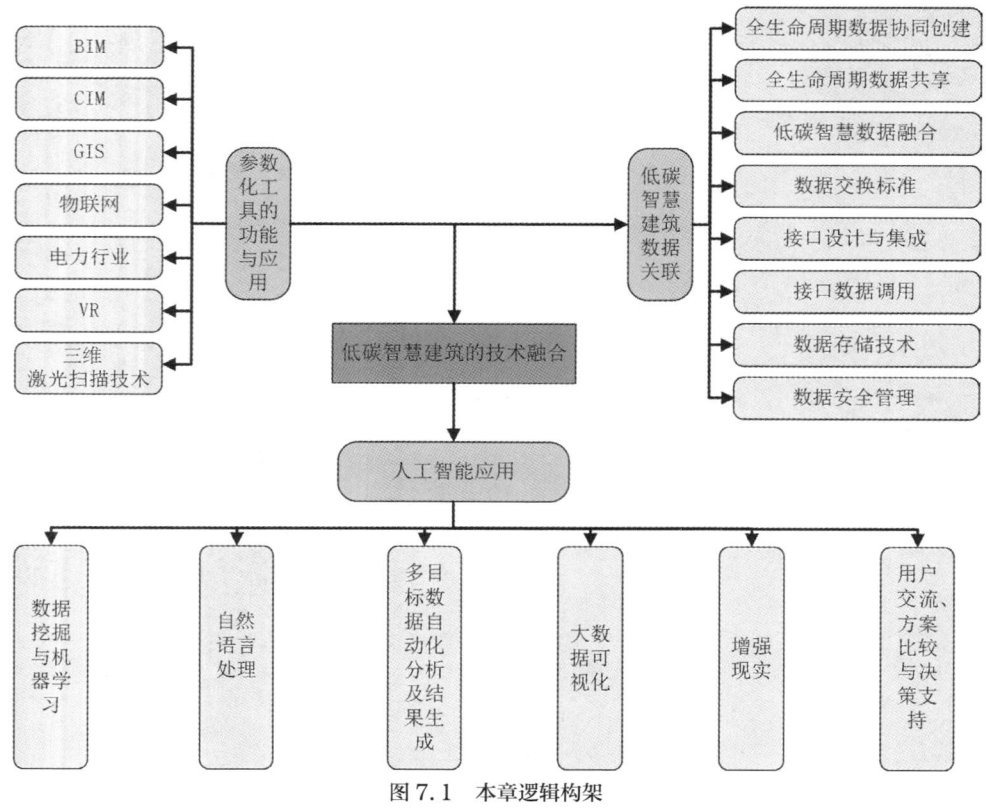

图 7.1　本章逻辑构架

7.1 低碳智慧建筑的技术融合

7.1.1 参数化工具的功能与应用

随着建筑行业的数字化和信息化发展，参数化工具 BIM 已经成为建筑设计、施工和运营管理的重要技术手段。参数化设计软件不仅提高了设计和施工的效率，还显著提高了项目的协调性和精度。详细的参数化设计软件见表 7.1。

表 7.1　参数化设计软件

软件	关键功能	应用场景
Autodesk Revit	参数化设计，多学科协作，信息集成，文档管理	建筑设计、结构工程、机电工程
Navisworks	模型整合，碰撞检测，施工模拟，进度管理	大型复杂项目的施工管理和协调
ArchiCAD	集成设计，智能对象，团队协作，虚拟建筑	建筑设计和文档管理
Tekla Structures	详细建模，施工图生成，材料管理，碰撞检查	钢结构和混凝土结构设计与施工
Bentley Systems	多专业集成，复杂项目管理，可视化和分析，文档和数据管理	大型基础设施项目
Vectorworks Architect	灵活设计，BIM 集成，高效渲染，协作设计	建筑和景观设计
AutoCAD Civil 3D	土木工程设计，动态模型，数据集成，协同设计	道路、桥梁和场地设计
Rhino+Grasshopper	高级建模，参数化设计，插件支持，可视化分析	建筑和工业设计
Allplan	综合设计，多专业协作，信息管理，施工图生成	建筑和土木工程设计

参数化建模大幅度提升了建筑设计的灵活性和效率。设计师通过参数化组件快速创建和调整设计，支持建筑、结构和机电工程的协同工作。各专业工程师实时查看设计变更，减少冲突和误差，提升协调性。此外，参数化模型集成项目详细信息，如材料、成本和时间计划，所有设计元素均附加数据并在项目全生命周期内管理和更新。自动生成的图纸和文档可确保一致性与准确性。例如，在高层建筑设计中，建筑师、结构和机电工程师使用 Revit 设计，可确保方案一致与优化。

从宏观角度看，CIM 用于城市与基础设施的规划、设计、建设与管理。CIM 创建并维护三维数字模型，整合各阶段与不同专业的信息，支持实时访问和协作。其三维可视化功能展示建筑与基础设施的物理形态，包含材料、成本、施工进度等属性数据，帮助利益相关者理解项目内容，减少误解，促进沟通。动态更新功能确保变更及时反映在模型中，提高决策准确性与效率。

CIM 的数据管理涵盖单体建筑及城市区域的基础设施、环境特征、交通网络和生态要素。云计算技术提升了 CIM 的数据管理与共享能力，提供统一且可扩展的环境，使不同建筑群的数据无缝集成到城市模型中，优化数据流通，提升城市规划与管理效率。通过云平台，CIM 可实时更新城市模型中的信息，帮助优化交通、减少拥堵、监测环境，支持可持续发展。云平台还促进了跨部门协作，使交通、环保、建筑管理等部门共享数据，确保决策更加协调一致，推动智慧城市发展。

表 7.2 展示的 CIM 相关软件通过三维建模、实时数据更新和全生命周期支持，显著提升基础设施项目的设计、建设和管理效率。参数化工具整合数据，实现信息共享与协同，提升城市管理效率。智慧化管控利用智能技术进行实时监测和自动化管理，同时鼓励市民参与。尽管面临数据隐私和系统兼容性挑战，但是这些技术仍为城市可持续发展和智能转型提供了强有力的支持。

表 7.2　CIM 相关软件介绍

软件	主要功能	特点	集成 / 协作
Autodesk InfraWorks	基础设施设计与规划	3D 模型创建与可视化，场景模拟（如交通流量、洪水影响）	与 GIS 数据和设计工具集成，共享实时数据
Bentley Systems	道路、铁路和建筑设计	OpenRoads（道路设计）、OpenRail（铁路工程）、OpenBuildings（建筑设计）	公共数据环境（CDE），提高效率
Trimble Quadri	基础设施项目协作	数据管理与版本控制，跨学科团队协作	与 Trimble 设计和施工软件集成，共享实时数据
Siemens Teamcenter	产品全生命周期管理（PLM）	全生命周期管理，配置管理与版本控制	与 Siemens 工程软件（NX、Solid Edge）集成
Esri ArcGIS	地理信息系统（GIS）	地理数据管理与可视化，与 BIM/CIM 软件集成	ArcGIS Online 平台支持数据共享
Dassault Systèmes Catia	三维建模与设计	高级建模与仿真，复杂项目设计	与 3DEXPERIENCE 平台集成，跨团队协作

7.1.2　GIS 与 BIM、CIM 的交互

地理信息系统（GIS）和建筑信息模型（BIM）分别在数据管理和建筑设计中发挥着重要作用。两者的整合提升了项目协调与协作，提高了数据准确性和管理效率。GIS 提供宏观视角，BIM 提供详细的建筑数据，两者结合后能创建统一的空间数据基础，优化设计与管理。

融合优势包括统一数据平台、提升协作效率、支持综合信息管理和维护优化。市场软件如 Autodesk Revit、Bentley MicroStation 和 Catia 虽支持 BIM 设计，但数据格式不统一，这可能会导致问题的出现。使用公共数据交换格式（如 IFC、CityGML）可改善数据整合。

两者的结合提高了三维可视化效率，利用 LOD 模型、实例化、遮挡技术和并行处理技术提升渲染效果。融合应用拓展了大规模区域和长线工程的全生命周期管理，如智慧城市和室内导航优化。

GIS 与 CIM 的协作也优化了数据整合与共享，提升了城市管理和规划决策。随着数据交换协议和 3D 可视化技术的发展，GIS、BIM 和 CIM 的融合将推动低碳智慧建筑的发展。

7.1.3　碳模型与 BIM、CIM 的交互

在建筑行业，BIM 和 CIM 技术正成为管理建筑和城市发展的关键工具。随着可持续发展越来越受到重视，碳模型逐渐成为 BIM 和 CIM 系统的核心组件，推动了建筑设计和城市规划的低碳优化。

1.BIM 提供的碳模型数据

①建筑全生命周期数据：BIM 提供施工、维护和运营阶段的数据，碳模型利用这些数据进行全生命周期的碳排放分析，支持长期减排策略。

②实时设计变化：BIM 允许实时修改设计，碳模型即时更新碳排放数据，帮助评估调整设计的影响。

③能效数据：BIM 集成的能效数据用于碳模型评估不同能效方案对碳排放的影响，优化能效设计。

2. 碳模型在 BIM 中的应用

碳模型在 BIM 中的应用包括以下几个方面。

①设计阶段的碳排放预测与优化：实时查看不同设计方案的碳排放数据，并进行优化，减少修改成本和时间。

②材料选择与优化：通过碳模型计算材料的碳足迹，优化材料选择以降低整体碳排放。

③施工阶段的碳排放监控：实时监控施工中的碳排放，确保施工符合低碳目标。

④维护与运营阶段的碳排放管理：利用 BIM 提供的数据进行持续碳排放分析和管理，确保建筑维持低碳运行。

碳模型与 BIM 的融合为建筑行业提供了强大的工具，优化了设计和施工中的低碳策略，提升了效率，推动了可持续发展。

在城市管理和规划中，CIM 与碳模型的结合是推动可持续发展的重要工具。CIM系统集成城市建筑、交通和基础设施信息，碳模型则量化和分析城市碳排放。将碳模型导入 CIM 中，有助于优化城市设计、规划和碳管理。具体应用包括以下几种。

①城市基础设施信息：CIM 中的交通网络、公共设施和能源系统数据帮助碳模型分析基础设施对碳排放的影响，优化交通方案，减少碳足迹。

②建筑物与区域数据：通过 CIM 的建筑信息，碳模型可以分析建筑的碳排放，识别高排放区域，并提出相应的绿色建筑和节能改造建议。

③能源消费数据：CIM 系统的能源消费数据帮助碳模型评估能源使用的碳排放，分析不同能源方案的碳影响，支持可再生能源规划。

④环境监测数据：CIM 集成的环境数据（如空气质量、温度）与碳模型结合，可以评估碳排放对环境的影响，支持科学减排决策。

这种集成优化了城市碳管理和低碳规划策略。

3. 碳模型导入 CIM 中的流程优化

（1）城市规划阶段的碳排放预测与优化

将碳模型导入 CIM，可以在城市规划阶段预测与优化碳排放。规划者通过 CIM平台实时查看不同方案的碳排放数据，并依据碳模型反馈进行调整。这种集成方式使规划者能在早期识别和解决高碳排放问题，减少城市碳足迹，推动绿色城市发展。

（2）基础设施优化

CIM 系统的基础设施数据与碳模型结合，有助于优化设计和运营。碳模型分析不同方案的碳排放影响，帮助规划者选择低碳设计方案。例如，通过对交通网络的碳排放分析，CIM 系统可优化交通路线，推广低排放交通工具，减少交通碳排放。

（3）能源管理与优化

碳模型与 CIM 的集成支持城市能源管理与优化。通过分析 CIM 中的能源消费数据，碳模型可评估不同能源方案的碳排放影响。管理者可根据分析结果调整能源政策，推广节能措施和可再生能源，优化能源使用，提高城市能效与可持续性。

（4）政策制定与效果评估

碳模型在 CIM 中的应用支持碳排放政策的制定与效果评估。将碳排放数据与 CIM 中的政策信息结合，管理者可制定具有针对性的减排政策，并利用碳模型评估政策效果。实时碳排放监测可帮助政策制定者了解政策实施效果，调整措施，确保碳排放目标的实现。

碳模型在 CIM 中的应用为城市管理和规划提供了新的低碳策略。根据 CIM 的基础设施、建筑、能源消费和环境数据，碳模型可进行精准的碳排放分析与优化。将碳模型导入 CIM，能在城市规划、基础设施设计、能源管理和政策制定等方面实现碳排放预测与优化。两者集成不仅可提升城市规划与管理效率，也可推动可持续发展，助力实现低碳城市目标。随着技术的发展，碳模型与 CIM 的融合将提供更科学、高效的解决方案。

7.1.4　物联网与 BIM、CIM 的交互

随着工业化和信息化的推进，BIM 和物联网技术为大规模工程建设和管理注入了新的活力。BIM 技术通过将建筑物的属性信息嵌入模型，实现了设计与施工的高度关联。物联网技术则通过实时监测工程设备的运行状态，将工程管理推向智能化、数字化和精细化，提高了管理效率和质量。

BIM 技术被广泛应用于土木建筑工程、机电安装、公路交通工程、市政工程等领域。在工程管理中，BIM 技术显著提升了管理效率和质量。首先，BIM 技术实现了设计环节的信息共享，设计人员可以将建筑模型传输给施工人员，提高施工准确性

和效率。其次，BIM 技术支持施工环节的操作自动化，通过预设施工流程和标准，施工人员可按照标准操作，减少错误和漏洞。最后，在建筑使用和管理过程中，BIM 模型通过不断收集数据，优化工程使用周期，使维护过程更精准高效。

物联网技术同样在工程管理中得到广泛应用。物联网技术实现了精细化管理，它通过实时监测设备运行状态，及时进行维护和保养，减少了停机时间和设备磨损。物联网还可追踪设备的维修、更换和保养时间，为设备的长期安全运行提供保障。此外，物联网技术还能监测气象环境、水质、灯光等因素的变化，及时发现异常情况并实行远程控制和管理，从而实现全程智能化和数字化的工程管理，提高整体效益[74]。

尽管 BIM 技术和物联网技术在工程管理中的应用带来了诸多好处，但在具体实施过程中仍然存在一些待解决的问题。具体见表 7.3。

表 7.3　BIM 与物联网技术的问题

领域	问题	描述
BIM 技术	信息共享标准化	须统一标准，确保跨领域有效数据共享
	信息质量管理	确保模型信息真实、完整，以提高数据准确性
	模型管理体系	在使用阶段须建立适合的模型体系以支持管理决策
物联网技术	监测参数标准化	设备多样化导致参数差异，须制定标准化方案
	安全保护	须评估系统安全性以确保数据可靠性和保密性
	信息处理与分析	处理海量数据需要强大的计算能力，推动大规模数据分析

1. 物联网技术与 BIM 在工程管理中的关键技术

信息流集成的工程管理涉及设计单位、业主、维修人员、顾客、施工单位、供应商和运维单位。系统层级包括信息获取层、网络传输层、信息存储及应用层、信息复用层。

（1）信息获取层

BIM 模型来自工程竣工和设计部门，处理数据时采用轻量化设计。物联网通过条码、RFID、网关和传感器网络获取数据。RFID 虽精度高且耐用，但成本较高；二维码技术成本低，可与 RFID 结合提升价值。人脸识别用于智能监控和身份验证，提升安防智能化。

（2）网络传输层

无线传感器网络是物联网核心，具有低能耗、低带宽、低成本和自我恢复的特点。

无线通信技术包括无线局域网、蓝牙、红外传输和 ZigBee。ZigBee 具有低能耗、大存储空间、强扩展性的特点，支持多终端节点通信，适合信息获取与传输。

（3）信息存储及应用层

信息存储和应用是数据处理和保存的关键，它依赖于数据库技术和 BIM 模型。BIM 模型记录建筑空间和设备功能，结合信息获取层和网络传输层建立数据库。能耗管理通过电力数据分析优化设备运行，降低管理成本。自动控制系统处理数据，但仍需人工干预以确保专业调控。

（4）信息复用层

信息复用层首先对来自 BIM 模型、物联网传感器（如 RFID、二维码设备）及人工录入的异构数据进行标准化清洗，消除格式差异与冗余。例如，施工阶段的 BIM 构件信息（如管道尺寸、材质）与运维阶段的传感器监测数据（如水玉、温度）通过统一编码规则关联，形成可追溯的设备全生命周期档案。同时，通过权限管理机制向不同角色提供定制化数据服务：设计单位可调用历史项目的能耗数据优化新方案，施工单位可复用 BIM 中的工艺参数模拟施工进度，运维单位则可结合实时传感器数据生成预防性维护工单。

2. 物联网与 BIM 对建筑设备的影响

BIM 与物联网结合提升建筑设备的运行和能源利用效率，解决了节能管理中的整合性不足、数据质量不高、智能化程度不够等问题。

（1）提高节能效果

BIM 与物联网结合实现设备的全面管理和优化调度，通过模拟和预测分析调整控制策略，提高能效。

（2）提高智能化程度

技术结合实现设备智能监测和控制，通过感知运行状态、预测能耗和异常检测，自动调节和优化，实时传输数据到云平台进行分析。

（3）提高管理效率

BIM 通过三维建模和模拟获取设备状态和能耗数据，实现全面监控。物联网的实时数据收集与传输支持数据化管理和优化调度。

（4）促进产业升级

BIM 数字化管理和优化调度提升设备管理水平，推动产业发展。物联网支持数据实时传输与共享，助力产业数字化转型。

3. 物联网与 CIM

物联网技术与 CIM 的结合提升了城市管理效率。物联网通过传感器和设备实时采集基础设施和环境数据，而 CIM 可创建详细的三维城市模型，两者结合增强了城市管理的智能化和数据驱动决策能力（表 7.4）。

表 7.4　物联网与 CIM 的融合发展优势

类别	优势	案例
数据整合与实时更新	物联网设备不断采集城市动态数据，并通过网络传输至数据中心。这些实时数据被集成到 CIM 模型中，使城市模型不仅展示静态建筑和基础设施，还反映实时状态	将交通流量传感器的数据集成到 CIM 交通模型中，可以实时更新道路流量，优化交通管理和应急响应策略，使 CIM 模型准确反映城市实时状态
增强城市监控与管理	物联网提供细致的城市监控，包括环境、能源和基础设施管理。CIM 模型整合这些数据并进行详细分析和可视化，提升对城市状况的理解	CIM 模型结合环境传感器数据分析建筑能源消耗和环境影响，帮助城市管理者识别问题，如能源浪费或污染源，并制定改进措施
智能决策支持	物联网数据与 CIM 模型结合，为智能决策提供支持。实时数据融入三维模型，使决策者能够基于详细视图和实时信息作出精准决策	CIM 模型整合不同区域的环境数据，支持城市规划者评估新建项目对环境的影响，促进科学决策和城市可持续发展
预测与模拟	物联网数据的实时性与 CIM 模型的详细性结合，可提供强大的预测和仿真能力。通过分析历史和实时数据，CIM 可以模拟情境，预测政策或基础设施变化对城市的影响	结合交通流量数据，CIM 模型可模拟交通管理措施的效果，预测其对拥堵和环境的影响，帮助管理者制定具有前瞻性的调整措施

综上所述，物联网与 BIM、CIM 技术的交互不仅提升了城市管理的智能化水平，还增强了数据驱动决策的能力。通过实时数据整合、城市监控、智能决策支持和预测模拟，物联网和 CIM 共同推动了城市管理的现代化和高效化，开启了智慧城市的新篇章。

4. 物联网与 BIM、CIM 在工程管理中的发展趋势和前景

随着云计算技术的普及，BIM 技术的数据管理和共享将依赖于全方位、易用、灵活、可扩展和高效的云平台。这种云平台将为 BIM 建设提供强大支持，显著提升建筑产业的数据传输和共享效率，这一趋势也深刻影响了 CIM。CIM 作为涵盖建筑物及基

础设施的三维数字模型技术，与城市云管理密切相关。

云计算技术的发展将推动 BIM 在建筑产业中的应用，并显著提升 CIM 在城市信息化管理中的作用，使建筑数据和城市数据的管理、共享和应用更加高效、灵活和全面。这将为城市管理和建筑设计带来更加智能化和协同化的未来。

物联网技术旨在收集海量数据，但如何从这些数据中提取有用信息并进行分析仍面临挑战。解决方式是将人工智能与大数据分析技术结合，利用算法和模型实现有效的数据处理，以减少管理者的数据分析工作量，从而更好地支持决策制定。

随着对物联网数据依赖的加深，数据泄露和信息安全风险问题将愈加严重。为保护物联网系统中数据的安全和隐私，必须开发和完善数据安全技术和相关规则。未来，物联网与 BIM、CIM 的融合实践有望实现工程管理的"分散监测"与"集中优化"管理方式。

7.1.5 电力行业与 BIM、CIM 的交互

在全球追求可持续发展和智能城市的背景下，电力行业面临着前所未有的挑战与机遇。随着技术的进步，BIM 和 CIM 作为先进的数字化工具，逐渐融入电力系统的设计、建设和管理。这两种技术的结合不仅提升了电力系统的效率和精确度，还在环境影响评估、运营优化和城市规划等方面发挥了关键作用。BIM 通过提供精确的三维模型，支持电力设施的详细设计和施工管理，而 CIM 通过整合城市级数据，促进能源的智能管理和优化。

在电力行业，BIM 与 CIM 的数据集成与共享至关重要，尤其体现在电力设施的三维建模和城市级数据融合上。BIM 在变电站、发电厂等电力基础设施的设计与施工中，通过创建高精度三维模型，整合设备、系统和结构数据。该模型不仅包含几何信息，还集成了与设备运行和维护相关的技术参数。BIM 的数据集成减少了设计阶段的冲突，提升了信息的可追溯性和准确性，设计、施工和运维团队可以在统一平台上实时更新和共享信息，显著提高管理效率。

CIM 提供了城市级综合视图，将电力网络的动态数据导入城市信息模型，支持全面的城市能源系统规划与优化。CIM 集成了电力设施的实时数据、负荷预测和能源需求，形成动态更新的城市级电力网络模型，提升了电力系统对城市发展需求的

响应能力，支持复杂的能源管理决策。通过整合电力负荷数据与城市扩展计划，CIM平台可帮助规划者优化电力设施的布局和容量配置，满足未来的能源需求和可持续发展目标。

在电力设施的运营与维护中，BIM 和 CIM 技术提供了全面支持（表 7.5）。BIM模型不仅可用于设计，还支持运营，通过获取设备的技术数据和维护历史，可制定精确的维护计划，提升效率和准确性。此外，BIM 还支持系统升级和改造，确保优化不影响现有设施。

表 7.5　BIM 和 CIM 在电力项目中的作用和功能

技术	作用与功能
BIM	提供集成平台，通过创建详细的三维模型支持施工过程中的精确规划、协调和监控
	通过虚拟建模进行施工仿真，帮助识别潜在的设计与施工冲突，优化设计
	实现多方专业人员的实时协作，确保设计更改迅速传达给所有相关方，减少信息传递滞后和误差
CIM	在城市级电力系统项目中支持综合电力需求预测和规划
	整合城市发展数据与预测电力需求，优化电力设施的布局和容量配置，支持城市扩展
	支持跨部门的协同工作，将电力系统的设计、运营与维护数据整合在一个平台上，提高管理效率和响应能力

CIM 在运营优化中起着关键作用，它通过集成实时数据监控系统状态，进行负荷分析和优化调度。CIM 平台利用物联网设备进行智能监控，提供故障预警和动态调整建议，提升系统稳定性，减少能源浪费和维护成本。

在决策支持与可视化方面，BIM 通过三维可视化和性能模拟，帮助决策者优化系统布局和操作。CIM 模型则结合电力数据与城市发展数据，提供全面的决策分析，支持合理的能源政策与规划。

在环境影响评估与可持续发展上，BIM 通过能效分析推动绿色设计和低碳目标的实现。CIM 则通过整合运行与碳排放数据，支持可再生能源的接入和碳排放监测，帮助制定减少碳排放的措施，推动城市的可持续发展。

7.1.6　VR 与 BIM、CIM 的交互

BIM+VR 技术结合了建筑信息模型和虚拟现实，利用数字化技术在全生命周期内集成项目信息。通过 VR 的三维虚拟环境，用户可以实时漫游和互动，提升建筑设

计质量，缩短项目工期，降低项目成本。

BIM+VR 解决了传统建筑行业中的"所见非所得"和"工程控制难"的问题，支持结构施工阶段的场地规划、施工工序演示和 BIM 管综排布的虚拟漫游。

其应用特征包括如下几个方面。

虚拟建筑体验：BIM+VR 提供了虚拟建筑环境，支持实时漫游，可帮助建筑师直观感受设计方案，优化设计。

主观设计体验：通过沉浸式体验，建筑师能够深入审视设计细节，发现问题并优化设计方案。

以人为本设计：公众可实时参与设计过程，提供反馈，促进设计的民主性和包容性。

网络协同设计：BIM+VR 支持异地多人协作，提升设计质量和效率。

项目团队组建：多专业协同设计，通过数字化集成优化资源配置，降低成本，提高效率（表 7.6、表 7.7）。

表 7.6　传统建筑设计与绿色建筑设计对比

比对	描述
传统建筑设计	建筑师通常依赖业主提供的场地测绘数据和现场调研照片来了解场地信息。由于有时无法亲身参观，建筑师只能通过想象还原场地情况，可能与实际场地有所差异
绿色建筑设计	使用 BIM 技术进行模拟和分析，选择最佳设计方案，参数化建模提高工作效率；通过 BIM 分析建筑体形对室外和室内风环境的影响，优化体形设计；通过 BIM 进行通风、采光和热力模拟，优化室内环境，提高舒适度

表 7.7　BIM 与 VR 技术的结合应用

技术应用	描述
BIM 技术的应用	利用 BIM 技术分析项目场地的日照、太阳辐射和通风情况，确定最佳建筑间距和朝向，设计时须考虑夏季遮阳和冬季日照需求；建立详细的 3D 模型，通过模拟不同间距下的环境影响，找到满足设计要求的最佳间距
VR 技术的应用	通过 VR 展示建筑的空间尺度、材质信息和家具摆放，提供更直观的设计体验（空间感受）；优化建筑内部人流线路，提升空间布局和通行效率（流线分析）；评估建筑内的光影效果，满足自然光照需求，创造艺术氛围（光影分析）；分析视线遮挡问题，优化观众席和流线安排（视线分析）
BIM+VR 技术的优势	通过 BIM+VR 技术构建虚拟现实场景，建筑师可以身临其境地感受场地，直观地了解项目周围的具体情况，从而顺应地形地貌进行设计。虚拟现实技术也有助于充分利用高差和周边自然景观，减少人工景观痕迹，实现更好的景观融合效果

BIM+VR 技术在建筑设计中展现了巨大潜力。通过 VR 展示建筑空间、光影和视线分析，设计师能更直观地传达设计理念，优化人流线路和光照设计，提高设计质量和效率。结合 BIM 的数据支持，BIM+VR 将推动建筑设计的创新和发展。

在 CIM 中，VR 技术使城市规划和设计更直观高效。规划者可在虚拟环境中创建并优化城市模型，识别潜在问题，提升设计的准确性和可行性。VR 还改进了 CIM 项目的协作与设计评审，参与者可在虚拟空间中实时修改和反馈，加强团队合作，提高设计效率。

将 VR 集成至 CIM 系统中，可实现城市基础设施的实时监控，管理者可在虚拟环境中查看城市状态，接收警报，快速解决问题，提高运营效率。三维可视化增强了信息理解，帮助决策者制定精准政策和规划，优化设计并减少实施调整。

VR 技术的引入为 BIM 和 CIM 领域带来了深远变革。与 BIM 结合，建筑师可在虚拟环境中优化设计，提升施工效率；与 CIM 整合，城市规划者可在三维虚拟空间中优化基础设施，实现实时监控与管理。技术融合提高了设计、培训和决策的协作效率，推动了智能建筑与城市规划的发展，助力可持续发展。

7.1.7 三维激光扫描技术与 BIM、CIM 的交互

三维激光扫描技术是一种基于激光测距的高精度测量方法，与传统测量相比，它能够迅速获取大规模点云数据并生成精确的三维模型。它与 BIM 技术结合，可以显著提升建筑模型重建的精度和效率。在建筑文化遗产数字化重建中，三维激光扫描提供了精确的点云数据，而 BIM 技术则用于整合、管理和分析这些数据，创建详细的数字化模型，有助于保护和传承文化遗产。

在 CIM 中，三维激光扫描技术同样发挥着重要作用。CIM 涉及城市级别的数字建模，三维激光扫描提供详细的城市空间数据，帮助创建精确的城市模型。这些数据支持城市环境分析、基础设施规划和智能城市管理。

尽管 BIM 和三维激光扫描技术显著提升了建筑模型重建的效果，但仍面临挑战，包括数据准确性、处理难度、软件兼容性、知识产权问题及高昂的人工成本。扫描数据可能因设备设置不当而失真，BIM 模型可能与实际建筑尺寸不符。数据处理和分

析需要耗费大量时间和资源，软件兼容问题也可能影响模型精度。此外，专业技术人员的高成本和知识产权问题也需要妥善解决。三维激光扫描技术与 BIM 技术的融合应用具体见表 7.8。

表 7.8　三维激光扫描技术与 BIM 技术的融合应用

应用领域	融合技术	具体应用	具体领域
现有建筑和城市环境的数字化	三维激光扫描 +BIM/CIM	对现有建筑物和城市环境进行高精度测量，生成点云数据并导入 BIM/CIM 平台，构建精确的数字模型	城市改造、建筑修复、基础设施管理
项目全过程管理	三维激光扫描 +BIM/CIM	在项目各阶段记录建筑或城市环境，并实时更新数据到 BIM/CIM 模型，实现全过程的监控与管理	施工进度监控、质量控制、成本管理
设施管理与运维	三维激光扫描 +BIM/CIM	定期扫描建筑或城市设施，生成三维模型，支持设施的监测、维护和预测性管理	建筑结构监测、安全隐患监测、城市设施管理
历史建筑和文化遗产保护	三维激光扫描 +BIM/CIM	对历史建筑和文化遗产进行三维激光扫描，生成数字档案，集成到 BIM/CIM 系统中，用于保护和修复工作	历史建筑数字化保存、修复方案模拟分析
智慧城市建设	三维激光扫描 +CIM	提供精确的城市环境数据，支持城市规划、交通管理和环境监测等功能	交通规划优化、城市空间精细化管理
虚拟现实和增强现实应用	三维激光扫描 +BIM/CIM+VR/AR	将三维扫描模型用于 VR/AR 中，支持虚拟环境中的建筑或城市规划模拟与体验	建筑设计可视化、公众参与城市规划
大数据与人工智能的结合	三维激光扫描 +BIM/CIM+ 大数据 +AI	融合多种数据进行综合分析与预测，提供智能化管理和决策支持	建筑运行状态分析、城市管理智能化与自动化

　　总体而言，BIM 和三维激光扫描技术的结合，以及它们在 CIM 中的应用，已经成为现代建筑和城市管理的重要趋势。这些技术在建筑模型重建中提高了精度和效率，缩短了工期，降低了成本，同时推动了建筑行业的数字化和智能化发展。随着技术的进步，这些工具将被更广泛地应用于建筑设计、施工、运营和城市规划中。

7.2 低碳智慧建筑数据关联

7.2.1 全生命周期数据协同创建

随着 5G、Wi-Fi 6 等通信技术的应用，大数据、云计算和人工智能发展迅猛，同时，建设网络强国、数字中国、智慧社会，推动互联网、大数据、人工智能与实体经济融合，发展数字经济、共享经济，培育新增长点，加速了各行业的数字化转型。

2020 年 9 月，我国承诺"二氧化碳排放力争于 2030 年前达到峰值，努力争取2060 年前实现碳中和"。2024 年 7 月 30 日，国务院办公厅印发《加快构建碳排放双控制度体系工作方案》，建立能耗双控向碳排放双控的转型机制。

该方案提出三个阶段目标：一是到 2025 年，提升碳排放计量、统计和监测能力，为在全国范围实施碳排放双控奠定基础；二是"十五五"时期，实施以强度控制为主、总量控制为辅的碳排放双控制度，建立碳达峰碳中和评价考核制度，确保如期实现碳达峰目标；三是碳达峰后，实施以总量控制为主、强度控制为辅的碳排放双控制度，推动碳排放总量稳中有降。

在国家政策和技术推动下，建筑行业的低碳数字化转型迫在眉睫。这需要全产业链人员共同努力，树立数字化理念，明确目标，打造贯穿建筑全生命周期的数据信息平台，实现虚拟与现实的联动和数据整合，推动低碳智慧建筑产业的新发展。

在数字化发展的浪潮中，涌现了多种建筑平台，这些平台关注不同问题：有的平台解决建筑规划问题；有的平台关注数字化建设过程；有的平台关注建筑运维问题。设计院、建筑智能化公司、大型 IT 企业及新兴软件公司根据不同角度设计平台，解决建筑各阶段问题。然而，实际建筑中存在多种制约因素，如缺乏数据反馈机制、冗余数据浪费、碳排放数据未有效整合等。这些痛点限制了建筑数字化平台的潜力。

在设计新的低碳智慧建筑管理平台时，应综合运用物联网、大数据、人工智能和数字孪生等技术。平台应基于建筑动态数据和基础数据，构建虚拟低碳智慧建筑孪生体，模拟能耗的采集、传输和消耗过程，并进行相关分析，实现数字化仿真。

平台设计应覆盖建筑全生命周期，将建筑孪生体与设计、施工、运维各阶段结合，创建应用场景。这样不仅可提升设计和施工效率，还能在运维阶段提供持续的数据支持和优化建议。同时，应围绕土建、机电、装修、场地等领域，搭建多样化应用场景，整合设计师、工程师和运营人员的知识与经验。

此外，平台应将"双碳"目标贯穿全周期、全产业与全场景，进行实时监控与分析，实现碳足迹管理和优化，推动建筑行业低碳节能的转型与创新（表7.9）。

表7.9　智慧建筑低碳节能管理平台设计思路与应用场景

设计维度	设计思路	技术与方法	应用场景
全生命周期管理	建立虚拟低碳节能建筑孪生体，将其与建筑各阶段紧密结合，支持不同生命周期的行业应用	物联网、大数据、人工智能、数字孪生、建筑动态数据、建筑基础数据	全生命周期的建筑能耗数字化仿真，涵盖设计、施工、运维等各个阶段
专业领域应用	围绕建筑的各个专业领域，搭建具体应用场景，支持土建、机电、装修、场地、运维和经济等方面的管理和优化	能耗物理模型、建筑学、环境生态理论、数学推理等	建筑土建、机电系统优化，装修方案评估，场地管理，运维决策，经济分析等
知识与经验数字化	数字化设计师、工程师及运营人员的相关知识与经验，利用建筑孪生体提供智能化的决策支持	专业知识与经验的数字化，结合人工智能与大数据分析	智能化设计方案生成，施工方案优化，运维策略制定
"双碳"目标贯穿	"双碳"目标贯穿建筑全生命周期、全产业链与全场景，促进数字化低碳节能转型	数字孪生体与"双碳"目标紧密结合，全程监测与优化能耗	全产业链的低碳节能管理，包括设计、建造、运营各环节的能耗优化和碳排放控制

为了满足建筑行业应用，将低碳智慧建筑平台技术架构划分为五层（表7.10）。

表7.10　低碳智慧建筑平台技术架构

层次	描述
感知层	物联感知是平台的感知触角，也是平台的动态信息来源，通过物联网感知技术，实时采集建筑环境、空调、电气等能耗相关数据
数据层	对设备动态数据、建筑要素数据及业务数据长期积累，结合大数据技术，将数据清洗为关系型、文件型、时空型等多类型数据。包含以下几类。 建筑要素数据库：土建、机电、装修、场地、经济等专业静态数据。 设备动态数据库：建筑环境、空调、电气等动态数据

层次	描述
服务层	采用大数据、数字孪生、智能模型等服务框架，提供低碳节能模拟仿真、决策分析等服务。 基础服务能力：业务流程、用户权限、数据查询等基础服务。 大数据能力：数据的标准制定、清洗、转换等管理，支持单体、园区和城市建筑数据治理，提供建筑物理模型渲染的快速处理。 数字孪生能力：建立建筑全场景、低碳节能分析的核心能力，将建筑 BIM 几何物理模型与设备动态数据互联互通，实现建筑能耗反演仿真。 业务提升能力：提炼认知计算、能耗预测模型、AI 智能分析等能力，实现建筑 1+N 种计算能力的服务模式，为上层应用提供多样化分析计算
应用层	基于服务层业务能力，结合土建、机电、装修、场地、经济和运维需求，搭建低碳节能相关的场景应用。例如建筑运维：基于 BIM 数字建筑模型，加载动态感知数据，实现楼宇 BIM 综合管控，结合认知计算模型自动化控制机电设备，实现建筑能耗管控，再结合低碳分析模型实现建筑碳排放计算
用户层	面向不同用户群体提供定制化服务。 终端业主：提供低碳节能设计决策分析，节省投资，提高使用率。 设计人员：提供便捷设计选型，提高工作效率。 施工人员：提供精准建造，压缩实施时间。 运维人员：提供低碳节能运维，降低能耗，节省运维成本

7.2.2　全生命周期数据共享

建筑大数据池是面向低碳节能分析应用而建设的建筑基础数据，以建筑为主体，涵盖了土建、机电、场地、装修、运维、经济等多方面专业数据，通过大数据处理及分析技术，将不同类型和不同专业的数据导入大数据处理工具中，进行数据提取、转换和清洗，形成满足低碳智慧建筑平台上层数字孪生体应用的标准化数据。

建筑要素数据库是获取建筑内外基础要素数据的重要来源，涵盖建筑的结构、材质、仪器设备等信息，数据库的建立一方面支持建筑物理模型构建，为数字孪生提供物理支撑，另一方面支撑建筑相关业务应用。

设备动态数据库是建筑的动态感知数据库，可获取建筑各机电设备的功率、运行时长，用于支撑能耗模型分析。

建筑基础能耗数据库是面向建筑能耗相关因子数据的集合，涵盖了室内外环境温湿度、人流量，建立专题的能耗知识，更专注于能耗的计算分析，能耗数据的长期积累，形成了海量的动态数据，根据空间和时间的变化，可以更精准地进行能耗的预判。

动态孪生模型数据库是集成了专家数据、理论基础学科的系统，涵盖了物理学、数学公式、建筑学与信息的有机结合。它通过对建筑虚拟模型进行理论控制，提升其模拟与分析能力。数据库越丰富，计算能力越强大。

7.2.3　低碳智慧数据融合

随着信息技术的普及和数据计算应用的广泛，经济社会生产力越来越依赖数据资源。在新型低碳智慧城市建设中，大数据的影响日益加深，全球进入大数据时代，数据量呈爆发式增长。大数据需要处理海量、异构、多源的数据集，传统工具难以应对，建筑业的生产方式和数据交换关系发生深刻变化，信息化程度越来越高，数据体量急剧增加，因此提高管理水平已成为迫切需求。

建筑行业在数据治理方面面临数据质量提升、标准化、开放共享等挑战。数据逐渐从资源转变为资产，跨学科技术推动了大数据技术的发展，建筑行业可以通过大数据技术实时监控项目生产情况。数据治理成为核心任务，应有效加工处理数据，挖掘数据潜在价值，实现数字化转型。

数据治理涵盖数据采集、存储、管理、分析和销毁等过程，目标是将数据转化为资产，通过有效管理提升数据质量，建立改进机制，降低风险。行业内外的数据孤岛问题亟须解决，以实现数据全生命周期管理，包括创建、采集、存储、使用、归档和销毁。

建筑行业的数据需要分类管理，如工程交易数据、标准参考数据、环境影响数据等。信息化系统需要解决数据真实性和共享问题，5G 环境下物联网设备和 BIM 模型的数据同步也给我们带来了新挑战。

数据质量管理是关键，应制定统一标准和管理规范，确保数据一致性和准确性。数据治理包括前端管理、过程管理和全过程管理，前端管理涵盖数据质量和标准管理，过程管理涉及数据存储、传输、分析和共享，全过程管理关注数据的连续性和隐私保护。

在低碳智慧建筑和新基建背景下，政府、企业和个人须协作参与数据治理，确保数据长期可信和可用。建立面向建筑行业的数据治理框架，涵盖数据生产、过程、治理、技术和价值五大领域。在数据生产方面，规范采集流程，确保数据的准确性和完整性；在数据过程方面，优化处理和传输机制，提高效率；在数据治理方面，制定质量标准和管理策略，实施监控和审计，确保安全和合规；在数据技术方面，应用先进存储和分析技术，支持大规模数据处理和智能分析；在数据价值方面，通过融合和分析推动智能决策和创新应用，实现数据驱动的可持续发展。

7.3 低碳智慧数据平台管理

7.3.1 数据交换标准

在工程项目的全生命周期中，涉及众多专业和参与单位，这导致工程数据庞大且复杂。各阶段的专业间数据交互可能因数据未及时更新而造成设计或施工中的延迟和错误，导致资源浪费，这个问题一直困扰着工程建设行业。

随着信息技术的发展，工程建设行业逐渐开始追求一种以数据交互模式形成的工作流体系。不同软件有各自的模型结构，1997年国际协同工作联盟（IAI，现为buildingSMART International，即bSI）发布的面向建筑对象的工业基础类数据模型标准（IFC）逐渐引起人们的关注，并得到深入的应用与发展。

IFC标准是一个开放且中立的数据格式标准，用于建筑、工程和施工行业的数据交换和共享。它旨在促进不同BIM软件之间的数据互操作性，确保项目各方能够无缝交换和共享信息。IFC标准经过发展已成为国际标准ISO 16739—1:2024，并被广泛采用，它不依赖特定软件或硬件平台，即可确保BIM工具间的数据交换和互操作性。IFC数据模型涵盖建筑和设施管理全生命周期的各个方面，包括设计、建造、运营和维护，定义了大量实体类型及其关系。

IFC标准在实际应用中支持不同BIM软件的数据交换和共享，确保专业和团队之间的协同工作，并用于建筑项目的数据长期存档。许多国家和地区在公共建设项目中要求使用IFC标准，以确保数据的透明性和互操作性。

根据《建筑信息模型技术应用统一标准》（DG/TJ 08—2201—2023）及buildingSMART对IFC的描述，IFC标准的主要内容包括：类型、实体、函数、规则、属性集及数量集。IFC模型分为资源层、核心层、共享层和领域层，遵循"重力原则"，即每个层次只能引用同层及下层的信息资源。这一原则保证了信息描述的稳定性。各层次的模块由不同模型元素组成，资源层包含资源数据，核心层与共享层包含共享元素，领域层包含专业模型元素。具体的标准体系见表7.11。

表 7.11　IFC 标准体系架构层级概述

层级	描述	主要内容	功能
资源层	IFC 标准体系架构中的最底层，支持共享模型元素和专业模型元素的基础信息描述	建筑物实体的通用信息，如尺寸、计量单位、材料、时间、成本等	提供基础数据描述，供上层引用
核心层	IFC 标准体系架构中的第二层，提供数据模型的基础结构与基本概念	IFC 模型的基本框架和扩展机制，包括核心层、控制扩展、产品扩展、过程扩展四个模块	定义模型的抽象概念和结构，支持共享层与领域层的应用
共享层	IFC 标准体系架构中的第三层，为领域层提供服务，定义多个领域中共用的概念和对象	建筑设计、施工管理、设备管理等领域的通用概念和信息	促进不同领域之间的信息交流和共享
领域层	IFC 标准体系架构的最高层，对应不同领域的专业模型，提供专业特有的元素类型	专业特有的元素类型，或共享模型元素的扩展和深化	专业应用软件之间的信息交互基础

IFC 标准通常以文本文件形式实现，常见格式包括 .ifc（标准 IFC 格式）、.ifczip（压缩 IFC 文件，便于传输和存储）和 .ifcxml（基于 XML 的 IFC 文件，便于与其他 XML 系统集成）。这些格式旨在确保数据的可读性和可交换性。IFC 标准涵盖建筑、电气、暖通、结构构件、结构分析、管道与消防、建筑控制、施工管理及设施管理领域，通过分层和模块化的框架支持工程项目全生命周期的信息管理。这些信息管理方式与建筑、工程和施工领域的软件管理概念类似，为工程项目全生命周期的数据应用、交互、管理与存储奠定了基础。

IFC 标准实现了建筑和工程行业的数据标准化和结构化管理，促进了信息在项目全生命周期中的无缝流动。这不仅提高了工作效率，还确保了数据使用和交换的一致性和准确性，推动了行业的发展和进步。

7.3.2　接口设计与集成

IFC 标准基于复杂的数据模型，定义了建筑和设施管理领域的各种实体及其关系，包括建筑物、构件、空间、设备以及关系。接口设计需要处理这些实体的几何信息、属性和关联关系，以确保数据的准确性和完整性。

IFC 文件有三种格式，接口设计需要处理这些格式的读写、解析和生成。①标准文本格式（.ifc）：基于 STEP 标准的 ASCII 文本格式，适合数据交换。②压缩格式

（.ifczip）：ZIP 压缩的 IFC 文件，适用于大型项目的传输。③ XML 格式（.ifcxml）：基于 XML 的 IFC 文件，便于与 XML 系统集成。

IFC 标准有多个版本（如 IFC2×3、IFC4），接口设计须处理版本转换和兼容性问题。IFC4 引入了更多的实体和属性，改进了数据模型。

主流 BIM 软件如 Autodesk Revit、Graphisoft ArchiCAD、MicroStation 等支持 IFC 标准，并提供 API 或插件用于导入和导出 IFC 文件。

① Autodesk Revit：通过 API 自动化导入 IFC 文件并转换为 Revit 格式。

② Graphisoft ArchiCAD：提供 IFC 接口用于导入和转换 IFC 文件。

③ MicroStation：通过 IFC 插件处理 IFC 数据。

中间文件和数据转换工具（如 Solibri Model Checker、BIMcollab）可用于 IFC 数据的检查、转换和协作。

现代 BIM 项目使用云平台（如 Autodesk® BIM 360™、Trimble Connect）管理和共享 IFC 数据。通过这些平台的 API，可实现 IFC 文件的上传、共享和实时协作。

定制开发的接口和解决方案可能包括：① IFC 数据解析器，提取并处理 IFC 文件中的特定信息；②数据转换器，将 IFC 数据转换为其他格式（如 CSV、JSON）；③系统集成接口，将 IFC 数据与设施管理系统（FM）、企业资源计划系统（ERP）、项目管理系统（PMS）集成，实现全生命周期管理。表 7.12 是一个详细的使用 IFC 标准进行接口设计与集成的示例流程。

表 7.12　使用 IFC 标准接口设计与集成示例流程

序号	步骤	描述	使用的软件及功能
1	从设计软件导出 IFC 文件	使用 Revit 的 IFC 导出功能，将模型数据导出为 IFC 格式文件	Revit：IFC 导出功能
2	导入施工管理软件	使用施工管理软件导入 IFC 文件，进行碰撞检测和施工模拟	Navisworks：IFC 导入插件
3	使用 Solibri Model Checker 进行版本转换	将 IFC2×3 格式的文件转换为 IFC4 格式，以便在支持最新标准的运营和维护系统中使用	Solibri Model Checker：版本转换功能
4	将 IFC 模型上传到云平台	通过 API 实现与项目管理系统的集成，将 IFC 数据上传到云端，并与项目管理系统同步	Autodesk® BIM 360™：API 上传功能
5	开发定制接口，将 IFC 数据与设施管理系统集成	实现从设计到运营的全生命周期管理，开发专用的 IFC 数据解析器，将设备和设施信息导入设施管理系统中	定制开发：IFC 数据解析器

通过这些接口设计和集成方法，建筑、工程和施工行业可以实现更加高效和协同的工作方式，提高项目的质量和效率。IFC 标准作为一个关键的互操作性工具，可帮助不同系统之间实现无缝的数据交换和共享。开发和使用这些接口和集成解决方案，可以确保项目各方在数据使用和交换上的一致性和准确性，从而推动整个行业的发展和进步。

7.3.3　接口数据调用

无论是建筑设计还是施工领域，数据通常以文件形式存储。文件基础的数据交换方式依然是主要应用方式，主要有以下三种。

①直接链接：利用系统 API 提取数据并写入另一个系统。许多应用程序提供 API，如 AutoCAD 的 VBA、ArchiCAD 的 GDL、Revit 的开放 API 等。笔者团队曾将 Revit API 开发插件用于移动铝合金工业化建筑模型的自动族参数统计导出。具体应用包括以下几种。参数处理：通过 Revit API 访问文档对象，对对象进行过滤、创建族实例、创建动态更新和分析模型等处理。数据导出与统计：实现自动化导出和统计功能，生成并导出建筑组件参数和统计数据。二次开发：使用 C# 在 Visual Studio 中开发，添加新功能，获取族实例对象并导出参数。实验教学应用：插件在虚拟仿真平台上运行，有助于理解工业化装配施工技术，并掌握 BIM 信息集成和数据统计过程。

②开放数据格式：如 XML、文本、IFC 等，确保不同系统之间数据的一致性和可读性。这些格式支持设计、施工和运营阶段的数据共享，促进信息流动。

③接口数据调用：实现软件系统间无缝集成。例如，设计软件（如 Revit）与施工管理软件（如 Navisworks）通过 IFC 格式共享数据，提高协同工作效率，减少信息孤岛，优化资源配置。

接口调用也支持将数学模型嵌入数据处理过程，如在建筑能耗分析中，将数学模型与 IFC 数据结合，实现精确计算。这种集成提高了计算的准确性和实时性，为决策提供了有力支持。

通过开放数据格式和接口调用，实现了量化分析和简化计算。例如，通过 API 导出数据并使用算法分析，减少了手动计算，提高了效率和可靠性。自动化处理不仅可以提升工作效率，还可以减少人为错误。

智能应用（如智能建筑管理系统、预测性维护等）依赖实时数据处理。接口调用支持实时接入和处理数据，推动了机器学习和人工智能应用，提升了智能决策和自动化管理能力。

7.3.4 数据存储技术

BIM 数据存储技术涉及建筑项目各种信息的有效存储和管理，以满足设计、施工、运营等阶段的需求。以下是关键的 BIM 数据存储技术。

1. 文件基础数据存储

IFC：BIM 领域的开放标准，用于描述建筑信息。IFC 文件通常以 XML 或 IFC 等专有格式存储，适用于跨平台互操作，但处理大型项目时文件体积庞大，会影响性能。

Revit 文件（.rvt）：Autodesk Revit 的项目文件，包含建筑模型的详细信息。它虽然能够存储设计和构造信息，但格式封闭，限制了互操作性。

DWG 和 DXF 文件：主要用于 2D 图纸，也存储一些基本的 3D 模型信息，与 CAD 系统兼容，但在 BIM 中应用较少。

2. 数据库基础数据存储

关系数据库（RDBMS）：如 MySQL、PostgreSQL、Microsoft SQL Server，存储结构化数据，支持高效的查询和管理。

图数据库：如 Neo4j，用于存储和查询建筑模型中组件的复杂关系和依赖性。

3. 基于服务器的数据存储

BIM 服务器：如 IFC Model Server、EDM 模型服务器、Eurostep 模型服务器，集中管理 BIM 数据，支持存储、查询、版本控制和多方协同，通过 API 实现数据共享。

4. 云基础数据存储

云存储平台：如 Autodesk® BIM 360™、Trimble Connect，提供远程访问、共享和协作，支持数据实时更新和查看，具备高可用性和扩展性，可与其他软件集成和同步。

5. 数据交换格式和中间件

中间件和 API：用于 BIM 数据的交换和集成，确保数据的一致性和完整性。

BIM 数据交换标准：如 gbXML（Green Building XML）和 CityGML（城市地理信息模型），适用于特定领域的数据交换需求。

6. 数据压缩和优化

数据压缩技术：如 IFC 文件的压缩算法，提高了存储和传输效率。

优化技术：通过简化模型细节或采用逐步加载技术，减轻计算和存储负担，提高数据处理性能。

选择合适的数据存储技术可以有效提高数据管理效率，支持建筑项目的全生命周期管理。

7.3.5 数据安全管理

数据加密是保护 BIM 数据安全的基本措施。传输加密使用 SSL/TLS 协议，确保数据在网络传输中不被窃取或篡改；存储加密对数据库或云平台中的数据进行加密，防止未经授权的访问和泄露，确保数据的保密性和完整性。

身份认证和访问控制是关键。多因素认证（MFA）提供额外的安全层次，确保仅经过验证的用户能访问系统。访问控制通过细粒度的权限设置，限制用户对数据的访问范围，防止未经授权的访问和数据滥用。

定期备份和灾难恢复计划可保护 BIM 数据免于丢失和损坏。定期备份，确保在数据丢失或系统发生故障时可恢复正常运行；灾难恢复计划在重大故障或数据丢失时可迅速恢复数据和业务操作，减少业务中断。

审计和监控记录用户对 BIM 数据的访问和操作日志，追踪数据使用情况并检测潜在安全问题。安全监控工具实时监控系统活动，识别异常行为或安全漏洞，并及时处理，提升数据安全性。

确保数据的完整性，防止数据被篡改。使用校验和哈希算法验证数据的完整性，检测传输或存储过程中的篡改。版本控制系统跟踪 BIM 模型和设计文件的更改历史，防止数据丢失或错误修改，确保数据的一致性和可靠性。

定期的安全更新和补丁管理保持系统安全。更新 BIM 相关软件和系统，修补已知漏洞，防止攻击者利用漏洞进行攻击。及时应用补丁和更新，确保系统的安全性和稳定性，减少安全风险。

遵守数据保护法规（如 GDPR、CCPA）和行业标准（如 ISO 19650），确保 BIM 数据管理符合法律要求和最佳实践，保护用户隐私和数据安全。

加强安全培训和提升安全意识，防止出现数据安全问题。对所有参与 BIM 数据管理的用户进行安全培训，提高数据安全意识和处理能力，建立安全文化，鼓励报告漏洞和可疑活动，提升整体安全防护水平。

接口和集成安全确保 API 接口和第三方系统的集成安全。通过认证和授权机制保护 API 接口，进行安全评估，确保数据交换的安全性和可靠性，防止数据泄露或产生安全漏洞。

综合运用这些技术和策略，可以有效提高 BIM 数据的安全性，支持建筑项目顺利进行并保护关键数据。

7.4 人工智能应用

7.4.1 数据挖掘与机器学习

1. 数据挖掘

随着技术的快速发展，数据挖掘已成为当前采用数据分析解决实际问题的重要手段。简单来讲，数据挖掘是指从大量数据中挖掘或抽取知识，描述了一种从大型数据集中发现可行信息的过程。在诸多学者的不断凝练和总结之下，数据挖掘的概念被持续拓展和丰富，并被进一步概括和总结。从基本功能的视角来看，数据挖掘的本质是从数据库中发现知识，展示了一种从大量数据中抽取挖掘出未知的、有价值的模式或规律等知识的复杂过程。因此，数据挖掘的全生命周期包括业务理解、数据理解及收集、数据准备、数据建模、模型评估与部署[75, 76]。

相较于传统的数据分析（例如查询、报表、联机应用分析），数据挖掘是在没有明确假设的前提下去挖掘信息，并借此发现知识。因此，数据挖掘所获得的信息应具有未知性、有效性以及实用性。更具体地讲，数据挖掘需要在满足四个基本条件的前提下才能使获取的信息有效：其一，数据源必须是真实的、大量的；其二，通过数据挖掘所发现的是用户感兴趣的知识；其三，通过数据挖掘所发现的知识要可接收、可理解、可运用；其四，仅支持特定问题的发现。

从整体上看，数据挖掘涉及多学科技术的集成，包括数据库技术、统计学、机器学习、高性能计算模式识别、神经网络、数据可视化、信息检索、图像与信号处理和空间数据分析等，是一种在复合技术下的数据分析与应用过程。根据数据挖掘的原理，其应用逻辑由七大步骤共同组成，见表7.13。

表7.13 数据挖掘应用逻辑

步骤	描述
①定义目标	首先明确数据的核心目标，例如趋势预测、行为判断、类型聚类等
②收集数据	根据设定的目标进行数据收集，并将所收集的数据存储在多类型数据库中
③净化数据	对收集到的数据进行净化、格式化和验证，处理错误和冗杂信息
④查询数据	通过统计分析和可视化展示对数据进行查询，确定数据挖掘目标的重要变量，并形成初始假设

步骤	描述
⑤构建模型	选择合适的方法构建模型，并对数据进行规范化处理，以适应模型应用
⑥验证结果	比较和分析模型结果，验证其正确性，并进行必要的修改和重建
⑦应用模型	应用模型对数据进行分析，并验证所提出的数据挖掘目标

此外，现有的数据挖掘被划分为描述性建模、预测性建模和规范性建模。其中，描述性建模的数据挖掘旨在揭示历史数据中的相似性，以了解成功或失败背后的原因，其主要技术有关联分析、聚类分析和离群分析。预测性建模是对将来的事件进行分类或估计未知结果，其主要技术包括决策树、神经网络、回归分析和分类。而规范性建模对非结构化数据进行筛选、解析和转换，文本挖掘和自然语言处理成为关键技术（表7.14）。

表 7.14　数据挖掘常用算法

算法	基本原理	优点	缺点	应用场景
决策树（Decision Tree）	树形结构，递归分裂，选择最优属性	易于理解和解释，能够处理数值型和分类型数据	对数据噪声过于敏感，容易过拟合	客户分类、疾病诊断、风险评估
随机森林（Random Forest）	集成多个决策树，结合预测结果	减少过拟合的风险，能够处理高维数据，对特征进行随机选择，鲁棒性好	训练时间长，计算复杂度高，解释性差	生物信息学、银行欺诈检测、图像分类
支持向量机（SVM）	找到最优超平面，将不同类别数据分开，使用核函数映射到高维空间	能够处理高维数据和非线性分类，鲁棒性强	训练时间长，对噪声数据敏感，核函数和参数选择复杂	图像识别、文本分类、基因表达数据分析
朴素贝叶斯（Naive Bayes）	基于贝叶斯定理，假设特征条件独立	简单高效，能够处理大规模数据，鲁棒性强	特征独立假设不现实，分类效果差	垃圾邮件过滤、文本分类、医学诊断
k最近邻域法（kNN）	计算新数据点与训练数据的距离，选择 k 个最近邻域进行分类	理论简单，易于实现，不需要训练过程	计算复杂度高，对噪声敏感，存储需求大	模式识别、推荐系统、图像分类
k均值聚类（k-Means）	迭代将数据集分为 k 个簇，每个簇由其质心来表示	理论简单，能够处理大规模数据集，扩展性好	应预先指定簇的数量，对初始质心敏感	图像压缩、文档聚类、客户细分

2. 机器学习

机器学习是一种人工智能技术，能让计算机从数据中学习和改进，不需要明确编程。其目标是开发能够持续学习和提升性能的模型，以适应新的情境。机器学习的工作流程包括数据收集、预处理、模型训练和优化，最终实现实时预测和决策。

机器学习主要分为三大类型：监督学习、无监督学习和强化学习。监督学习通过标记数据训练模型进行预测或分类；无监督学习通过处理未标记数据发现潜在模式；强化学习通过试错和奖励机制优化决策策略。

不同算法可用于不同任务：回归算法可用于预测连续值；分类算法可将数据分为类别；聚类算法可用于数据分组；神经网络和深度学习可用于处理复杂的模式识别任务。

在建筑性能分析中，机器学习通过分析能耗数据可识别高能耗区域，预测不同设计的能效，优化能源使用并降低成本。同时，通过优化窗户和照明设计，可提高自然采光率，减少对人工照明的依赖。

在结构设计优化中，机器学习可分析材料性能，推荐最合适的材料，确保经济和安全。在应力分析中，通过历史数据可预测建筑表现，优化结构设计。

在进度管理中，机器学习可预测项目进度，识别延误，优化资源调度，减少闲置和浪费，提高施工效率。在质量控制中，利用计算机视觉和深度学习可自动识别施工中的质量问题，并通过风险评估预测安全风险。

在设施管理中，机器学习通过传感器数据可进行预测性维护，减少停机时间，并优化空间配置，提高利用率。在能效管理中，可实时监测能耗数据，优化空调和照明系统运行，提高能源效率。

在绿色建筑中，机器学习用于选择环保材料和优化废物管理，减少环境足迹。在环境影响评估中，可评估建筑全生命周期碳排放，制定减排措施，优化设计，减少对生态的影响。

在智能系统集成中，机器学习可优化照明和空调系统，以节能和提高舒适性。在用户体验提升中，通过行为分析和个性化服务优化建筑设计和服务，提高满意度。

7.4.2 自然语言处理

自然语言处理（NLP）是人工智能的一个重要领域，旨在使计算机理解、解释和生成人类语言。NLP 的应用包括文本分析、语音识别等，它正在改变人机互动方式，详见表 7.15。

表 7.15 自然语言处理应用概览

应用	描述
语言模型	预测文本中的下一个单词或字符，支持自动完成、文本生成和机器翻译。通过大量文本训练，学习词语关系和语法结构
词嵌入	将单词表示为实数向量，使语义上相似的单词在向量空间中接近，从而提升文本分类和聚类性能
文本分类	将文本分配到预定义类别，如垃圾邮件检测和情感分析。常用技术包括朴素贝叶斯、支持向量机和深度学习模型
情感分析	检测文本中的情感倾向或状态，帮助企业进行品牌监测和客户反馈分析，识别正面、负面或中性情感
命名实体识别	识别文本中的命名实体，如人名、地名等，用于信息提取和知识图谱构建
机器翻译	将文本从一种语言翻译成另一种语言，现代主流技术是神经机器翻译
自动摘要	生成简要版本的文本，保留主要信息，应用于新闻摘要和内容推荐
问答系统	从文本或数据库中回答用户问题，广泛应用于智能助手和在线客服
语音识别和合成	将语音转换为文本或将文本转换为语音，支持语音助手和自动字幕功能

尽管 NLP 技术进展显著，但仍面临多义性、上下文依赖、语言多样性和数据稀缺等挑战。未来，NLP 将发展更强大的语言模型，跨模态学习将结合图像和文本信息，个性化 NLP 将满足不同用户需求。强化学习和自监督学习将提升模型的泛化能力。

NLP 技术在建筑领域的应用日益广泛，推动了建筑行业的智能化和数字化转型。通过对文本数据的理解和处理，NLP 技术将能提升项目管理效率、优化资源配置、改善客户服务等。

1. 自然语言处理在建筑项目管理中的应用

①文档管理与自动化：建筑项目涉及大量文档，如合同、施工计划、规范说明等。NLP 技术能够自动处理和进行文档分类，提取关键信息，提高管理效率。

②风险管理：NLP 技术通过分析项目文档、邮件和报告，识别潜在风险，并利用情感分析检测团队成员的情绪变化，及时发现潜在问题，降低风险。

2. 自然语言处理在施工管理中的应用

①进度跟踪与报告生成：NLP 技术可以从现场反馈中提取进度信息，自动生成详细报告，减少人工工作量。例如，系统通过文本分类技术整理施工日志，生成日、周或月度进度报告。

②质量控制：NLP技术分析质量检查报告，自动识别常见问题并生成改进建议。通过情感分析，系统可检测检查人员的反馈情绪，及时处理质量问题。

3. 自然语言处理在建筑数据分析中的应用

市场分析：NLP技术可以分析建筑市场的相关新闻、报告和社交媒体内容，帮助公司了解市场动态，制定战略。

总之，NLP技术推动了建筑领域的智能化和自动化发展，优化了文档管理、设计和施工流程，改善了客户服务。未来，随着技术的进一步成熟，NLP将在建筑领域发挥更大作用，促进行业创新和进步。

7.4.3 多目标数据自动化分析及结果生成

1. 遗传算法原理

遗传算法（GA）是一种基于自然选择和遗传机制的优化算法，用于求取复杂问题的全局最优解。遗传算法通过模拟生物进化过程，从一组候选解（称为个体或染色体）中逐步选择、交叉和变异，最终逼近最优解。表7.16是遗传算法的核心步骤。

表7.16　遗传算法的核心步骤

步骤	描述
初始化种群	随机生成初始种群，每个个体用染色体表示，通常为二进制串、实数串或符号串
评估适应度	使用适应度函数评估个体的表现，适应度高的个体在进化中更有可能被保留
选择操作	根据适应度值选择个体进行繁衍，常用方法包括轮盘赌选择、锦标赛选择和排名选择
交叉操作	通过交叉操作生成新个体，模拟基因交换，常见的交叉方法有单点交叉、双点交叉和均匀交叉
变异操作	随机改变个体染色体上的基因，增加种群的多样性，避免陷入局部最优。变异概率通常较低
产生新一代	通过选择、交叉和变异操作生成新一代种群，新一代继续经历这些操作，并逐步进化
判断终止条件	迭代进行选择、交叉、变异和适应度评估，直至满足终止条件，如达到最大代数、适应度稳定或找到最优解
输出最优解	最终以适应度值最高的个体作为最优解，遗传算法适用于解决大规模和复杂的优化问题

2. 遗传算法与BIM技术的结合应用

遗传算法与BIM技术的结合使用在建筑设计和施工优化中具有显著的优势，以下是一些具体的应用和方法。

（1）自动结构设计

通过遗传算法，可以自动为 BIM 环境中的给定建筑配置推导出最佳结构。这种方法基于多目标优化过程，通过交叉和变异操作产生新的解决方案，以提高性能标准。

例如，Tafraout 等（2019）[77] 提出了一种基于遗传算法的方法，能够自动为 BIM 平台中的给定建筑配置推导出最佳结构。该方法通过随机生成符合建筑约束的初始种群，然后通过交叉和变异操作生成新的解决方案，最终优化结构设计。

（2）施工进度计划的自动编排

利用 BIM 和规则推理，可以自动生成施工进度计划。这包括施工基本活动的分解、构件属性的提取、逻辑约束关系的分析以及施工持续时间的计算。

Wu, Ma（2023）[78] 开发了一种多阶段框架，通过从 BIM 中提取信息，利用本体约束规则来演示所有组件之间的关系，最后使用遗传算法生成施工进度计划。这种方法能够快速生成时间表，并保证其满足逻辑约束和时间参数约束的要求。

（3）施工调度优化

在装配式施工中，通过 BIM 遗传算法框架，对施工构件的基本活动进行分解，并计算工序时间，进而提出施工调度优化流程。这种方法有效减少了施工作业时间，提升了队伍组织和资源分配的效率。

（4）基于 BIM 的计划生成和优化

集成 BIM、遗传算法、5D 模拟和商业智能仪表板，提高了建筑行业的生产力并缩小管理和工程领域之间的差距。

（5）钢筋混凝土框架结构的钢筋自动无冲突优化

基于 BIM 和两阶段遗传算法的新方法，可以自动优化无冲突的钢筋设计。通过考虑梁柱节点处的钢筋重叠和拥堵，从 BIM 模型中提取 3D 空间信息，以支持自动无冲突优化。

（6）结构优化设计

在结构优化设计中，遗传算法被用于框架结构、剪力墙结构和桁架结构的优化。例如，一项综述研究总结了智能算法在框架结构、剪力墙结构和桁架结构优化设计中的应用，为智能算法在更多领域的结构优化的应用提供了参考。

（7）基于 BIM 的碰撞解决多目标优化

使用遗传算法可以优化 BIM 模型中的碰撞问题。Liu 等（2024）[79] 提出了基于 BIM 的碰撞解决多目标优化方法，使用 NSGA-II（Non-dominated Sorting Genetic Algorithm II）算法进行优化，有效解决了 BIM 模型中的碰撞问题。

（8）基于 BIM 的施工成本和碳排放优化

通过 BIM 和遗传算法，可以优化建筑项目的施工成本和碳排放。这些应用展示了遗传算法与 BIM 技术结合在建筑设计和施工优化中的多样化和高效性，有助于提高建筑项目的效率和质量。通过这些方法，可以更好地实现建筑项目的自动化设计、优化施工进度、减少施工成本和提高施工质量。

7.4.4　大数据可视化

大数据可视化通过图形和图表将复杂数据展现得更直观，帮助用户识别数据中的模式、趋势和异常，从而作出数据驱动的决策。基础图表，如条形图、折线图、饼图和散点图，展示了基本数据特征，而热图、树图、网络图和地理可视化则呈现了复杂数据关系。交互式可视化技术，如仪表盘和动态可视化，允许用户进行数据筛选、缩放和排序。市场上有多种大数据可视化工具，包括商业工具（如 Tableau、Power BI、QlikView）和开源工具（如 D3.js、Apache Superset、Plotly），以及编程语言库（如 Python 的 Matplotlib 和 Seaborn、R 语言绘图的 ggplot2、JavaScript 的 D3.js）。尽管大数据可视化有许多优点，但是也面临数据复杂、图表设计难度大和实时交互性能优化的挑战。在建筑领域的应用具体见表 7.17。

表 7.17　大数据可视化在建筑领域的应用

应用领域	具体应用	说明
项目设计和规划	三维模型和虚拟现实技术	直观展示设计；增强现实技术模拟设计；优化设计方案，确保可持续性
	大数据可视化优化设计	分析数据优化设计，适应未来需求
设施管理和运维	能耗管理	可视化能耗数据，识别节能机会
	设施管理仪表盘	实时监控系统，预测故障并计划维护
客户和业主沟通	交互式可视化和虚拟漫游技术	直观展示项目，提升客户理解和决策能力
	客户反馈数据可视化	帮助调整设计和运营，提高客户满意度

应用领域	具体应用	说明
施工阶段	进度跟踪	实时监控施工进度，展示里程碑和任务进度
	资源管理	了解资源分配，分析使用效率，避免浪费
	质量控制	图形化质量检查数据，实时跟踪建筑质量
	安全管理	分析安全数据和监控现场，识别风险区域，确保安全

7.4.5 增强现实

1. 增强现实技术

增强现实（AR）将虚拟信息叠加到现实世界中，增强用户对环境的感知。与虚拟现实（VR）不同，AR 不替代现实，而是通过智能设备（如手机、平板、AR 眼镜）将虚拟元素与现实融合，为人们提供丰富的互动体验。

2. 基本工作原理

（1）环境感知与数据采集

AR 系统通过摄像头和传感器实时捕捉环境数据，包括图像识别、物体检测和位置追踪，确保将虚拟内容准确叠加于现实中。

（2）虚拟内容生成与渲染

在环境数据支持下，AR 系统生成虚拟内容（如图像、视频、动画或三维模型），计算机视觉和图形处理确保虚拟内容在不同环境条件下清晰准确。

（3）信息叠加与实时展示

AR 技术将虚拟信息实时叠加到现实中，显示设备根据用户视角和环境变化调整内容，实现自然融合，增强互动体验。

3. AR 在建筑行业的具体应用

（1）设计可视化

AR 技术可提升设计可视化效果，设计师可将虚拟模型叠加到现场，客户可直观查看设计效果并提供反馈，减少设计变更。

（2）虚拟修改与优化

AR 技术允许设计师在设计阶段进行虚拟修改并展示给客户，提高设计灵活性和效率，减少纸质图纸修改的时间和成本。

（3）施工进度跟踪

AR 技术在施工阶段可提供实时进度跟踪，识别偏差和问题，确保施工质量和进度符合计划。

（4）设施管理与维护

AR 技术显示设备状态和维护需求，提升维护效率和准确性，减少故障时间和维修成本。

AR 与 VR 融合将为人们提供更全面的沉浸式体验，推动建筑行业数字化和智能化，开辟更多应用场景。

7.4.6　用户交流、方案比较与决策支持

在建筑行业，用户交流、方案比较和决策支持是确保项目成功的核心环节。这些环节直接影响到项目的质量、进度和客户满意度。随着建筑设计和施工的复杂程度增加，优化这些环节变得尤为重要。

1. 用户交流的现状与挑战

传统建筑项目中的用户交流主要依赖面对面的会议、电话沟通和书面文档。设计师与客户、承包商之间通过这些方式传递信息，确保项目按照计划进行。然而，随着建筑项目规模和复杂程度的增加，传统的沟通方式逐渐暴露出不足之处。信息的准确传递、及时反馈和有效沟通成为重大挑战（表 7.18）。

表 7.18　传统与现代沟通方式比较

	优化前	优化后
信息传递不充分	传统沟通方式易引发设计误解，影响项目进度和预算	VR 和 AR 技术提供直观的设计展示，客户可体验三维效果和虚拟模型，可减少设计误解，提高准确性和参与感
反馈延迟	传统沟通导致反馈延迟，影响设计修改效率，增加施工问题和成本	在线协作平台可提供实时信息共享，提高设计沟通效率和反馈速度
缺乏互动性	传统沟通方式缺乏互动，客户无法实时了解设计变更，接受度和满意度低	AR 和 VR 设备可让客户在虚拟环境中查看设计，提供具有针对性的反馈意见，提高设计的准确性和接受度
缺乏实时反馈机制	设计师无法实时获得客户反馈，影响设计效率和需求响应	AR 技术允许客户立即查看设计修改效果并提供意见，提高设计修改效率，确保满足需求

2. 方案比较的工具与方法

（1）评价标准和指标

建立标准化体系，包括成本效益、功能需求、可持续性和材料使用，全面比较设计方案，支持科学选择。

（2）模拟与仿真

使用模拟和仿真技术预见设计表现，如光照变化和空间效率，支持深入分析，作出明智决策。

（3）数据可视化

将设计方案的关键数据以图表形式展示，如成本比较图和功能匹配图，直观了解方案优缺点，作出有依据的决策。

（4）决策支持系统

综合分析不同设计方案，提供数据驱动建议，多维度分析提高决策准确性，减少人为因素影响。

3. 决策支持的策略与实践

（1）集成数据平台

建立数据平台，汇集设计图纸、成本预算、施工计划等信息，实时更新，帮助决策者掌握动态。

（2）实时数据更新

实时更新平台，确保决策者获得最新信息和进度报告，帮助调整计划和资源配置，提高项目管理效率。

（3）情景分析

模拟不同决策方案结果，识别最佳选择并提出应对策略，提高决策的可靠性和科学性。

（4）风险评估

识别潜在风险并制定应对措施，降低风险对项目的影响，确保决策稳健和可行。

通过数字化工具和有效策略，建筑行业可提高项目管理效率和客户满意度，技术进步将使方案比较和决策支持更加智能化。

低碳智慧建筑：绿色智能双线融合新路径

随着全球气候变化问题的日益严重，低碳发展已成为各国经济社会发展的重要目标。建筑行业作为能源消耗和碳排放的重要领域，如何实现建筑全生命周期的低碳化，已成为摆在我们面前的一个亟待解决的问题。在此背景下，低碳智慧建筑的概念应运而生，结合了物联网、大数据、人工智能、数字孪生等先进技术，通过对建筑能耗的数字化仿真和精准管理，实现对建筑碳排放的有效控制与管理。本章通过对低碳智慧建筑碳排放核算的全面探讨，旨在为实现建筑领域的"双碳"目标提供理论支撑和实践指导。通过引入先进技术手段，不仅可以提高建筑能效，还能够推动建筑行业的绿色转型。与此同时，本书还将探讨如何在碳排放核算中融入我国传统哲学思想，如天人合一、道法自然等，寻求在现代技术与传统智慧的融合中，找到一条可持续发展的低碳之路。本章逻辑构架见图 8.1。

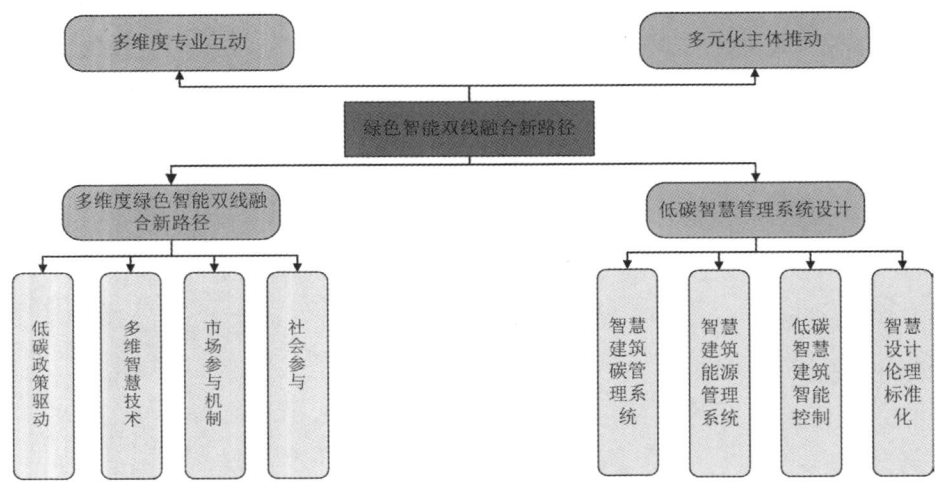

图 8.1　本章逻辑构架

8.1 多维度绿色智能双线融合新路径

在全球化的今天，气候变化已成为全人类共同面临的严峻挑战。作为全球温室气体排放的主要来源之一，建筑行业在推动绿色低碳转型中扮演着至关重要的角色。面对这一挑战，探索多维度绿色智能双线融合新路径不仅是实现可持续发展的必由之路，也是响应国际社会环境保护呼声的具体行动。

多维度绿色智能双线融合新路径涵盖了从建筑设计、材料选择、施工技术到运营管理等建筑全生命周期的各个方面。它强调在建筑的每一个环节融入减污降碳的理念，通过智慧创新技术和科学管理，实现能源的有效利用和碳排放的显著降低。这不仅涉及建筑本身的节能降耗，还包括与周边环境的绿色融合，以及对社区和城市可持续发展的积极贡献。

基于建筑行业在减碳行动中的多维视角，包括政策引导、技术创新、市场机制、社会参与等，展示了一个全方位、多层次、立体化的低碳智慧策略框架。通过深入分析和系统规划，将为建筑行业的绿色低碳转型提供清晰的方向和可行的方案，构建一个更加清洁、高效、和谐的智慧居住环境。

8.1.1 低碳政策驱动

当前，建筑业的减碳路径受到了政府的高度重视。为实现碳达峰和碳中和目标，我国出台了一系列政策推动建筑行业绿色低碳转型。

《加快推动建筑领域节能降碳工作方案》提出，到2025年，建筑领域节能降碳制度体系将更加健全，城镇新建建筑全面执行绿色建筑标准，新建超低能耗、近零能耗建筑面积比2023年增加0.2亿平方米以上。方案还强调既有建筑节能改造，包括能效诊断、改造计划、提高保温隔热性能和用能效率，并强化建筑运行期间的节能管理，如推广高效节能设备、建立节能监管体系和实施温控机制。

2022年发布的《城乡建设领域碳达峰实施方案》专注于碳排放控制，提出优化城乡规划、推动低碳社区和智慧城市建设、支持既有建筑节能改造、推广可再生能源等措施，减少对传统能源的依赖。

《2024—2025年节能降碳行动方案》设定了未来两年的任务和目标，推动建筑行业智能建造和光伏一体化，提升工业化和信息化水平，同时推进存量建筑的节能改造，特别是公共建筑和住宅，建立能耗在线监测系统，提高能源使用智能化水平。

国务院发布的《2024—2025年节能降碳行动方案》要求各级政府认真执行，明确节能降碳的重点任务，包括化石能源消费减量替代和非化石能源消费提升，强化节能审查和环评审批，确保新项目符合节能要求，提出节能管理、能源消费预算管理、修订节约能源法和完善价格政策等措施，并加大资金支持力度，鼓励金融机构资助节能降碳项目。

这些政策措施构成了建筑行业减碳的全面框架，涵盖设计、施工、运行等阶段，并提供法规、资金和技术支持，确保建筑行业有效降低碳排放，为实现碳达峰和碳中和目标作出贡献。

8.1.2 多维智慧技术

多维智慧技术创新作为推动建筑行业实现绿色低碳转型的关键，正在不断地深化和扩展。从设计、施工到运营，每个环节都充满了创新的可能性，为实现深度降碳提供了坚实的技术支撑。

1. 数字孪生技术

数字孪生技术通过创建与真实建筑相对应的虚拟模型，实时更新建筑运行状态，并进行性能预测和优化。这一技术解决了传统建筑运维中的效率低、反应滞后等问题。它结合物理实体、数字模型和数据映射，已广泛用于电力设备模拟和制造工艺优化。在建筑行业，数字孪生能实时监控能源消耗，提出节能建议，从而降低成本和对环境的影响。

2. 智能化信息技术

绿色建材的研发，如高性能混凝土和环保涂料，减少了碳排放，提高了建筑的耐久性和环境适应性。BIM技术通过三维模型优化了建筑设计，减少了材料浪费，实现了能源使用优化。BIM提高了施工协同效率，减少了设计变更和返工。在智慧城市建设中，CIM与GIS技术通过提供全面的数据支持和城市管理优化，提升了城市运行效率和可持续发展水平。智能建筑系统通过传感器、物联网和AI优化了能源使用，减少了浪费，提高了能源效率。

3. 智能化建筑技术

装配式和模块化建筑技术通过工厂化生产减少了现场施工能耗和碳排放，提高了施工速度和效率。这些技术有助于建筑全生命周期管理和循环经济。数字化施工技术，如无人机监测、3D打印和机器人施工，提升了施工精度，减少了材料浪费和碳排放。

4. 低碳节能技术

节能技术通过高效隔热材料、节能窗户和照明设备减少了能源消耗。智能照明系统和高效暖通空调系统进一步降低了能耗。节能家电设计、被动房设计和太阳能建筑设计优化了能源使用。水资源节约技术和智能电网系统通过减少用水量和优化能源管理，可降低建筑能耗和碳排放。

5. 未来技术展望

未来低碳智慧建筑将融合前沿科技，创造更高效、可持续的建筑环境。以下是对绿色智能双线融合新路径的展望。

（1）人工智能与大数据融合

低碳智慧建筑将广泛应用AI和大数据分析。AI系统通过实时数据监测和历史数据分析优化能源使用。例如，AI驱动的能源管理系统将根据天气预报和建筑使用模式调整策略，提高能源效率并减少碳排放。AI与大数据平台结合，分析建筑运行数据，提出精准节能和减碳方案。

（2）物联网与智能传感器集成

物联网和智能传感器集成将使低碳智慧建筑更加智能化。传感器实时监测建筑内外环境参数，如温度、湿度、光照等。智慧建筑管理系统将自动调节暖通空调、照明和通风系统，优化能源使用。例如，智能窗户可根据温度和光照自动调整透明度，提高舒适度并节省能源。

（3）先进储能技术与可再生能源结合

低碳智慧建筑将高度依赖可再生能源，如太阳能和风能。先进储能技术，如固态电池、氢能储存和飞轮储能，将提高可再生能源利用率。这些储能系统能在低需求时存储能量，在高需求时释放能量，与智能电网结合，实现能源的动态平衡和优化分配。

（4）智能合成生物材料与 3D 打印技术

智能合成生物材料和 3D 打印技术将为低碳智慧建筑提供新建材。这些材料不仅具有优良的隔热和结构性能，还能通过碳捕集技术吸收二氧化碳。3D 打印技术将减少建筑材料的浪费，实现复杂结构的一体化成型，降低施工中的碳排放。例如，通过 3D 打印的模块化建筑具有快速建造和优异节能性能。

（5）虚拟现实与增强现实技术

虚拟现实和增强现实技术将在建筑设计和施工中发挥作用。设计师可用 VR/AR 技术创建虚拟模型，进行能效模拟和优化设计。施工人员可通过 AR 技术实时获取建筑信息，提高施工精度，减少资源浪费。例如，AR 技术可帮助精确定位太阳能电池板，确保最佳能源采集效果。

综上所述，未来低碳智慧建筑将通过人工智能、大数据、区块链、物联网、储能技术、智能材料、3D 打印、VR/AR 等技术实现更高效、智能、可持续的发展，为全球气候变化和资源短缺问题提供解决方案。

8.1.3 市场参与机制

市场参与机制在建筑行业低碳智慧双线融合中扮演了关键角色，不仅通过经济激励推动绿色转型，还涉及碳排放成本化、绿色金融创新、政策支持深化和市场信息透明等方面。

碳交易市场提供了碳排放的量化和市场化交易平台。企业依据碳排放配额进行交易，不仅可以获得经济激励，还可以促进减碳技术的发展和经验的交流。随着碳交易制度的完善，企业在项目中更倾向于采用低碳技术和材料。

绿色金融创新可为建筑行业提供多元资金来源。绿色信贷、绿色债券和绿色基金等工具可为绿色项目提供低成本资金支持，这些金融产品与项目环保效益挂钩，鼓励企业重视环保和减碳效益。

政策支持通过税收优惠、补贴和财政奖励，减轻了经济负担，并提升了社会资本对绿色建筑的关注。政府激励措施降低了市场准入门槛和运营成本，加速了绿色建筑技术的推广。

市场信息透明化通过建筑能效标识、绿色建筑认证和环境信息披露，帮助市场参与者了解建筑产品的环保性能。这种透明化可帮助消费者作出环保选择，为投资者提供决策依据。

需求侧管理，如智能电网、需求响应和峰谷电价，优化了建筑的能源使用模式，提高了能源使用效率，减少了高峰时段的能源消耗和碳排放。

公共采购政策通过政府的绿色采购行为，可为绿色建筑市场树立标杆，影响公共建筑的建设和运营，并引导整个建筑行业的绿色发展。

宣传和教育活动提升了消费者的教育和认识水平，以及对绿色建筑和节能产品的认识，提升了绿色消费观念，为绿色建筑市场的发展奠定了基础。

创新激励机制，如研发资助、创新平台建设和竞赛，激发了企业和研究机构在绿色建筑领域的创新活力，推动了新技术、新材料和新工艺的研发，为建筑行业的绿色转型提供了技术支撑。

综上所述，市场机制通过碳交易市场、绿色金融创新、政策支持、市场信息透明化、需求侧管理、公共采购政策、宣传和教育活动，以及创新激励机制，为建筑行业的绿色低碳智慧转型提供了全面支持。这些措施促进了减碳技术的创新和应用，为智慧建筑的可持续发展奠定了基础。

8.1.4　社会参与

社会参与在多维减碳路径中扮演着关键角色，涉及公众意识提升、社区行动、教育改革和媒体宣传等方面，共同为建筑行业减碳提供社会基础。

首先，提升公众意识是基础。通过宣传和教育普及气候变化知识，让公众认识到建筑行业减碳的重要性，形成社会共识，为减碳行动奠定思想基础。教育改革同样重要，通过学校教育引入节能减排课程，培养学生环保意识和创新能力，为未来绿色建筑行业培养人才。

其次，组织社区行动是动员社会参与的重要方式。绿色社区创建和节能竞赛等活动能激发居民参与热情，提高他们的绿色生活认知。社区的积极参与不仅能促进建筑节能减排，还能带动周边社区效仿，形成良好的社会氛围。

再次，媒体宣传是扩大社会参与的关键。利用电视、广播、报纸和互联网等媒介，广泛宣传建筑行业减碳知识和成果，提高公众对绿色建筑的认识，媒体宣传不仅能传播信息，还能引导舆论，形成支持减碳的社会环境。

此外，非政府组织和志愿者团体通过环保讲座、绿色建筑展览和节能减排工作坊等公益活动，提高了公众的环保意识和参与度，提供了具体的减碳参与途径，增强了社会参与的实效性。

最后，政策制定者和行业领导者的示范作用也不可忽视。他们通过公开支持和参与减碳行动，树立良好社会形象，激励更多人加入减碳行列。他们的行动推动了地区或行业的减碳进程，并产生了积极的社会影响，推动社会向低碳发展转型。

综上所述，社会参与在建筑行业减碳路径中扮演着至关重要的角色。通过提升公众意识、组织社区行动、加强媒体宣传、发挥非政府组织和志愿者团体的作用及政策制定者和行业领导者的示范作用，可以有效动员社会各界力量，共同推动建筑行业绿色低碳发展，促进社会可持续发展和生态文明建设。

8.2 多维度专业互动

在建筑行业迈向绿色智能化新时代的过程中，多元专业互动成为推动转型的关键力量。随着技术进步和环境意识的提升，建筑行业需要融合环境科学、信息技术、能源管理和经济分析等多个领域的专业知识和技能。这种跨学科合作促进了技术创新，提高了建筑项目的效率和可持续性，为绿色智能建筑的实现奠定了基础。

建筑设计与工程领域的融合至关重要。建筑师与工程师需要在设计阶段紧密合作，将节能环保理念与智能技术结合，创造美观且高效的建筑解决方案。这要求设计团队具备创新思维和跨学科沟通能力，以在技术和艺术上达到最佳平衡。

信息技术的进步，特别是建筑信息模型、物联网和大数据分析，正在改变建筑管理和运营方式。这些技术提高了建筑项目管理效率，优化了施工过程，实现了精细化管理。信息技术与建筑管理的结合，实现了全生命周期管理，降低了成本，提升了质量，延长了使用寿命。

能源管理与建筑运维的整合也是实现绿色智能建筑的关键。智能能源管理系统可实时监控建筑能源消耗，优化分配，减少浪费，提高能源效率，助力可持续发展。能源管理专家与建筑运维团队的合作，确保了系统高效稳定运行。

材料科学与施工技术的创新推动了绿色智能建筑的发展。新型绿色建材提高了建筑的隔热性能，降低了对环境的影响，提升了结构效率。材料科学家与施工技术人员的合作，加速了这些材料的研发与应用，提高了建筑环保性能，延长了使用寿命。

环境科学与城市规划结合，实现了建筑与自然环境的和谐共生。环境科学家与城市规划师合作，可整合绿色空间、生态廊道和可持续交通系统，提高城市生态质量和居民生活质量，增强城市的可持续发展能力。

经济分析与项目融资为绿色智能建筑项目提供了支持。经济分析师与项目融资专家合作，评估经济效益和风险，可为投资者提供决策支持。这有助于吸引资金，推动绿色建筑技术的创新和应用。

政策与行业规范的制定推动了绿色智能建筑的发展。政策制定者与行业规范制定者合作，提供了明确方向和规范，促进了技术创新和应用，提高了行业水平。

用户需求与产品设计的对接是实现市场竞争力的关键。用户需求研究者与产品设计团队合作，确保了建筑产品满足实际需求，提高了居住舒适度和市场竞争力。

教育与培训的深化对培养专业人才至关重要。教育机构与行业培训组织合作，提供专业课程，满足了人才需求，提高了行业整体素质和竞争力。

研究与开发的协同加速了绿色智能技术的创新和应用。学术研究与商业开发合作，将理论研究转化为实际产品和服务，促进了技术创新，提高了研发效率，缩短了市场周期。

总之，多元专业互动为绿色智能建筑的发展提供了强大动力。跨学科合作可发挥各领域的技术和知识优势，形成协同效应，推动建筑行业向绿色、智能、可持续方向发展，提升项目成功率，为社会创造更大的经济和环境价值。

8.3 多元化主体推动

绿色智能双线融合新路径中的多元化主体推动，是一种全新的发展模式，强调在建筑行业向绿色和智能化转型过程中，多个利益相关者需要共同参与和协作。没有任何单一组织能够独立解决建筑行业面临的复杂挑战，多元化主体推动是一个多方合作的过程。

1. 政策层面的引导与支持

政府在推动低碳智慧建筑发展中扮演着关键角色。政府需要制定并实施严格的建筑能效标准和环保法规，通过财政补贴、税收优惠等措施来降低低碳智慧建筑的初期投资，鼓励采用绿色智能技术。此外，政府还需要加强对绿色建筑项目的质量监管，确保其节能和环保效果。政策引导和支持为绿色智能建筑发展奠定了基础，为行业提供了方向和保障。

2. 私营企业的创新与实施

私营企业是推动绿色智能建筑的主要力量。企业需要投入研发资源，开发新的绿色建材、节能技术和智能系统，并探索新商业模式，如合同能源管理、绿色建筑认证服务，提高市场竞争力。同时，企业需要加强与政府、学术机构等的合作，共同推动绿色智能建筑发展。企业的创新和实施是推动行业进步的关键。

3. 非政府组织的倡导与监督

非政府组织在提高公众对绿色智能建筑的认识和参与度方面发挥着重要作用。通过宣传活动、教育项目和志愿服务，非政府组织可提高公众环保意识和行动力，并监督企业的环保行为，推动政策实施。非政府组织的倡导和监督提高了社会的环保意识和参与度。

4. 学术机构的研究与教育

学术机构在绿色智能建筑的发展中扮演着知识创新和人才培养的角色。大学和研究机构进行基础和应用研究，可提供科学依据和技术创新。同时，学术机构可通过教育和培训，输送专业人才，为行业长远发展奠定基础。学术机构的研究和教育为绿色智能建筑发展提供了智力支持和人才资源。

5. 金融机构的投资与服务

金融机构在绿色智能建筑发展中可提供资金支持和风险管理。通过绿色信贷、绿色债券、绿色基金等金融产品，为项目提供资金，并通过保险等工具降低投资风险，吸引更多投资者。金融机构的投资和服务为行业提供了资金保障和风险管理。

6. 社区组织和公众个人的参与

社区组织和公众个人的参与是绿色智能建筑社会化的重要体现。社区组织动员居民推广绿色生活方式和智能管理，在社区层面实践和推广理念。公众个人的环保意识和行为的改变，为绿色智能建筑提供了广泛的社会基础，也催生了更多的需求。社区组织和公众个人的参与增强了社会环保意识和行动力。

7. 跨领域合作平台的建设

跨领域合作平台为不同主体之间的交流与合作提供了便利。通过整合资源，促进知识共享和协同创新，可提高行业创新能力和竞争力。跨领域合作平台的建设促进了不同领域之间的交流和合作，推动了行业整体进步。

8. 创新生态系统的构建

创新生态系统的构建是多元化主体推动的核心。各方主体相互依存、相互促进，构建了开放、协作、共赢的创新环境。这种生态系统激发了创新活力，推动了绿色智能建筑的持续发展，也为社会经济协调增长和环境可持续性发展提供了支持。

9. 技术融合与集成创新

技术融合与集成创新是实现绿色智能建筑的关键。这包括将信息技术、能源技术、材料技术和建筑技术等进行有效集成，形成综合解决方案。例如，将物联网技术与建筑管理系统结合，实现智能化控制和能源优化；将先进隔热材料与建筑设计结合，提高能效和舒适度。技术融合与集成创新推动了行业技术的进步。

10. 市场机制与商业模式创新

市场机制与商业模式创新对绿色智能建筑发展至关重要。这包括建立合理的价格机制、激励机制和风险分担机制，以及探索新商业模式，如能源合同管理、建筑性能保证、共享经济等。通过市场机制和商业模式创新，可以激发市场活力，推动绿色智能建筑的规模化发展。

多元化主体推动的绿色智能双线融合新路径，是一个多方参与、协同合作的过程。

整合不同主体的力量和资源，可以有效应对建筑行业的挑战，推动绿色智能建筑的发展，实现环境可持续性和社会经济的协调发展。这种模式促进了技术创新和产业升级，提高了社会整体福祉，为构建和谐、绿色、智慧的社会作出了贡献。通过这种融合新路径，建筑行业将可以更好地适应未来需求，为全球可持续发展目标贡献力量。

8.4 低碳智慧管理系统设计

8.4.1 智慧建筑碳管理系统

建筑行业的碳管理系统是一种综合解决方案，它利用数字化和智能化手段，对建筑项目在整个全生命周期中的碳排放进行监测、管理和优化。其主要功能包括以下几种。

①碳排放预估与监测：对施工阶段的碳排放进行预估，并实时监测。例如，中建八局的 C8 绿碳管家系统 CMS-CE1.0 能实现对碳排放的整体预估、实时进行监测和技术量化比较。

②碳排放数据管理：通过集成系统对碳排放数据进行精细化管理。例如，擎工互联的碳计量边缘一体机可提供全面、实时、准确的数据管理。

③碳排放核算与核查：通过数字化手段识别碳排放源，统计、核算和认证碳排放数据，帮助企业了解碳排放结构并采取减排措施。

④碳资产管理：通过碳排放核算、碳配额管理和碳交易辅助，帮助企业降低碳排放和提高资源利用效率。

⑤政策与标准遵循：系统遵循国家关于建筑节能与可再生能源利用的政策和标准，如《建筑节能与可再生能源利用通用规范》（GB 55015—2021）、《建筑智能化系统运行维护技术规范》（JGJ/T 417—2017）和《绿色建筑运行维护技术规范》（JGJ/T 391—2016），确保符合节能减排要求。

⑥自动数据采集与分析：先进系统能自动采集用电、面积等数据，并通过人工智能算法测算能耗及碳排放，如南方电网深圳供电局和深圳市住房和建设局发布的监测与管理系统。

综上所述，建筑行业的碳管理系统是一个多维度、多技术融合的解决方案，帮助企业实现碳排放透明化、量化管理，并支持技术创新和业务转型，以实现"双碳"目标。

8.4.2 智能建筑能源管理系统

智能建筑能源管理系统是低碳智慧建筑的重要子系统，通过传感器、控制器、优化算法和人机交互界面，实现建筑供用电、空调及其他耗能设施设备的信息化监测、控制和优化管理，能够大幅度降低建筑能耗，实现建筑节能环保，保证舒适性。智能建筑能源管理系统由数据采集层、网络通信层、控制优化层和应用接口层组成。数据采集层通过各类能耗和环境参数传感器，采集建筑耗能设备实时状态数据和室内环境参数，这些模拟量和数字量信号经过处理后，通过有线或无线方式接入网络通信层，实现异构系统的数据互联；控制优化层解析各类数据，利用模型预测算法计算最优控制策略，并下发控制指令，实现对空调、照明、新风等设备系统的优化管理；应用接口层通过 Web 或 App 展示建筑的实时和历史运行数据，并提供人机交互式管理模式，运维人员可以监控建筑运行状态，配置控制参数。智能建筑能源管理系统的主要功能模块包括：实时监测、历史数据分析、辅助决策与控制优化、异常和故障诊断、系统维护。

智能建筑能源管理系统是一种集成的控制系统，用于监控、管理和优化建筑物内的能源使用。智能建筑能源管理系统利用传感器、控制设备和数据分析技术来实现高效的能源管理，旨在降低能源消耗、减少碳排放，提升建筑物的运营效率。随着技术的进步和对可持续发展的重视，智能建筑能源管理系统正在成为现代建筑中不可或缺的一部分（表 8.1）。

表 8.1 智能建筑能源管理系统的优势

优势	详细描述
实时监控	通过传感器和计量设备，智能建筑能源管理系统可以实时监控建筑物内各种能源的使用情况，生成能源使用报告，帮助管理人员了解当前的能源使用情况，并快速发现和处理能耗异常
大数据分析	智能建筑能源管理系统利用大数据分析技术处理和分析收集到的能源数据，识别能源使用的模式和趋势，发现潜在的节能机会，并提供优化建议。可通过数据分析预测未来的能源需求，确保能源供应的稳定性和高效性
自动化控制	智能建筑能源管理系统可以自动控制建筑物内的设备（如照明、暖通空调、电梯等），根据预设的节能策略和实时数据动态调整设备运行状态，以优化能源使用，并在保证舒适度的前提下最大限度地减少能源消耗
能源优化	系统根据实际需求和外部环境条件调整设备运行参数，减少能源浪费，提高能源利用效率，并延长设备的使用寿命，减少维护费用
预测和预警	智能建筑能源管理系统具备预测和预警功能，可预测未来的能源需求并调整能源供应策略，避免能源浪费和供应不足。预警功能能够及时通知管理人员设备故障或能源消耗异常，避免能源浪费和设备损坏

优势	详细描述
可视化工具	提供详细的能源使用报表和可视化工具，使管理人员直观了解能源消耗情况，并与其他利益相关者沟通节能成果和潜力，增加对节能措施的支持和参与

传感器和计量设备在建筑能源管理系统中扮演着关键角色，用于采集建筑内的能源使用数据。常见的传感器包括温度传感器、湿度传感器、电表、水表和气表等。这些设备实时监控能源的使用情况，并检测环境参数，如温度、湿度和光照强度，为系统提供全面的数据支持。例如，温度传感器帮助暖通空调系统精准控温，电表实时监控电力消耗，有助于及时处理能耗异常。

数据采集系统将传感器和计量设备收集的数据传输到中央控制系统。系统通常包括数据采集终端、网关和通信网络，确保数据的可靠传输和存储，避免数据丢失和延迟。数据采集系统还实现了与智能电网、能源管理平台的互联互通，优化了能源管理，扩大了应用范围。

中央控制系统是智能建筑能源管理系统的核心，负责数据存储、处理和分析。它包括服务器、数据库、数据分析软件和管理平台，高效处理和分析大量数据，提供实时决策支持和控制指令。它还可以与建筑自动化系统、消防安全系统等集成，实现全面管理和控制。

自动化控制设备可根据中央控制系统的指令控制建筑内的各种设备，包括可编程逻辑控制器、智能开关和调节阀等，实现精确控制，如调节照明亮度、暖通空调的温度和湿度，以及水泵和风机的运行状态。自动化控制设备可提高能源使用效率，减少设备磨损和故障，延长了使用寿命。

用户界面和管理平台可提供直观的操作界面，管理人员可通过平台查看能源使用情况、设置控制策略、生成报表等。管理平台通常支持远程访问，便于随时进行管理和监控，并提供个性化设置，如自定义报表、报警设置和设备维护计划，满足不同用户的需求。

未来的智能建筑能源管理系统将广泛应用 AI 和大数据分析技术。AI 系统可通过实时数据监测和历史数据分析，自动优化能源使用和运营管理。

8.4.3 低碳智慧建筑智能控制

当前，随着智慧城市管理、操作安全性和用户体验要求的提升，高层建筑系统能耗显著增加，绿色、可持续科技成为主流。智能建筑系统在大型建筑和住宅中得到广泛应用，利用信息技术和人工智能可提供舒适、安全的环境，并具有广阔的市场前景。

智慧建筑结合建筑、通信和控制系统，通过信息网络实现智能化控制。尽管智慧建筑面临着系统不兼容的挑战，但是其核心技术正在逐步解决这些问题，实现更高效的管理。

智慧建筑系统的关键技术见表8.2。

表8.2 智慧建筑系统关键技术

类别	系统	功能
楼宇电气设备智能化	智能照明控制系统	自动调节亮度，降低能耗
	电力监控与优化系统	实时监控电力消耗，优化分配
	远程控制与自动化管理	远程控制设备，提高管理效率
水火险情报警系统	火灾自动报警系统	实时监测火灾风险，自动报警
	水泄漏监测系统	监测管道状态，自动关闭阀门
	紧急疏散指示系统	提供动态疏散路线，确保安全
建筑出入口智能管理系统	生物识别门禁系统	提高安全性，通过指纹、面部或虹膜识别
	智能卡和移动钥匙	无接触式访问控制，集成功能
	访客管理系统	自动化访客登记和身份验证
建筑内外监控防盗系统	全方位视频监控系统	高清摄像头与视频分析识别异常行为
	防盗报警系统	结合传感器和探测器构建防盗网络
	智能巡更系统	记录巡逻路线和时间，优化计划
地下车库智能管理系统	智能停车引导系统	提供停车导航
	自动化收费系统	利用电子支付和车牌识别技术减少拥堵
	车库环境监控系统	监测空气质量和环境，自动调节通风
智慧城市管理系统	核心功能	通过物联网实时监测交通、环境和能源数据，支持管理决策
	环境监控与管理	监测空气质量、水质和噪声，提供治理方案
	能源管理	优化能源分配，降低消耗，实现低碳目标
	公共安全与服务	提升事件响应能力，加强应急管理。数字平台提供实时信息和互动

智慧城市管理系统通过物联网、人工智能和大数据，实现对城市资源的智能调度与优化，推动科学化、精细化和智能化管理，奠定高效、宜居、可持续城市的基础。智慧建筑系统的进步将提升建筑的能源效率、安全性和舒适度，为绿色、可持续未来

生活提供支持。

8.4.4　智慧设计伦理标准化

1. 基础伦理学

伦理学作为哲学分支，探讨什么行为是对的或错的，好的或坏的，它不仅是理论讨论，也深刻影响着实际生活。在建筑设计领域，伦理学为设计师提供了负责任和人性化决策的基础，助力创造友好和可持续的建筑环境。

规范伦理学是伦理学的主要分支之一，包含目的论、义务论和德性伦理学。目的论关注行为结果，主张通过最大化整体幸福来评估行为的道德性。在建筑设计中，设计师需要考虑如何最大限度提升公众福利，采用环保材料和节能技术，减少对环境的影响。义务论关注行为本身的道德义务，强调建筑师的责任在于保证建筑安全，遵守法规，公平对待有不同需求的群体。德性伦理学注重个人品德和职业道德，要求设计师具备诚信、正直和创新精神。

元伦理学探讨道德命题的真值及道德语言，虽然抽象，但它可以帮助设计师理解和表达道德判断，并在不同文化背景中尊重多样价值观。

应用伦理学关注如何将伦理理论应用于实际问题，如绿色建筑和可持续发展、城市规划和社会责任、职业道德等。在建筑设计中，绿色建筑通过节能环保材料和技术减少对环境的影响，城市规划关注社会公平和资源分配，职业道德要求建筑师诚信负责，追求卓越。

2. 环境伦理学

环境伦理学探讨人类与自然环境的道德关系，超越传统的人类中心主义，强调自然的内在价值与跨世代的正义。我国传统哲学中的天人合一、道法自然、无极之说等思想反映了世界的整体观念，尊重自然秩序，思考生命的起源与终极。这些思想深刻影响了我国建筑设计，强调了建筑与自然的和谐共生。

天人合一强调人类与自然界的统一性，主张设计和建造时应尊重自然规律，维护生态平衡。建筑设计需要关注建筑的功能与美观，同时考虑其对自然环境的影响。设计师应采用符合生态规律的设计方法，如合理利用自然资源、选择与环境融合的材料，减少对生态系统的干扰。

道法自然主张人类行为应遵循自然法则，而非强行改变自然。在建筑设计中，应顺应自然，减少对环境的破坏。例如，选址时应避免破坏自然景观，优先选择环境影响较小的区域。建筑形式应与自然景观协调，布局和形态应融入自然环境，体现"道法自然"的理念。

无极之说认为世界是无边的整体，强调宇宙事物之间的相互联系。在建筑设计中，这一思想转化为对建筑整体性的理解，建筑应作为自然环境的一部分进行设计。设计师需要注重建筑与周边环境的协调，考虑气候、地形、水文等自然因素，确保建筑与自然环境形成有机整体。

在我国传统哲学思想的影响下，环境伦理学在低碳智慧建筑设计中的应用主要集中在以下几个方面。

①能效设计：是建筑环境保护的关键。在天人合一思想的影响下，设计师应在建筑设计中引入高能效解决方案，如优化隔热性能、使用节能窗户和照明设备、安装高效的供暖和制冷系统。利用可再生能源（如太阳能或风能）也能显著减少建筑的碳足迹。设计师还应关注建筑的全生命周期能耗，确保建筑在整个使用周期内尽可能降低能耗。

②碳排放的减少：是环境保护的核心目标之一。设计低碳排放建筑可以帮助减缓全球变暖。除了提升能效，还可以通过选择低碳材料、施工技术、设计绿色屋顶和墙面植物等方式，进一步降低碳排放。例如，优先选用与自然环境相适应的环保材料，这些材料与建筑所在的生态系统和谐共生。

③经济平衡：设计师需要综合考虑经济效益与环境保护之间的关系。尽管环保材料和技术初期投资较高，但从长远来看，这些投资可显著节能并降低维护成本。此外，环保设计还可能提高建筑价值和市场竞争力。因此，设计师需要在设计过程中找到经济与环保的平衡点，以确保项目的经济可行性和可持续性。

④对生命的尊重与终极关怀：无极之说提醒我们，建筑不仅是物质存在，也是生命的延续。设计师在设计时应考虑建筑对人类和其他生物的长远影响，而非过度依赖智能技术，关注建筑的使用、维护和拆除过程对环境和社会的全面影响，追求建筑与自然环境的和谐统一。

环境伦理学在建筑设计中的应用不仅是技术手段的选择，更是哲学思想的实践。

结合我国传统的天人合一、道法自然、无极之说等哲学理念，设计师可在建筑设计中实现环境保护和可持续发展，从而真正实现人与自然的和谐共生。

3. 低碳智慧建筑领域的伦理标准

随着智能化建筑和机器人技术的迅猛发展，建筑行业正在经历深刻变革。从自动化施工到智能维护，新兴技术带来了前所未有的高效率和创新。然而，这些技术进步也带来了伦理挑战，尤其是在如何防止技术被滥用方面。为了确保技术发展符合伦理标准并最大限度地减少负面影响，人类必须设定明确的伦理规范和监管机制。

在智能化建筑和机器人技术的背景下，伦理标准的设定尤为重要。技术的快速发展使得设计和施工中的许多决策可以由算法和机器人执行，这虽然提高了效率，但也带来了新的伦理问题。例如，机器人可能处理敏感数据、操作危险设备，甚至可能威胁建筑工人和居民的安全。因此，设定明确的伦理标准，确保技术应用符合道德规范，是避免技术滥用和保护公众利益的关键。

设定伦理标准时，以下核心领域尤为重要。

①数据隐私与安全。机器人和智能系统在建筑设计和施工中处理大量数据，包括个人信息、施工细节和安全监测数据。保护这些数据免受未经授权的访问和滥用是伦理标准的关键内容。制定数据隐私保护规定和应用数据加密技术，确保数据的安全性和隐私性，是防止技术滥用的基础。

②安全性与责任。机器人在建筑施工中的应用需要特别关注安全性。应设立严格的安全标准，确保机器人在工作时不会对工人或环境造成威胁。设计和操作机器人时，必须进行全面的风险评估和安全测试，以保障施工现场的安全。此外，制定明确的责任分配规则，确保在出现事故或故障时有清晰的责任追究机制，这是伦理标准的关键内容。

③透明度与监督。保持透明度和监督机制在技术决策和操作过程中至关重要。所有涉及机器人和智能系统的决策过程和操作都应该公开透明，相关信息应对公众和监管机构开放。建立独立的监督机构和审计机制，确保技术应用符合伦理标准，及时发现和纠正潜在问题，是防止技术滥用的重要措施。

④公平性与无偏见。机器人和智能系统在决策和操作中可能引入偏见，影响建筑设计和施工的公平性。制定伦理标准时，需要确保技术应用不对任何群体造成不公平

待遇。通过对算法进行公平性审查，确保机器人和智能系统的决策过程不受偏见影响，避免技术对不同群体产生不利影响。

⑤伦理教育与培训。对从业人员进行伦理教育和培训是实施伦理标准的重要环节。建筑行业的工程师、设计师和技术操作员应接受关于伦理标准的培训，了解技术应用中的伦理问题和应对措施。培养对技术伦理的敏感性和责任感，有助于在实际工作中避免技术滥用。

智能化建筑和机器人技术的快速发展为建筑行业带来了机遇，但也伴随着伦理风险。通过设定明确的伦理标准，涵盖数据隐私、安全性、透明度、公平性和伦理教育等核心领域，可以有效防止技术滥用，确保技术发展符合道德规范。在全面考虑伦理问题的基础上推进技术应用，才能实现技术的社会价值，保障公众的安全和权益。随着技术的不断进步，人类应持续关注伦理问题，动态调整和完善伦理标准，以应对未来的新挑战。

4. 建筑设计师的社会责任

建筑设计师在工作中需要承担多重社会责任，以确保设计不仅符合技术要求，还能对社会、环境和文化产生积极影响。

首先，环境保护是建筑设计的基本责任。设计师应选择环保材料和施工方法，减少建筑对自然环境的负面影响，降低能耗、减少废弃物，并实施绿色建筑标准，以支持可持续发展目标。

其次，社会公平也是设计师必须关注的方面。设计应满足不同社会群体的需求，融入无障碍设施，确保所有人群，包括残疾人士，都能方便使用。此外，经济适用房的设计也是实现社会公平的重要方面。

文化尊重在建筑设计中同样至关重要。设计师需要尊重并融入当地的文化和历史背景，避免破坏文化遗产，同时在现代化设计中需要保留和体现传统文化特色，增强建筑与社区的联系和认同感。

安全与健康是建筑设计的核心要素。设计师需要确保建筑结构的稳定性，提供适当的室内空气质量控制系统、有效的噪声控制和自然采光，创造健康舒适的居住和工作环境，从而提升人们的生活质量。

社会互动也是设计的重要考虑因素。设计师应在公共空间中创造有利于社交的环境，例如开放式社区广场、互动区域和共享空间，以增强社区的凝聚力，促进居民之间的交流与合作。

在资源使用方面，设计师需要实施有效的资源节约措施。通过优化水、电和建筑材料的使用，减少浪费，应用节能技术、利用可再生能源和设计高效的水系统，实现资源的最大化利用。

最后，设计师必须履行经济责任，确保设计在预算范围内完成，并具有长期经济效益。应避免过度奢华或不切实际的设计，确保建筑项目的经济可行性和持久运营，满足社会和客户的经济需求。

这些责任不仅涉及建筑设计的技术和实践层面，还包括对社会、文化和环境的深刻理解和尊重。建筑设计师应综合考虑这些因素，肩负起社会责任。

5. 数字孪生技术背景下的伦理切入点——以人为本的深入探讨

在数字孪生技术日益融入建筑设计的背景下，"以人为本"的理念不仅关注传统的安全性、舒适性和健康性，而且需要从更深层次探讨数字技术与人类需求之间的关系。

①人机关系的伦理考量。数字孪生技术带来了全新的设计与建造方式，使设计师能够通过虚拟模型对建筑的各个环节进行高精度模拟和优化。然而，这种技术的广泛应用面临着新的伦理挑战。首先，设计过程中必须确保虚拟模型与现实之间高度一致，以避免因数据误差或模型偏差导致实际建筑问题。其次，在人机互动中，设计师应明确以人类需求为主要出发点，智能系统是辅助决策而非替代人类判断。必须严格遵循道德规范，确保技术使用不侵害人类尊严和权益。

②技术辅助下的创新设计。数字孪生技术为设计师提供了前所未有的创新可能性，但创新方向应始终以满足人类需求为目标。智能化系统可以提升建筑能源效率、室内环境质量，甚至预测未来需求并作出相应调整。然而，这种应用必须受到道德和法律制约，确保在实现技术创新的同时不损害人类基本权利。设计师应避免设计依赖机器人或自动化系统的建筑环境，以免智能系统主导一切，人类成为依附于技术的附属品。

③隐私与数据安全。数字孪生技术依赖大量实时数据，包括建筑物运营状态、环境条件及使用者行为模式。在以人为本的设计理念下，设计师必须充分考虑这些数据的隐私性和安全性。个人隐私数据的采集和使用必须在合法框架内进行，并确保用户

知情同意。数据存储和处理应遵循严格的安全标准，防止数据泄露或滥用。设计师应把人的权益放在首位，确保智能技术在保护隐私的前提下发挥最大效用。

④应对未来发展的伦理挑战。数字孪生技术的发展使建筑环境变得更加智能和复杂，但也带来了新的伦理和法律挑战。例如，建筑智能系统的自我学习能力增强，设计师需要考虑系统决策的透明度和可解释性，防止"黑箱"操作。法律也需要不断完善，确保智能系统引发的责任问题有明确的法律框架予以约束。

⑤道德与法律的制约。在数字孪生技术应用过程中，设计师必须严格遵守道德规范和法律规定，确保技术使用符合社会道德标准，为未来可能产生的伦理问题预留讨论和应对空间。特别是在涉及人机交互和自动化系统时，设计师应谨慎处理，确保技术不会以任何形式损害人类基本权益或挑战现有社会伦理。

⑥未来人类中心的建筑发展。以人为本的设计理念在数字孪生技术背景下得到了新的诠释和深化。设计师应明确，智能技术应用应始终服务于人类需求，提升人类的生活体验和幸福感，而非为了技术而技术。未来建筑设计应坚持人类中心原则，确保建筑环境真正体现和满足人类的多元需求，同时在技术应用上保持伦理与法律的严密制约，避免走向以机器为中心的极端发展路径。

数字孪生技术为建筑设计带来了深远的变革，也提出了前所未有的伦理挑战。在这一背景下，需要在更高层次上重新审视和应用"以人为本"的设计理念。设计师不仅要关注建筑的功能性和舒适性，还需要深思技术应用的伦理边界，确保人类在智能化建筑中的主导地位不被动摇。通过加强道德、法律的制约，未来建筑设计可以在数字孪生技术的助力下，真正实现以人为本的愿景，为人类创造更加美好和可持续的生活环境。

参考文献

[1]王璞瑾, 肖建庄, 肖绪文, 等.数字化技术在建筑工程施工中的应用与前瞻[J].同济大学学报(自然科学版), 2024, 52(7):1068-1078.

[2]李兴钢, 么知为.时代与地理变迁下北京双奥场馆设计的理念和技术演进[J].建筑学报, 2023(11):33-40.

[3]武涌.建筑全生命周期发力助力实现"双碳"目标[J].建筑, 2023(7):65.

[4]曾大林, 李圣飞, 李奇会, 等.新型建筑工业化全产业链的构成研究[J].建筑经济, 2023, 44(2):5-13.

[5]中华人民共和国住房和城乡建设部.智能建筑设计标准:GB 50314—2015[S]. 北京:中国计划出版社, 2015.

[6]低碳智慧建筑产业技术创新战略联盟.低碳智慧建筑技术创新发展白皮书 2024(运行管理篇)[EB/OL]. (2024-06-04)[2024-10-28]. https://www.sgpjbg.com/baogao/163929.html.

[7]刘昕璞.应用大数据技术推动智能建筑的发展[J].建筑结构, 2023, 53(11):169.

[8]郭振伟, 王新雨, 唐觉民, 等.智慧建筑研究现状与发展展望[J].绿色建造与智能建筑, 2024(1):83-87.

[9]徐昆, 程志军, 孙大明, 等.智慧建筑特征指标与内涵研究[J].智能建筑, 2021(3):75-80.

[10]彭强.建筑智慧化的核心要义及转型思路探索[J].建筑结构, 2023, 53(10):179.

[11]孔山山.建筑参数化设计的生成逻辑研究与策划[D].哈尔滨: 哈尔滨工业大学, 2018.

[12]王庭国.发展建筑物联网助力数字城市建设[J].福建建筑, 2023(10):125-128.

[13]葛维亮.大数据和云计算技术在智慧城市建设中的应用分析[J].长江信息通信, 2023, 36(7):232-234.

[14]毛善君, 张鹏鹏, 张浩源, 等.工业地理信息系统的设计和关键技术研究[J].遥感学报, 2024, 28(5):1189-1205.

[15]闾国年, 袁林旺, 陈旻, 等.地理信息学科发展的思考[J].地球信息科学学报, 2024, 26(4):767-778.

[16]江芸倩, 邓鑫.地理信息系统在城市规划测绘中的应用[J].信息系统工程, 2024(3): 93-96.

[17]张晓平, 高珊珊, 陈明星, 等.夜间灯光数据在城市化及其资源环境效应研究中的热点主题追踪[J].中国科学院大学学报, 2022, 39(4):490-501.

[18]朱志坤, 汪红亮, 沈小星, 等.大数据视角下的建筑智能化应用分析[J].绿色建造与智能建筑, 2023(12):94-97.

[19]博登. 人工智能的本质与未来[M].孙诗惠, 译.北京:中国人民大学出版社, 2017.

[20]袁烽, 许心慧, 王月阳.走向生成式人工智能增强设计时代[J].建筑学报, 2023(10):14-20.

[21]吴彤.关于人工智能发展与治理的若干哲学思考[J].人民论坛·学术前沿, 2018(10): 18-25.

[22]周子骞, 高雯, 贺秋时, 等.建筑设计领域人工智能探索——从生成式设计到智能决策[J].工业建筑, 2022, 52(7):159-172+47.

[23]娄延强.人工智能的伦理困境与正解[J].道德与文明, 2022(1):131-139.

[24]顾佰和, 于东晖, 王琛, 等.进一步深化碳达峰、碳中和战略转型路径的若干思考[J].中国科学院院刊, 2024, 39(4):726-736. DOI:10.16418/j.issn.1000-3045.20230505003.

[25]吴泽洲, 黄浩全, 陈湘生, 等.“双碳”目标下建筑业低碳转型对策研究[J].中国工程科学, 2023, 25(5):202-209.

[26]王建国.中国建筑“双碳”路径的科学问题与研究建议[J].中国科学基金, 2023, 37(3):353-359.

[27]尹志芳, 胡家磊, 熊方, 等.既有建筑零碳改造路径探索与评价[J].建筑节能(中英文), 2023, 51(10):32-39.

[28]谢空, 谢伊宁.双碳目标下超低能耗建筑发展问题及对策研究[J].建筑经济, 2022, 43(7):25-31.

[29]曹琳剑, 杜志年, 李栋梁."双碳"视角下国内外建筑业低碳经济发展文献可视化研究[J].天津城建大学学报, 2023, 29(5):341-347.

[30]邵继中, 郭文娟, 李坤洋, 等."碳平衡、碳循环"下国外城乡融合典型案例分析及中国经验模式探讨[J].园林, 2023, 40(8):4-12.

[31]胡贝莉, 张哨军, 王明媛, 等.预评价阶段绿色建筑技术增量经济效益评价研究[J].技术与市场, 2023 (3):122-127.

[32]张玉红.基于全寿命周期成本理论的绿色建筑经济效益分析[J].智能建筑与智慧城市, 2021(4):120-121.

[33]陈德星, 陈真.绿色低碳建筑材料应用现状及发展前景研究[J].建设科技, 2024(3):89-91+98.

[34]魏莹莹, 胡文, 聂成才.绿色环保建筑材料及其应用[J].江西建材, 2016(1):29.

[35]BINICI H, AKSOGAN O. Eco-friendly insulation material production with waste olive seeds, ground PVC and wood chips[J]. Journal of Building Engineering, 2016(5): 260-266.

[36]冯鹏, 王杰, 张枭, 等.FRP与海砂混凝土组合应用的发展与创新[J].玻璃钢 / 复合材料, 2014,(12):13-18.

[37]韩忠华, 王振凯, 高超, 等.新型建筑材料与智慧建造技术发展综述[J].材料导报, 2020, 34(S02):295-298.

[38]胡明玉, 蔡国俊, 付超, 等.利用稻壳灰及废砖制备渗水蓄水生态建筑材料[J].新型建筑材料, 2020 (1):21-26.

[39]罗清海, 张红艳, 刘秋菊, 等.秸秆作为建筑墙体材料的应用与发展[J].低温建筑技术, 2020, 42(1):19-22.

[40]肖建庄, 叶涛华, 隋同波, 等.废弃混凝土再生微粉的基本问题及应用[J].材料导报, 2023, 37(10):5-14.

[41]LEE M G, HUANG Y, SHIH Y F, et al. Mechanical and thermal insulation performance of waste diatomite cement mortar[J]. Journal of Materials Research and Technology, 2023, 25: 4739-4748.

[42]张家广, 许顺顺, 冯涛, 等.不同矿化微生物对混凝土裂缝自修复效果影响[J].清华大学学报(自然科学版), 2019, 59(8):607-613.

[43]林智扬, 刘荣桂, 汤灿, 等.包裹硅酸钠的微胶囊自修复混凝土在不同修复剂下的修复性能[J].硅酸盐通报, 2020, 39(4):1092-1099.

[44]逄锦伟.渗透结晶型混凝土裂缝自修复材料试验研究[J].隧道建设, 2015(S2):32-36.

[45]徐晶, 王先志.低碱胶凝材料负载微生物应用于混凝土的开裂自修复[J].清华大学学报(自然科学版), 2019, 59(8):601-606.

[46]姚嘉诚.基于纳米改性水泥基渗透结晶材料的混凝土自修复性能研究[D].镇江: 江苏大学, 2020.

[47]HUSSAIN A.多相导电材料对混凝土梁裂缝的自监测研究[D].大连: 大连理工大学, 2019.

[48]邓友生, 吴鹏, 李卓球, 等.水泥基碳纤维智能层检测混凝土梁的试验研究[J].科学技术与工程, 2017, 17(6):232-237.

[49]郑华升, 朱四荣, 李卓球.碳纤维增强塑料(CFRP)力阻效应的研究评述[J].材料科学与工程学报, 2017, 35(6):1009-1013+1021.

[50]米士刚.档案馆建筑绿色技术系列介绍(七)——可再生能源利用[J].中国档案, 2023(3):69.

[51]孙宗宇, 乔镖, 曹勇.智慧能源建筑应用技术的发展与展望[J].建筑科学, 2018, 34(9):143-147.

[52]杜明芳.建筑能源互联网及其AI应用研究[J].智能建筑, 2018(3):47-49+58.

[53]闫云飞, 张智恩, 张力, 等.太阳能利用技术及其应用[J].太阳能学报, 2012, 33(s1):47-56.

[54]田蕾, 秦佑国.可再生能源在建筑设计中的利用[J].建筑学报, 2006(2):13-17.

[55]袁行飞, 张玉.建筑环境中的风能利用研究进展[J].自然资源学报, 2011, 26(5):891-898.

[56]周小谦.我国"西电东送"的发展历史、规划和实施[J].电网技术, 2003(5):1-5+36.

[57]胡飞雄, 周保荣, 卢斯煜.南方电网促进可再生能源消纳的实践及发展展望[J].中国电力, 2018, 51(1):22-28.

[58]中国房地产业协会住宅技术委员会, 中国房地产业协会智慧建筑研究中心.智慧建筑评价标准:T/CREA 002—2023[S].北京: 中国房地产业协会, 2023.

[59]WU X, PENG B, LIN B. A dynamic life cycle carbon emission assessment on green and non-green buildings in China[J]. Energy and Buildings, 2017, 149: 272-281.

[60]周柠.基于全生命周期理论的绿色建筑碳排放计（核）算模型研究[D].天津: 天津城建大学, 2023.

[61]YU B, WANG J, LI J , et al. Prediction of large-scale demolition waste generation during urban renewal: a hybrid trilogy method[J]. Waste Management, 2019, 89: 1-9.

[62]DONG H, GENG Y, YU X, et al. Uncovering energy saving and carbon reduction potential from recycling wastes: a case of Shanghai in China[J]. Journal of Cleaner Production, 2018, 205: 27-35.

[63]JIANG B, SUN L, ZHANG X, et al. The impacts of driving variables on energy-related carbon emissions reduction in the building sector based on an extended LMDI model: a case study in China[J]. Environmental Science and Pollution Research, 2023, 30(59): 124139-124154.

[64]杨钊, 曹广喜.江苏省碳排放影响因素及脱钩弹性研究——基于LMDI和Tapio脱钩模型视角[J].江西理工大学学报, 2022, 43(3):72-78.

[65]赵永斌, 丛建辉, 杨军, 等.中国碳市场配额分配方法探索[J].资源科学, 2019, 41(5): 872-883.

[66]方恺, 李帅, 叶瑞克, 等.全球气候治理新进展——区域碳排放权分配研究综述[J].生态学报, 2020, 40(1):10-23.

[67]田云, 林子娟.巴黎协定下中国碳排放权省域分配及减排潜力评估研究[J].自然资源学报, 2021, 36(4):921-933.

[68]董宝玲, 白凯, 马静, 等. 黄河上游省区旅游经济网络结构时空演变及影响因素[J]. 西北大学学报（自然科学版）, 2024, 54(4):615-626.

[69]QIN Q, LIU Y, LI X, et al. A multi-criteria decision analysis model for carbon emission quota allocation in China's east coastal areas: efficiency and equity[J]. Journal of Cleaner Production, 2017, 168: 410-419.

[70]刘明亮, 尹晶晶, 李华清, 等.减污降碳协同效率时空演化特征及驱动机制研究——基于中国三大城市群[J].生态经济, 2024, 40(7):174-183.

[71]丁乙宸, 谢来荣, 黄亚平, 等.基于CiteSpace的城市区域碳排放研究热点与展望[J].生态经济, 2023, 39(7):222-229.

[72]郭琳, 吴玉鸣, 鲍曙明.区域空间结构对城市碳排放强度的影响[J].经济体制改革, 2024(1):43-52.

[73]张娜, 孙芳城, 胡钰苓, 等. 长江经济带三大城市群土地利用碳排放的区域差异及空间收敛性[J]. 环境科学, 2024, 45(8):4656-4669.

[74]李周明.建筑工程管理中的BIM技术与物联网技术的结合应用[J]. 中国建筑金属结构, 2023, 22(07): 132-134.

[75]WANG S, CAO J, PHILIP S Y. Deep learning for spatio-temporal data mining: a survey[J]. IEEE Transactions on Knowledge and Data Engineering, 2020, 34(8): 3681-3700.

[76]KAR A K, DWIVEDI Y K. Theory building with big data-driven research–moving away from the "What" towards the "Why" [J]. International Journal of Information Management, 2020, 54: 102205.

[77] TAFRAOUT S, BOURAHLA N, BOURAHLA Y, et al. Automatic structural design of RC wall-slab buildings using a genetic algorithm with application in BIM environment[J]. Automation in Construction, 2019, 106: 102901.

[78]WU Z, MA G. Automatic generation of BIM-based construction schedule: combining an ontology constraint rule and a genetic algorithm[J]. Engineering, Construction and Architectural Management, 2023, 30(10): 5253-5279.

[79] LIU X, ZHAO J, YU Y, et al. BIM-based multi-objective optimization of clash resolution: a NSGA-II approach[J]. Journal of Building Engineering, 2024, 89: 109228.